GUOJIU NIANGZAO

果酒

酿造

郝生宏　贾金辉　编著

U0201229

化学工业出版社

·北京·

内 容 简 介

本书主要介绍果酒酿造的各个方面，包括果酒酿造的一般流程、原料的糖酸含量要求和调整、果酒酵母的发酵机理和使用、苹果酸-乳酸发酵的机理和作用、果胶酶的应用、二氧化硫的作用和使用、各种葡萄酒的酿造工艺和操作要点、黑果腺肋花楸酒的酿造、菇娘酒的酿造、钙果酒的酿造、刺五加酒的酿造、五味子酒的酿造、枣酒的酿造、草莓酒的酿造、苹果酒的酿造、梨酒的酿造等，最后介绍了酒精度、总糖、还原糖、总酸、挥发酸等指标的理化检验。

本书可供果酒企业生产技术人员使用，也可作为大中专院校食品类相关专业师生的参考书。

图书在版编目（CIP）数据

果酒酿造/郝生宏，贾金辉编著 . —北京：化学
工业出版社，2021.4（2024.1重印）
ISBN 978-7-122-38496-6

Ⅰ.①果… Ⅱ.①郝…②贾… Ⅲ.①果酒-酿酒
Ⅳ.①TS262.7

中国版本图书馆 CIP 数据核字（2021）第 023912 号

责任编辑：彭爱铭　　　　　　　装帧设计：刘丽华
责任校对：田睿涵

出版发行：化学工业出版社（北京市东城区青年湖南街 13 号　邮政编码
　　　　　100011）
印　　装：北京科印技术咨询服务有限公司数码印刷分部
850mm×1168mm　1/32　印张 11　字数 276 千字
2024 年 1 月北京第 1 版第 2 次印刷

购书咨询：010-64518888　　　　售后服务：010-64518899
网　　址：http://www.cip.com.cn
凡购买本书，如有缺损质量问题，本社销售中心负责调换。

定　　价：59.00 元　　　　　　　　　　版权所有　违者必究

前言

随着生活品质的不断提高，人们对健康生活的要求也越来越高，果酒作为一种低酒精度的功能性饮品，被越来越多的人所认知和接受，果酒消费人群和消费量不断扩大，市场潜力巨大。在众多果酒产品中，葡萄酒由于其先进的酿造技术、独特的风味，仍占有绝对的市场地位。同时，小众的果酒品种也不断被开发出来，迎合了人们多元化的口味需要。

本书从论述果酒酿造中一般流程与原料要求、酵母与酒精发酵、乳酸菌与苹-乳发酵、果胶酶的应用、二氧化硫的应用等关键因素出发，全面探讨果酒酿造的发酵机理、生产工艺、技术要点、质量控制、产品检测等。书中分别介绍了葡萄酒、黑果腺肋花楸酒、菇娘酒、钙果酒、刺五加酒、五味子酒等10余个品种的果酒酿造技术。本书适合广大果酒企业生产人员、科研人员使用，也可作为大中专院校的教学参考书使用。

本书在编写过程中参考了众多相关科研成果和资料，在此对给本书提供帮助的作者表示感谢。由于编者水平有限，不足之处在所难免，希望广大读者不吝赐教。

编　者

2020 年 11 月

目录

第七章　葡萄酒 　　　　　　　　　　167

第八章　黑果腺肋花楸酒　232

第十四章　果酒理化检验 316

参考文献   **338**

第一章

果酒概论

果酒生产历史悠久，是人类最早学会酿造的酒。早在 6000 年前，苏美尔人和古埃及人就已经会酿造葡萄酒了。欧洲果酒主要生产国有英国、法国、西班牙、德国和瑞士；而美国、加拿大、中美洲、南美洲和澳大利亚的果酒酿造工艺由欧洲移民引入。在中国，东汉的时候，扶风人孟佗曾给大宦官张让送去一斛自酿红酒，竟得凉州刺史之职；用杨梅酿酒，早在晋代已风行，非贵人重客不得饮用；在唐代，杨贵妃钟情石榴酒，唐玄宗责成专人为其酿造石榴美酒；据《析津志》记载石榴酒属于元代果酒中常见之品；清末，烟台张裕酿酒公司建立，标志着中国果酒规模化生产的开始。

 第一节
果酒的概念、分类和主要产品

一、果酒概念

果酒是利用新鲜水果为原料，通过自然发酵或人工添加酵母的方式使水果里的糖分被分解而酿造出具有水果口味和酒精味的低酒精度饮料酒。一般果酒中酒精含量在 8%～12% 之间（体积分数），除乙醇外，还有糖分、有机酸、氨基酸、维生素、矿物元素以及多酚类营养物质，具有较高的营养价值。适量饮用果酒可促进人体血液循环和机体新陈代谢，改善心脑血管功能，同时具有抗氧化、抗衰老和激发肝功能的功效，还有利于情绪的调节。果酒因其酒精度低、外观清亮透明、口感酸甜适口、营养丰富有利健康等特点，符合未来酒业的发展趋势，深受消费者欢迎。

二、果酒分类

1. 按照水果种类

果酒按照水果种类来分，可分为浆果类、仁果类、核果类、柑橘类、瓜类和其他类。浆果类水果主要包括葡萄、猕猴桃、蓝莓、无花果、石榴、阳桃、西番莲等。目前所有果酒中，以葡萄为原料的果酒最为常见。仁果类水果种类比较丰富，市场上较普遍的有苹果、柿子、山楂、枇杷等。核果类水果常见有李子、青梅、樱桃、桃、枣等。柑橘类水果是芸香科植物，种类很多，有柑、橙、蜜橘、金橘、柳橙、橘子、葡萄柚等。瓜类水果包括西瓜、香瓜、哈密瓜、白兰瓜等，在果蔬市场随处可见，时令及地域性强，水分足，可食部分香甜，但不宜贮藏，所以很适合用来酿制果酒。其他类水果，例如菠萝、石榴、榴莲、拐枣等，也可以用来酿制果酒。

2. 按照酿造方法和产品特点

按照酿造的方法和产品特点，果酒可以分为发酵果酒、蒸馏果酒、配制果酒、起泡果酒四类。发酵果酒用果汁或果浆经酒精发酵酿造而成的，如葡萄酒、苹果酒。根据发酵程度不同，又分为全发酵果酒与半发酵果酒。蒸馏果酒是果品经酒精发酵后，再通过蒸馏所得到的酒，如白兰地、水果白酒等。配制果酒是将果实或果皮、鲜花等用酒精或白酒浸泡取露，或用果汁加糖、香精、色素等食品添加剂调配而成。起泡果酒是酒中含有二氧化碳的果酒,小香槟、汽酒属于此类。

3. 按含糖量

按含糖量(以葡萄糖计,g/L 葡萄酒),果酒可以分为干型果酒(≤4.0g/L)、半干果酒(4.1～12.0g/L);半甜果酒(12.1～50.0g/L)、甜果酒(≥50.1g/L)。

三、主要果酒产品

目前,世界范围内果酒的种类非常多,下面介绍几种常见的品种。

1. 葡萄酒

葡萄酒是世界上目前覆盖范围最广的果酒,是新鲜葡萄果实或葡萄汁经完全或者部分酒精发酵后获得酒精含量不低于 7% 的饮料。葡萄酒的种类很多,一般按照按颜色分类分红葡萄酒、桃红葡萄酒和白葡萄酒三种;按 CO_2 含量分类分为平静葡萄酒和起泡葡萄酒。

2. 蓝莓酒

蓝莓酒一般采用蓝莓,经多道工序酿造而成。加拿大菲沙河谷地区位于卑诗省西南部,菲沙河下游为世界公认的优质蓝莓及顶级蓝莓酒产地。

3. 苹果酒

苹果酒是一种由苹果汁发酵制成的酒精饮料,其酒精含量较低,在 2%～8.5% 之间。发酵苹果酒在美国又叫硬苹果汁(hard cider),在英国、法国、澳大利亚等国叫苹果酒。根据加工方法和产品的特点可将苹果酒分为发酵苹果酒、汽酒和露酒等几种。

4. 杨梅酒

杨梅酒是由杨梅、白酒和冰糖按一定比例制作而成的。杨梅酒浸泡时间不能太长，一个月之内为宜，时间越久，酒色越深。用白酒浸泡的杨梅，盛夏时节食用会顿觉气舒神爽，消暑解腻。在中国主要分布在江南及四川等地，国外日本较为盛行。

5. 桑葚酒

桑葚酒是潮汕地区古老的果酒，是由桑葚果酿造的，具有滋补、养身之功效。桑葚酒含有丰富的花青素、白藜芦醇、氨基酸、维生素等活性成分和营养物质。目前来讲，国内除了广东地区，台湾的黑桑葚酒也较为出名。

6. 猕猴桃酒

猕猴桃酒一般分为酿造酒和调制酒，酿造酒是真正意义上的纯天然酒品，保存了猕猴桃的果香，入口醇厚，口感纯正，酒色呈琥珀色，果香四溢，调制酒稍差。

7. 草莓酒

草莓含有有机酸、糖类、维生素、矿物质等，尤其以维生素C含量十分丰富。挑选新鲜即将成熟的草莓，轻轻洗净，摘去果蒂，沥干水分，放入酒器，加入白酒、白砂糖、橘片，加盖浸泡，3周即可。

8. 桃酒

桃酒是日本较为有特色的果酒之一，说到日本的水果酒，一定会想到桃酒。桃酒，以日本国内特产的水蜜桃去酿造，甜蜜香气、口感浓郁。与梅酒一样，有加冰块以及加水、苏打水的饮用方式。

9. 荔枝酒

荔枝酒是以优质鲜荔枝为原料，经去核、破碎、压榨、发酵、陈酿精制而成的果酒。有的荔枝酒是以鲜荔枝果汁加入陈酿米酒，并以红曲配色，配制而成的果酒。荔枝酒具有荔枝的果香，醇和适口，酸甜适中，呈棕褐色，清亮透明，无悬浮物和沉淀物，主要分布我国南方及周边地区。

10. 石榴酒

石榴酒系采用石榴为主要原料，经破碎、发酵、分离、陈酿调配而成的果酒。石榴酒酒体纯正，色泽光亮透明，酸甜爽口，保留了石榴酸、甜、涩、鲜之天然风味，其风格独特，含有大量的氨基酸、维生素、石榴多酚等，具有很高的营养价值。

第二节
果酒酿造技术、标准和面临的问题

一、果酒酿造技术

1. 微生物资源选育技术

就目前我国的果酒酿造来看，对于果酒酿造的微生物资源并不重视。市场上果酒类发酵微生物专用化程度很低，主要以葡萄酒和苹果酒发酵专用种为主，其余品种的果酒发酵专用种尚未形成。

2. 降酸技术

目前，国内外用于果酒或果汁的降酸方法主要有化学降酸法、物理降酸法（如低温冷冻法）、离子交换树脂降酸法、电渗析降酸法、壳聚糖吸附降酸法、微生物降酸法等。其中，化学降酸法主要是用一些偏碱性盐来中和果酒中的有机酸以达到降酸的目的。物理降酸法以低温冷冻法最早出现。随着研究的不断深入和科技的不断进步，陆续出现了离子交换树脂降酸法、电渗析降

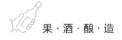

酸法、壳聚糖吸附降酸法、微生物降酸法等。

3. 澄清技术

随着果酒行业的发展，市场对果酒的品质要求越来越高，这就对澄清技术提出了更高的要求。就目前看来，我国的澄清技术主要包括自然澄清法、化学澄清法和机械澄清法。自然澄清较为原始，将样品静置于密闭的容器里达到澄清的目的；化学澄清法主要是通过加入化学澄清剂来澄清，主要包括果胶酶、硅藻土、壳聚糖和明胶等，研究认为就澄清效果而言，壳聚糖＞硅藻土＞明胶＞果胶酶，并且复合澄清剂的澄清效果是最好的。

4. 杀菌技术

就杀菌技术而言，罐藏食品（果酒也属于罐藏食品）主要有冷杀菌、热杀菌。冷杀菌主要有辐照杀菌、化学杀菌等；热杀菌主要是热力致死。其中，辐照杀菌主要是通过辐照技术对预包装食品进行杀菌，包括紫外辐照杀菌、X-射线、γ-射线等。化学杀菌则是果酒在酿造过程中加入适量微生物抑制剂等。热力致死杀菌主要是超高温瞬时杀菌、巴氏杀菌等。

二、果酒标准

我国关于果酒的食品标准较为欠缺，目前葡萄酒较为系统，其余果酒中仅蓝莓酒有相应的国标，柿子酒有农业农村部标准，山楂酒、猕猴桃酒、荔枝酒有行业标准，其他果酒大多处于无任何相关标准状态。各果酒生产企业在加工过程中执行的大多是行业标准或企业标准，使得目前市面上果酒质量参差不齐，影响整个果酒行业的形象。2020 年 5 月，中华人民共和国工业和信息化部 2020 年第 15 号文件公告日前发布，批准《果酒通用技术要求》（QB/T 5476—2020）行业标准正式发布，并于 2020 年 10 月 1 日起正式实施。该标准是由中国农村技术开发中心、西北农林科技大学、中国食品发酵工业研究院有限公司牵头制定。该标准的制定，摆脱了"葡萄酒标准"的束缚，填补了我国果酒技术标准的空白，完善了我国果酒产业创新体系；标准的制定，重新规范定义果酒（除葡萄酒）的术语、命名规则、产品分类、技术要求、分析方法、检验规则，适用于果酒（除葡萄酒）的生产、检验和销售；标准的制定，将有效推动我国果酒产业向专业化、多样化、高新化发展。

三、果酒产业发展所面临的问题

1. 专用发酵菌种及配套技术缺乏

果酒作为发酵产品，品质与酿酒酵母有很大的关系。理论上，应该针对不同水果特点研发出专一酿造酵母。然而，在实际生产中，许多生产厂家直接选用葡萄酒酵母，葡萄酒酵母是根据葡萄酒的制作工艺研究开发的，应用到其他果酒生产中效果并不好。因此，为了优化果酒生产工艺，提高果酒品质，应当加大力度研究出针对不同水果特点的专用酵母。

相对于葡萄酒，其他果酒在科研、技术方面投入都非常少。果酒的酿造工艺基本相似，但是高质量的果酒产品需要在科研技术上攻坚克难，比如优良品种、酿酒菌种选育、风味物质和品质特征等方面。

2. 果酒企业规模小与市场监管不足

目前，除了葡萄酒外，国内的果酒企业规模小，酿造技术普遍比较落后，技术力量较薄弱；果酒行业的领导品牌不能与白酒媲美，没有真正的龙头企业，缺少领头羊。大多数果酒企业主要依据企业标准开展生产管理活动，导致质量监督部门难以对市场果酒品质进行有效监控，导致果酒品质良莠不齐，不利于产业发展。

3. 果酒原料的制约

许多水果都有着很强的季节性，要在适合的条件下才能生长，果酒产业要形成完整的产业链，企业要有足够的经济效益，必须考虑原料的供给问题。尽管目前运输业已十分发达，水果可以最大程度保持其新鲜，但大大增加了原料成本。

产品与原料有密切的联系，果酒的质量在很大程度上取决于水果的质量。水果品种众多，但是并非所有品种都适合酿酒。由于对酿酒型水果的研究与培育较少，在实际生产中，用于酿酒的水果都是比较常见的普通品种。而且，生产厂家并没有对原料进行严格的筛选，这在很大程度上影响了果酒的产量和质量。因此有效开展酿酒型水果的研究和培育对于提高果酒质量，优化果酒品质至关重要。

纵观国内外果酒的发展走向，大致可分为低度化酿造酒、营养化健康酒、自然化有机酒、特色化地产酒、大众化时尚酒五大趋势。可以说，果酒的产品设计是从果园开始的，独具风格的优质果酒是"种"出来的。在果酒产业链的每一个环节落实尊重自然、顺应自然、保护自然的生态文明理念，才能使我国果酒产业可持续发展。与所有农业产品一样，果酒应是自然产品，尽量避免污染物和添加物。只有保障原料的质量和风格，在酿造过程中减少人为干预，在必要时进行适宜的质量控制处理，才能获得独具风格的优质果酒。果酒行业尽管在我国还处在起步阶段，但相信随着果酒生产技术的不断革新和果酒健康新概念在市场上的有效推广，人们生活水平的逐步提高以及对健康生活的理解和追求，未来酒类市场势必将看到越来越多具有代表性、特色化以及功能化的果酒制品。

第二章

果酒酿造一般流程
与原料要求

第一节
果酒酿造一般流程

在果酒的酿造过程中，由于果实种类的不同，其工艺流程也有所差异。但各类型果酒的酿造工艺中，仍存在着一些共同的环节，本节把这些共同的环节加以概括介绍，避免后面具体工艺再进行赘述。这些共同的环节包括原料的机械处理、酶处理、二氧化硫处理、酵母的添加以及酒精发酵的管理和控制等。

一、原料的机械处理

1. 原料的接收

原料的接收就是从原料进入酒厂到对原料进行其他机械处理之间的对原料的一系列处理。根据企业的不同，原料接收方式也有很大的差异。可以认为原料的接收是水果从"农业阶段"转入"工业阶段"的起点，因此，势必要对原料进行过磅、质量检验、分级等。需要强调的是，原料的接收只是接收原料，而不是转变原料。因此，与在采收和运输过程中一样，应尽量防止果实之间的摩擦、挤压，保证果实完好无损。因为对果实的摩擦和挤压，不仅会带来质量问题，也会提高生产的成本。此外，原料的接收能力应足够大，尽量防止原料的积压，防止原料的污染和混杂，尽量缩短原料到厂后等待的时间。

2. 原料的分选

应选择充分成熟、新鲜、无腐烂、无病虫害、含糖量高、出汁率高的原料。水少渣多的品种不适合酿酒。一般用于酿造的水果原料要求完全成熟、糖酸比适宜、果香浓郁。对原料要进行基本的成分分析，如总糖、还原糖、总酸、pH 及其他的营养成分等。必要时进一步测定其有机酸的种类以确定其主体酸的种类和含量。基本成分分析的目的是为以后糖度调整、酸度调整与果酒酵母营养成分调整做准备。

3. 破碎

破碎是将浆果压破，以利于果汁的流出。在破碎过程中应尽量避免撕碎果皮、压破种子和碾碎果梗，降低杂质的含量。果实破碎程度会影响出汁率，破碎后的颗粒太大出汁率低；破碎过度颗粒太小，则会造成压榨时外层的果汁很快地被压榨出，形成了一层厚皮，而内层果汁流出困难，反而降低了出汁率。破碎程度视果实品种而定，破碎果块大小可以通过调节机器来控制，如用辊压机破碎，即可调节轴辊的轧距。苹果、梨等用破碎机破碎时，破碎后大小以 3～5mm 为宜。容易氧化的水果原料，可以在破碎时添加 SO_2，以防止其褐变。SO_2 具体的添加量应根据果汁（浆）的 pH 来确定。不易氧化褐变的水果原料在破碎前后添加均可。破碎工艺有一定的优缺点。优点是：有利于果汁流出；使原料的泵送成为可能；使果皮和设备上的酵母菌进入发酵基质；使基质通风以利于酵母菌的活动；使浆果蜡质层的发酵促进物质进入发酵基质，有利于酒精发酵的顺利触发；使果汁与浆果固体部分充分接触，便于色素、单宁和芳香物质的溶解；便于正确使用 SO_2；缩短发酵时间，便于发酵结束。破碎的缺点是：对于（部分）霉变的原料，破碎和通风会引起氧化腐败病而影响果酒质量；在高温地区，会使开始发酵过于迅速；对单宁含量过高的原料，加强浸渍作用，影响果酒质量等。

4. 压榨

压榨就是将果实或存在于皮渣的果汁通过机械压力而压出来，使皮渣部分变干。有的压榨是对发酵后的皮渣而言，有的压榨是对新鲜果实或轻微沥干的新鲜果实而言。在对原料进行预处理后，应尽快压榨。在压榨过程中，应尽量避免产生过多的悬浮物、压出果梗和种子本身的构成物质。压榨过程应较为缓慢，压力逐渐增大。为了增加出汁率，在压榨时一般采用多次压榨，即当第一次压榨后，将残渣疏松，再作第二次压榨。

二、酶处理

由于受水果中 pH 或酶活性等因素的影响，加上发酵前处理的时间很短，有些水果中水解酶引起有利反应的作用是有限的。果胶酶可以用于对原料和酒的处理，以达到提高出汁率、澄清果汁、提取和稳定颜色、提高香气等目的。

1. 提高出汁率

在破碎果实原料中加入果胶酶，有利于水果的出汁，特别是对于果胶质含量高的水果。商业化的果胶酶包括分解果胶质的各种酶，可在低 pH 条件下活动。

2. 澄清果汁

在加入果胶酶后，果汁中胶体平衡被破坏，从而引起悬浮物的迅速沉淀，使果汁获得更好的澄清度。但值得注意的是果胶酶

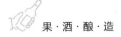

处理可能会导致果汁澄清过度。果胶酶处理还使果汁和所获得的果酒在以后更容易过滤。

3. 提取和稳定颜色

对于带皮发酵的果酒，在浸渍开始时加入果胶酶，有利于对多酚物质的提取，这样获得的果酒，单宁、色素含量和色度更高，颜色更红。

4. 提高香气

在商品化的果胶酶中，通常含有糖苷酶。糖苷酶可以水解以糖苷形式存在的结合态芳香物质，释放出游离态的芳香物质，从而提高果酒的香气。

三、二氧化硫处理

二氧化硫（SO_2）在酿制果酒中的应用具有悠久的历史。早在古罗马时代，硫就用于容器消毒。16 世纪时使用硫黄绳消毒橡木桶，葡萄酒自然吸收消毒木桶剩余的 SO_2，最终能达 60mg/L 左右。主动使用 SO_2 始于 20 世纪初期。人们估计游离 SO_2 的抗菌能力约为结合 SO_2 的 50 倍。虽然果酒中大部分 SO_2 是人们特意加到发酵醪、果汁或果酒中造成的，但正常酒精发酵过程中酵母也产生 SO_2。常用的 SO_2 添加剂有固体、液体和气体三种形式。

1. 固体

最常用的为焦亚硫酸钾（$K_2S_2O_5$），其理论 SO_2 含量为 57%，但在实际使用中，其计算用量为 50%（1kg $K_2S_2O_5$ 含有 0.5kg SO_2）。使用时，先将焦亚硫酸钾用水溶解，以获得 12% 的溶液，其 SO_2 含量为 6%。

2. 液体

气体 SO_2 在一定的加压（30MPa，常温）或冷冻（-15℃，常压）下，可以成为液体。液体 SO_2 一般储藏在高压钢桶（罐）中。其使用最为方便，有直接使用和间接使用两种方式。直接使用是将需要的 SO_2 量直接加入发酵容器中，但这种方法容易使 SO_2 挥发、损耗，而且加入的 SO_2 较难与发酵基质混合均匀；间接使用是将 SO_2 溶解为亚硫酸后再行使用。SO_2 的水溶液浓度最好为 6%，可用以下两种方法获得：称重法，在一定体积的水中加入所需的 SO_2 量；相对密度法，5% 的 SO_2 水溶液的相对密度为 1.0275。

3. 气体

在燃烧硫黄时，生成无色令人窒息的气体，即二氧化硫，这种方法一般只用于发酵桶的熏硫处理。在熏硫时，从理论上讲，1 g 硫在燃烧后会形成 2g SO_2，但实际上，在 225L 的酒桶中燃烧 10g 硫，只能产生 13～14 g 的 SO_2。

四、酵母的添加

如果对发酵基质进行适量（不达到杀菌浓度）的 SO_2 处理，即使不添加酵母，酒精发酵也会或快或慢地自然触发，但通过添加酵母的方式，可使酒精发酵提早触发。此外，在果酒酿造过程中，由于温度过高，或酒精含量提高而温度过低，影响酵母的活力，酒精发酵速度可能减慢甚至停止。

1. 添加酵母的目的

添加酵母就是将人工选择的活性强的酵母加入发酵基质中，使其在基质中繁殖，引起酒精发酵。二氧化硫处理会使与原料同时进入发酵容器中的酵母的活动暂停，并使这些酵母的生命活动速度减慢而呈休眠状态。添加活性强的酵母可以迅速触发酒精发酵，并使其正常进行和结束。这样获得的果酒由于发酵完全、无残糖或其含量较低，酒度稍高，易于储藏。对于变质原料的酒精发酵和残糖含量过高果酒的再发酵，添加酵母就更为重要了。总之，添加酵母，可以达到以下目的：由于酵母的加入量为 $10^6 CFU/mL$，可提早酒精发酵的触发，防止在酒精发酵前原料的各种有害变化，包括氧化、有害微生物的生长等；由于酵母所产生的泡沫较少，可以使发酵容积得到更有效的利用；使酒精发酵更为彻底；使酒精发酵更为纯正，产生的挥发酸、SO_2、H_2S、硫醇等硫化物更少；使葡萄酒的香气更优雅、纯正。

2. 酵母的选择

有多种商业化的酵母可选择。这些商业化的酵母都以活性干酵母的形式存在，包装在密封袋中，低温储藏（低于 15℃ 最佳）。根据用途的不同，活性干酵母主要有以下 3 类。

（1）启动酵母　启动酵母是抗酒精能力强、发酵彻底、产生挥发酸和劣质副产物少的活性干酵母，一些商业化的酿酒酵母可满足这些要求。

（2）特殊酵母　除启动酵母的特性外，特殊酵母还可以具有以下不同的特性：产香酵母，在酒精发酵过程中，可产生优雅的香气；降酸酵母，在酒精发酵过程中，可降解 20%～30% 的苹果酸；加强风格的酵母，如需要在酒泥上陈酿的果酒等。

（3）再发酵酵母　一些酿酒酵母可使含糖量高的果酒进行再发酵，可用于酒精发酵和再发酵。这类酵母通常用于起泡酒的第二次发酵，以产生 CO_2。

五、酒精发酵的管理和控制

1. 控温发酵

发酵温度控制在 20～25℃，每天测定发酵液糖度或相对密度及温度，一般干酒总糖含量不再下降时发酵结束，此时发酵液液面平静，有少量 CO_2 溢出，酒液有酵母香，品尝口味纯正、无甜味。每种水果的最适发酵温度不同，具体应根据原料特征以及成品酒的要求来确定。发酵期间每天都应该测定发酵果汁含糖量和温度。酿造干型果酒时，酒中残糖不再降低时即为发酵终点，绝大多数情况下残糖（总糖）含量不超过 4g/L。如果需要降酸处理，降温至 $18\sim20$℃，进行苹果酸-乳酸发酵（苹-乳发酵）。发酵指标达到要求后，立即降温至 10℃ 以下，促使酵母尽快沉淀，酒液澄清。必要时该阶段可在罐顶冲入 CO_2 或 N_2，将酒液与空气隔离，防止酒液氧化。

2. 倒罐

倒罐（俗称打循环）就是将发酵罐底部的果汁泵送至发酵罐上部。倒罐的作用如下：使发酵基质混合均匀；压帽，防止皮渣干燥，促进液相和固相之间的物质交换；使发酵基质通风，提供氧，有利于酵母菌的活动，并可避免 SO_2 还原为 H_2S。

根据倒罐的目的不同，倒罐可以是开放式的，也可以是封闭式的。封闭式倒罐的目的主要是使基质混合均匀，在倒罐过程中不使空气进入发酵罐；而开放式倒罐则将果汁从罐底的出酒口放入中间容器中，然后再泵送至罐顶。一般情况下，在发酵过程中每天进行 3 次倒罐。在 SO_2 处理后马上进行封闭式倒罐，倒罐量可为 1/5，以便发酵基质充分混合。发酵前期多为开放式倒罐，倒罐量可为 1/5，使酵母菌均匀地分布在整个酵罐内，并给予酵母菌足够的氧气进行有氧呼吸，实现自身繁殖，以便发酵顺利触发。带皮发酵后期多为封闭式倒罐，倒罐量可为 1/5，以便发酵基质充分混合，增加浸提效果，并使酵母菌进行厌氧呼吸和酒精发酵。

3. 倒酒与贮酒

酒液澄清后立即倒酒，将澄清透明的酒液与酒脚分开。在倒酒过程中，补加 SO_2 使游离 SO_2 浓度为 $30\sim40mg/L$，自此

以后的操作，都应将贮酒罐装满，液面用少量高度食用乙醇或蒸馏乙醇封口，尽量减少酒液与空气接触。贮酒容器可以使用不锈钢罐、橡木桶或其他惰性材料制成的罐（如玻璃钢罐）。大多数果酒中抗氧化物质含量少，酒液非常容易氧化，不适合长期陈酿，但发酵后陈酿时间不宜低于 3 个月，以促进酒液澄清，提高酒的非生物稳定性。一般要求 15℃ 以下陈酿，具体陈酿时间应该根据产品特点来确定，看陈酿期是否有利于果酒品质的改善。

第二节
含糖量

一、糖分调整的主要目的

制作果酒时酵母将发酵醪中的糖转化为乙醇，为了使生成的乙醇含量接近成品酒标准要求，通常需要对果酒中的糖分进行调整。多数水果果汁中的自然含糖量足以使果酒的发酵乙醇含量达到 7%（体积分数）以上，在果汁中加糖是为了使产品乙醇含量更高。但有些品种含糖量较低，乙醇含量达不到 7%，必须在果汁中加糖。产品究竟定位为多高的乙醇含量，既要根据市场需求还要考虑国家的税收政策。在欧洲，乙醇含量变化几度，便会导致产品销售税的巨大差异，而且在果汁中加糖还会增加生产成本。

二、水果和发酵醪中常见的糖

1. 葡萄糖

葡萄糖是自然界分布最广且最为重要的一种单糖，它是一种多羟基醛。纯净的葡萄糖为无色晶体，有甜味但甜味不如蔗糖，易溶于水，微溶于乙醇。葡萄糖少量存在于水果和蔬菜中，在葡萄和洋葱中含量较多。游离状的葡萄糖在天然食品中并不多，但是它们常常缩合成大分子（比如淀粉）而存在于天然食品中。工业化生产的葡萄糖是将淀粉水解而成。葡萄糖的甜度为69。

2. 果糖

果糖也是一种单糖，是葡萄糖的同分异构体，它以游离状态大量存在于水果的浆汁和蜂蜜中，果糖还能与葡萄糖结合生成蔗糖。纯净的果糖为无色晶体，它不易结晶，通常为黏稠性液体，易溶于水、乙醇。果糖主要产自天然的水果和谷物之中，具有口感好、甜度高、升糖指数低以及不易导致龋齿等优点，果糖的甜度大约是蔗糖的1.8倍，是所有天然糖中甜度最高的，所以在同样的甜味标准下，果糖的摄入量仅为蔗糖的一半。工业化生产果糖，是将淀粉水解成葡萄糖，然后加入异构化酶，使葡萄糖转化成果糖。

3. 蔗糖

蔗糖是食糖的主要成分，双糖的一种，由一分子葡萄糖的半缩醛羟基与一分子果糖的半缩醛羟基彼此脱水缩合而成。蔗糖有甜味，无气味，易溶于水和甘油，微溶于醇。蔗糖几乎普遍存在于植物界的叶、花、茎、种子及果实中。在甘蔗、甜菜及槭树汁中含量尤为丰富。蔗糖分为白砂糖、赤砂糖、绵白糖、冰糖、粗糖（黄糖）。游离葡萄糖的醛基和果糖的酮基具有还原性，可参与氧化还原反应。蔗糖分子上葡萄糖醛基与果糖酮基已参加缩合反应而失去还原性，因此蔗糖不属于还原糖。蔗糖的甜度为100。

4. 转化糖

糖液在加热沸腾时，蔗糖分子会水解为1分子果糖和1分子葡萄糖，这种作用称为糖的转化，两种产物合称为转化糖。糖溶液经加热沸腾后便成为糖浆，也就是转化糖浆。糖的转化程度对糖的重结晶性质有重要影响。因为转化糖不易结晶，所以转化程度越高，能结晶的蔗糖越少，糖的结晶作用也就越低。控制转化反应的速度能在一定程度上控制糖的结晶。工业上生产转化糖的方法是将蔗糖加入酸或转化酶同时进行加热。因为转化糖具有保湿不易返砂的特点，所以多用于糖果工业，在整个食品工业中的应用范围也相当广泛。自然界中的转化糖存在于蜂蜜中，转化糖的甜度为 115。

三、测定果汁糖分的方法

大多数情况下，果汁在酿造前要加糖。但在加糖前首先要知道果汁中糖的准确含量，然后根据最后要求的乙醇含量，计算出所需添加糖的数量。一般可采用以下几种方法来测得果汁中糖的含量：相对密度测定法、折射率测定法和菲林试剂滴定法。相对密度计和折光仪使用起来方便容易，价钱也不贵，是理想的测定发酵醪和果酒中糖分含量的仪器，被果农、小规模果酒酿造厂广泛使用。

目前已发展起一系列的密度量度用于确定果汁糖度及判断发酵程度。密度是指一定温度下单位体积的质量，4℃时水的密度为 1.000kg/L。相对密度一般是把水在 4℃ 的时候的密度当作 1 来使用，另一种物质的密度跟它相除得到的。相对密度只是没有单位而已，数值上与实际密度是相同的。果汁中的含糖量越高，密度和相对密度越大。为了便于计算，法国的 Musti 将普通相对密度计的读数扩大 1000 倍，发明了 Musti 相对密度计，德国的 Oechsle 将 Musti 相对密度计读数简单化，将 Musti 相对密度计的读数减去 1000 成为 Oechsle 相对密度计；同一种果汁用普通相对密度计读数为 1.030，用 Musti 相对密度计读数为 1030，用 Oechsle 相对密度计读数为 30。白利度（Brix，°Bx）是 Antoine

Brix 在 19 世纪中叶以蔗糖溶液浓度为基准标定的密度单位。起初 1°Bx 相当于 20℃时的水溶液中含有 1%（质量分数）的糖。波美度以法国化学家波美（Antoine Baume）命名。波美是药房学徒出身，曾任巴黎药学院教授。他创制了液体比重计，也就是波美比重计。把波美比重计浸入所测溶液中，得到的度数就叫波美度（°Bé）。波美比重计有两种：一种叫"重表"，用于测量比水重的液体；另一种叫"轻表"，用于测量比水轻的液体。当测得波美度后，从相应化学手册的对照表中可以方便地查出溶液的质量浓度。波美度数值较大，读数方便，所以在生产上常用波美度表示溶液的浓度（一定浓度的溶液都有一定的密度）。不同溶液的波美度的测定方法是相似的。现在，对不同的溶液有相应的波美表，如乙醇波美表、盐水波美表，这种波美表上面，有测定溶液波美度对应的该种类溶液的浓度，可以直接读数，不用查表。一般来说，波美比重计应在 15.6℃温度下测定，但平时实际使用的时候温度一般不会刚好符合标准，所以需要校正。一般来说，温度每相差 1℃，波美计则相差 0.054°Bé。温度高于标准时加，低则减。

折射率是指光线在真空中传播的速度与在供试品中传播速度的比值。折射率是有机化合物重要的物理常数之一，它能精确而方便地测定出来。作为液体物质纯度的标准，折射率也用于确定液体混合物的组成。折光仪的测定原理是基于溶液的折射率与溶液的浓度之间有一定的线性关系。溶液中含有的可溶性固形物越高，折射率会越大，因此折光仪通过测定溶液折射率的变化，来显示溶液中可溶性固形物的含量。因为果汁中糖分含量很高，与其他可溶性固性物相比，可将其他成分忽略不计，用可溶性固性物含量代替含糖量。折光仪将蒸馏水的折射率校正为零，每一刻度以蔗糖溶液的质量浓度为基准进行了标定，因此折光仪的读数也可表示为°Bx。

表 2-1 给出不同量度单位之间的相互换算。

表 2-1 各种量度单位相互换算表

普通相对密度计读数 d(15℃/15℃)	德国 Oechsle 相对密度计读数 d_o (15℃/15℃)	波美比重计读数/°Bé	折光仪的读数/°Bx	潜在的乙醇浓度（体积分数）/%
1.065	65	8.8	15.8	8.1
1.070	70	9.4	17.0	8.8
1.075	75	10.1	18.1	9.4
1.080	80	10.7	19.3	10.0
1.085	85	11.3	20.4	10.6
1.090	90	11.9	21.5	11.3
1.095	95	12.5	22.5	11.9
1.100	100	13.1	23.7	12.5
1.115	115	14.9	26.9	14.4
1.120	120	15.5	28.0	15.0

如果没有时间或没有工具进行果汁糖度的实验室分析，可以利用 Oechsle 相对密度计进行快速估算。

$$浆果汁中含糖量/(g/L)=2.5×d_o-30$$
$$水果中含糖量/(g/L)=2.0×d_o+10$$

四、果汁（醪）糖度的改良

由于气候、地理位置、栽培管理及品种等原因，果汁组成往往不能满足酿造要求。因此需要对果汁（醪）成分进行调整。当果汁（醪）中的含糖量较低时，可采用下列方法来提高含糖量。

1. 提高收获果实含糖量

采取的方法是延迟采收或果实采收后自然风干，使果实中的水分蒸发而达到提高含糖量的目的。现在许多种植户给果树用肥时，都选择化肥。即使一些甜度较高的品种，大量使用化肥后，其糖分含量下降，酸度逐渐增高。另外，氮肥虽能促进营养生长，但不能促进生殖生长，从而使果实着色延迟，色泽变淡，果皮变厚等。因此要少施用氮肥及含有氮元素的肥。另外钾能促进果实增大增甜，但施用过多会使叶片含钾过大，导致果实酸度增加。因此如果想让果实甜度增加，必须减少化肥的使用量，秋季充分施用有机肥、生物菌肥及中微量元素肥，有效改良土壤，补充植物所需营养及减少果树缺素引起的病害。另外还有一个重要影响果实甜度的因素，那就是硼钙肥，在钙肥缺少的地方，果实甜度往往不高。

2. 添加浓缩果汁

（1）浓缩果汁的制备　采用适当的方法进行部分脱水，该操作过程不应造成焦化现象。比如将果汁进行二氧化硫处理，以防止发酵，再将处理后的果汁在部分真空条件下加热浓缩，使其体积降至原体积的 1/4～1/5，这样获得的浓缩果汁中不易挥发物质的含量是原来的 4～5 倍。在制备过程中浓缩果汁中的含酸量较高。因此，为了防止果汁中的酸度过高，可在进行浓缩以前，对果汁进行降酸处理。此外，浓缩汁中钾、钙、铁、铜等含量也较高。

（2）添加量　在确定添加量时，必须先对浓缩汁的含糖量（潜在酒度）进行分析。例如，已知浓缩苹果汁的潜在酒度为 50%（体积分数），发酵用苹果汁的潜在酒度为 9%（体积分数），苹果酒要求酒度为 12%（体积分数），则可以用下面的方法算出浓缩苹果汁的添加量：

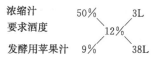

即要在 38L 的发酵用苹果汁中加入 3L 浓缩汁，才能使苹果酒达到 12%（体积分数）酒度。因此，在 1000L 发酵用苹果汁中应加入浓缩苹果汁的量为：3×1000/38＝78.9L。

（3）添加的时间和方法　先将需添加的浓缩汁在部分果汁中

溶解，然后加入发酵罐中，添加浓缩汁以后必须倒一次罐，以使所加入的浓缩汁均匀地分布在发酵汁中。添加浓缩汁的时间最好在发酵刚刚开始的时候，并且一次加完。因为这时酵母菌正处于繁殖阶段，能很快将糖转化为酒精，如果加浓缩汁时间太晚，酵母所需其他营养物质已部分消耗，发酵能力降低，常常发酵不彻底，造成酒精发酵中止。此外，加入的浓缩汁在发酵过程中所释放的热量增加，导致发酵温度上升，应适当对发酵醪进行降温，防止发酵温度过高。

3. 添加白砂糖

《中国葡萄酿酒技术规范》中规定，酿造葡萄酒时白砂糖加量不得超过产生 2% 酒精的量。常用纯度大于 99% 的甘蔗糖或甜菜糖。理论上清汁发酵时，提高 1% 酒需蔗糖 17g/L；带皮果浆发酵时，提高 1% 酒需蔗糖 18g/L。例如：用潜在酒度为 10% 的苹果汁 1000L 酿造酒度为 12% 的苹果酒，需增加酒度为 12%－10%＝2%，需加糖：2%×17g/L×1000L＝340g。生产带皮浆果时，应在计算时乘以葡萄浆的出汁率。注意加糖计算可忽略糖的纯度，加糖后发酵液体积的变化。最好在酵母刚开始发酵时加糖，并且一次加完所需的糖。因为这时酵母菌正处于繁殖阶段，能很快将糖转化为酒精。如果加糖太晚，酵母菌发酵能力降低，常会发酵不彻底。由于白砂糖的密度比葡萄汁高，在加糖时，应先用葡萄汁将糖在发酵容器外充分溶解后，再添加到发酵容器中，否则未溶解的糖将沉淀在容器底部，常常是酒精发酵结束后糖也不能完全溶解，造成新酒的酒精度偏低。

4. 闪蒸法

闪蒸技术是利用高温液体突然进入真空状态，体积迅速膨胀并汽化，同时温度迅速降低并收集凝聚的液体的原理，即在最短时间内，将经除梗、沥干的原料提高到 70～90℃，然后在低压下瞬间降低到适合的发酵温度（低于 30℃）。通过该技术的处理，醪液得以迅速冷却并急速蒸发，从而使果实皮组织完全解体，使得色素、单宁、酚类等重要物质充分释放。与传统技术相比，该技术加强了色素和酚类物质的浸提，提高了干浸物的含量。酿造的果酒不易发生氧化破败。

例如：闪蒸技术用于红葡萄酒的酿造，首先对葡萄醪液快速热处理，一般不超过4min，而葡萄醪液温度将高于80℃，然后进入真空罐内瞬间汽化，与此同时醪液的温度降低至35～40℃。经过加热的葡萄醪液不间断地被送往真空罐，在真空罐内的负压环境下几乎瞬间冷却，并迅速产生葡萄汁蒸气，随后葡萄汁蒸气中的香气又被冷却并重新流回到葡萄皮渣中，以此恢复葡萄原料原有的果实香气。在该技术中，多酚类化合物提取率的高低，完全取决于热处理的程度、真空汽化的综合强度以及发酵时间的长短。对于高质量的葡萄原料，闪蒸技术处理后，待发酵的葡萄汁液中富含更多的香气、色素、单宁。酿出的葡萄酒更适合长期陈储；对于一般质量的葡萄原料，闪蒸技术处理后，提高了原料品质，增加了红酒的色泽，而且色素稳定性强，更多的成熟单宁使口感更丰富。需要说明的是：闪蒸技术对葡萄固体部分浸提不是选择性的，即在浸渍"优质单宁"的同时，也提取了"劣质单宁"。因此，对于质量差的原料，该技术只会强化葡萄酒质量缺陷，降低葡萄酒质量。

5. 选择性冷冻提取法

选择性冷冻提取法旨在提高果酒的质量。我们知道，提高原料质量的方式有两种：一是在压榨前对浆果进行选择；二是尽量使浆果中有利于提高果汁质量的物质进入果汁中。选择性冷冻提取法的原理是在冷冻和解冻过程中，成熟度不同的浆果的表现亦不相同，因为它们的比热、导热性、凝固热和溶解热等物理特性各不相同，因此，该方法就是将原料置于某一温度下，只使那些未成熟的浆果冻结，而那些成熟的浆果不冻结；然后立即压榨，

从而获得成熟浆果的果汁，提高原料的质量。在法国的研究结果表明，采用这种方法酿造的干白葡萄酒及甜白葡萄酒，其感官质量明显高于对照葡萄酒。该方法在不破坏典型性的条件下，可提高葡萄酒的香气和口感质量。

6. 反渗透法

反渗透法是在压力的作用下，通过半透膜将离子或分子从混合液中分离出来的物理方法，所施加的压力必须大于渗透压。我们知道，如果含糖量过低的果汁通过半透膜除去过多的水分，就可以提高果汁的含糖量，达到改良原料的目的。反渗透法在很多领域都广泛地被利用。Berger（1991）深入地研究了该法在葡萄原料改良中的作用。在该研究中，他所用的半透膜为内径 $42\mu m$、外径 $80\mu m$ 的芳香型聚酰胺中空纤维。这种膜的特性如下：抗压能力 15MPa，pH 范围 1～11，温度 0～35℃。通过 3 年在 5 个品种上的实验，证明由聚酰胺中空纤维构成的半透膜完全可以在室温条件下将水从葡萄汁中除去。用这一方法酿出的葡萄酒除酒度更高外，其他物质特别是酚类物质的含量也高，Berger 认为反渗透浓缩法对红葡萄酒质量的提高比白葡萄酒要明显。

第三节
含酸量

一、酸度调整的目的

果酒的质量一方面取决于乙醇含量，另一方面取决于酸的含量。为了得到协调而精细的果酒风味，酸度应限制在某一范围。果酒的酸度如达不到要求会使的风味平淡，果酒的酸度过高则会使人不快，难以下咽。酸度对于果酒发酵的顺利进行和货架寿命也是十分重要的。总之，果酒发酵醪的酸度太低会带来以下弊病：果酒发酵过程中易被微生物污染；果酒不易保存；使游离二氧化硫达不到要求，二氧化硫的添加量比常量大；风味平淡。

二、水果和发酵醪中常见的酸

在果酒制造中，果汁中的酸分为两个部分：果汁中自然存在的酸和在发酵过程中产生的酸。果汁中自然存在的酸有酒石酸、苹果酸、柠檬酸，还有很少一部分的其他酸，如蔓越莓、蓝莓中的苯甲酸及其他些水果中极少量的水杨酸。在发酵过程中产生的酸有乳酸、琥珀酸和乙酸。

1. 乙酸和挥发酸

乙酸是醋的主要成分，又称为醋酸。乙酸在自然界分布很广，例如在水果等植物中，但是主要以酯的形式存在。乙酸可用作酸度调节剂、酸化剂、腌渍剂、增味剂、香料等。它也是很好的抗微生物剂，这主要归因于其可使 pH 降低至低于微生物最适生长所需的 pH。乙酸是我国应用最早、使用最多的酸味剂。虽然在烹饪中醋应用很普遍，但果酒中如存在过量乙酸会使果酒中有一种使人烦躁的醋味。即便如此，所有果酒中都存在少量的乙酸。

乙酸的制备可以通过人工合成和微生物发酵两种方法。生物合成法，即利用微生物发酵，仅占整个世界产量的 10%，但是仍然是生产乙酸，尤其是醋的最重要的方法，因为很多国家的食品安全法规规定食品中的醋必须是通过生物法制备。

乙酸因其挥发性很强，是果酒挥发酸的主要成分。乙酸是在发酵过程中由于感染了醋酸菌，醋酸菌将乙醇转化成乙酸和乙酸乙酯形成的。果酒在陈酿时，要尽量避免感染能将乙醇发酵成乙酸的醋酸菌。因醋酸菌好氧，因此陈酿时，将酒桶添满是十分重要的。一般来说，所有的佐餐类果酒都含有一定量的挥发酸，但只要低于某一数值挥发酸很难被觉察出来。大多数国家规定了挥发酸允许存在的最大值，一般为小于1.2g/L（以乙酸计）。挥发酸的酸度对果酒的香气和风味有很大影响。挥发酸含量很低时，有利于果酒形成好的风味；含量过高时对果酒有败坏作用，而且一旦形成很难除去，因为使用任何化学中和剂，只能中和果酒中的固定酸（苹果酸、酒石酸、柠檬酸等常被称为固定酸）。挥发酸的阈值，根据果酒中存在的香气和风味物质的多少而改变。在淡爽型干白葡萄酒中，含量为0.4g/L就很容易被感知出来；而在丰满的红葡萄酒或热情的甜佐餐酒中，含量高达0.6g/L却很难感觉到；尤其在甜佐餐红葡萄酒中常含有高达1g/L的挥发酸，以赋予果酒力度，否则酒会给人过于沉闷的感觉。果酒的阈值大约与干白葡萄酒相当，英国规定果酒的挥发酸低于1.4g/L（以乙酸计）。实际上挥发酸如果高于1g/L（以乙酸计）就很难酿造出好的果酒。

2. 酒石酸

酒石酸是一种羧酸，广泛存在于水果中，尤其是葡萄。酒石酸可分为L-酒石酸、D-酒石酸、DL-酒石酸。天然存在的酒石酸都是L型。作为食品中添加的抗氧化剂，可以使食物具有酸味。酒石酸最大的用途是饮料添加剂。工业上，L-酒石酸的主要甚至唯一来源仍然是天然产物。葡萄酒酿造工业产生的副产物酒石，通过酸化处理即可制得L-酒石酸。意大利是世界上L-酒石酸的最大生产国，这跟该国造葡萄酒的规模不无关系。

酒石酸是成熟葡萄中存在的主要有机酸，未成熟葡萄中苹果酸的含量高于酒石酸。在葡萄酒发酵过程中酒石酸与发酵醪液中的钾离子发生反应，可使葡萄汁的酸度降低2～3g/L（以酒石酸计）。发酵过程中产生的酒石酸氢钾，不溶解于乙醇和水，形成有轻微酸味的块状酒石，沉淀于发酵桶的底部。酒石酸对葡萄酒较为重要，对其他果酒并不重要。

3. 柠檬酸

天然柠檬酸在自然界中分布很广，很多种水果和蔬菜，尤其是柑橘属的水果中都含有较多的柠檬酸，特别是柠檬和青柠，它们含有大量柠檬酸，在干燥之后，含量可达 8％（在果汁中的含量大约为 47g/L）。在柑橘属水果中，柠檬酸的含量介于 0.005mol/L 和 0.30mol/L 之间。这个含量随着不同的栽培种和植物的生长情况而有所变化。人工合成的柠檬酸是用砂糖、糖蜜、淀粉、葡萄等含糖物质发酵而制得的，可分为无水和水合物两种。纯品柠檬酸为无色透明结晶或白色粉末，有一种诱人的酸味。柠檬酸为食用酸类，可增强体内正常代谢，适当的剂量对人体无害。在某些食品中加入柠檬酸后口感好，并可促进食欲，在中国允许果酱、饮料、罐头和糖果中使用柠檬酸。虽然柠檬酸对人体无直接危害，但它可以促进体内钙的排泄和沉积，如长期食用含柠檬酸的食品，有可能导致低钙血症，并且会增加患十二指肠癌的概率。柠檬酸也是唯一的一种能够往葡萄酒中添加（＜50g/100L）的用来阻止葡萄酒铁浑浊病的添加剂。柠檬酸的酸味明显而刺激，当添加量过度时容易影响果酒的风味。在果汁中柠檬酸是含量排在第二位的酸。

4. 苹果酸

苹果酸有 L-苹果酸、D-苹果酸和 DL-苹果酸 3 种存在形式。天然存在的苹果酸都是 L 型的，几乎存在于一切果实中，以仁果类中最多。苹果酸为无色针状结晶或白色晶体粉末，无臭，带有刺激性爽快酸味，易溶于水，溶于乙醇。有吸湿性，1％水溶液的 pH 值为 2.4。L-苹果酸存在于山楂、苹果和葡萄等果实的浆汁中，也可由延胡索酸经生物发酵制得。它是人体内部循环的重要中间产物，易被人体吸收，因此作为性能优异的食品添加剂和功能性食品广泛应用于食品和保健品等领域。L-苹果酸为天然果汁之重要成分，与柠檬酸相比味道柔和（具有较高的缓冲指数），具特殊香味，不损害口腔与牙齿，代谢上有利于氨基酸吸收，不积累脂肪，是新一代的食品酸味剂，被生物界和营养界誉为"最理想的食品酸味剂"。2013年以来在老年及儿童食品中正取代柠檬酸。

水果收获时90%的酸是苹果酸。果酒加工时果汁中的部分苹果酸在乙醇发酵过程中由乳酸菌转化为乳酸，使酸味有所降低，总酸度可降低2.4g/L（以苹果酸计）。苹果酸-乳酸发酵与果汁的pH、温度、亚硫酸盐的含量、是否有磷酸盐和氨基酸存在均有关系。苹果酸可赋予果酒新鲜的酸味。

5. 琥珀酸

琥珀酸也是一种产生于发酵过程中的酸，一般含量很少。它主要由谷氨酸氧化而来，是一种挥发性酸，与酒香的形成有很大关系。它的形成与酵母的种类有关，乙醇发酵完成时它的形成也会终止。在葡萄酒中较为重要，在其他果酒中不太重要。琥珀酸天然来源是松属植物的树脂久埋于地下而成的琥珀等，此外还广泛存在于多种植物、动物的组织中。

6. 乳酸

乳酸是一种常见于乳制品中的有机酸，由乳酸菌将乳糖转化而来。乳酸有很强的防腐保鲜功效，可用在果酒、饮料中，具有调节pH值、抑菌、延长保质期、调味、保持食品色泽、提高产品质量等作用。乳酸独特的酸味可增加食物的美味，加入一定量的乳酸，可保持产品中的微生物的稳定性、安全性，同时使口味更加温和。由于乳酸的酸味温和适中，还可作为精心调配的软饮料和果汁的首选酸味剂。工业生产乳酸的方法主要有发酵法和合成法。发酵法因其工艺简单、原料充足，发展较早而成为比较成熟的乳酸生产方法，约占乳酸生产的70%以上，但周期长，只能间歇或半连续化生产。化学法可实现乳酸的大规模连续化生产，且合成乳酸也已得到美国食品药品监督管理局（FDA）的认可，但原料一般具有毒性，不符合绿色化学要求。酶法工艺复杂，其工业应用还有待于进一步研究。正常情况下乳酸并不存在于葡萄和其他水果中，果酒中的乳酸一般来源于苹果酸-乳酸发酵。因为乳酸的酸味柔和，苹果酸-乳酸发酵在果酒陈酿过程中十分重要。

三、测定果汁酸度的方法

酸度有两种表达方式：滴定酸度和 pH，二者相互联系，随着 pH 下降，滴定酸度会增强，反之亦然，但二者不呈线性关系。一般用氢氧化钠（NaOH）溶液对果汁或果酒进行酸碱滴定，来测定果汁或果酒中的滴定酸度，用 pH 计对果汁的 pH 进行测量。

用 pH 表示酸度，为评价发酵醪是否有利于微生物生长，发酵醪中蛋白质沉降情况和果酒成熟情况，提供了十分有用的信息。大多数酿酒指南建议果酒发酵醪的 pH 应介于 3.3～3.7 之间，当发酵醪滴定酸度在 3.0～6.0g/L（以苹果酸计）时，pH 自然介于其间。

评价发酵醪酸度的另一种途径是有机酸。用有机酸的含量来表示酸度，对于评价果酒的口感和风味有参考作用；果酒发酵醪的滴定酸度应控制在 3.0～6.0g/L（以苹果酸计）。鲜食型水果果汁的滴定酸度通常过低，发酵前应对其酸度进行调整。果汁的滴定酸度有多种表示方法。因为硫酸是实验室中常用的酸，滴定酸度在法国表达为硫酸的量；事实上果酒中并没有硫酸存在，德国因此将果汁和果酒中的滴定酸度表述为酒石酸的含量，许多其他酿造葡萄酒的国家也用此法。我国果酒的滴定酸度通常以苹果酸计。滴定酸度的表述方法利用转换系数可以互相转换，转换系数见表 2-2。例如：按法国标准，某水果中滴定酸度为 3.0g/L（以硫酸计），按德国标准某水果中滴定酸度为 $3.0 \times 1.531 =$

4.6g/L（以酒石酸计）。我国标准某水果中滴定酸度为 3.0×
1.367 ＝4.1g/L（以苹果酸计）。

表 2-2　有机酸含量转换系数表

表述方法	酒石酸	苹果酸	柠檬酸	乳酸	硫酸	乙酸
酒石酸	1.000	0.893	0.853	1.200	0.653	0.800
苹果酸	1.119	1.000	0.955	1.343	0.731	0.896
柠檬酸	1.172	1.047	1.000	1.406	0.766	0.938
乳酸	0.833	0.744	0.711	1.000	0.544	0.667
硫酸	1.531	1.367	1.306	1.837	1.000	1.225
乙酸	1.250	1.117	1.067	1.500	0.817	1.000

四、酸度的调整

1. 增酸

果汁酸度低于 4g（H_2SO_4）/L 或 pH 高于 3.6 时，应在果
汁中补加酸以提高酸度。因酸度过低，pH 值高，添加 SO_2 后，
呈游离态的比例少，果酒易受细菌污染，而且易被氧化。如果条
件允许，优先考虑将高、低酸果汁混合，当然用于提高酸度的果
实不应影响果酒的类型、风格与品质。另外，根据果汁或果酒中
酸的组成，可添加酒石酸与柠檬酸增酸。

（1）添加酒石酸　加入果汁的酒石酸约有 1/3 的量与果汁中
的钾、钙离子结合成不溶性的酒石酸氢钾和酒石酸钙，2/3 用于
增酸。酒石酸添加量计算公式为：

酒石酸(g)＝3/2×（要求滴定酸度－果汁滴定酸度）×果汁体积。

若需要增酸的为果浆，用果浆体积乘以经验出汁率，即得果
汁体积。

（2）添加柠檬酸　柠檬酸添加在果酒中能够防止铁破败病，
用来调整果酒酸度可增加酒的爽口感。添加柠檬酸按《中国葡萄
酿酒技术规范》中规定，增酸后葡萄酒中柠檬酸含量不得超过

1g/L（加香葡萄酒除外）。柠檬酸在酒中的加量一般不会超过0.5g/L。用柠檬酸增酸的计算公式为：

柠檬酸(g)＝(要求滴定酸度－果汁滴定酸度)×葡萄汁体积÷1.172

式中，1g 柠檬酸相当于 1.172g 酒石酸。

注意酒石酸加在葡萄汁中；柠檬酸加在葡萄酒中。

2. 降酸

当果汁的滴定酸过高时，就会影响酵母发酵与酒的感官特征，此时应考虑降酸。降低果汁酸度的方法有多种。

(1) 加水稀释法降酸　加水、加糖发酵，以降低果汁中含酸量。此法最简单，但在我国与许多国家不允许用此法降低葡萄酒的酸度。用其他高酸水果酿酒时，可考虑该法。

(2) 生物法降酸　生物降酸是利用微生物分解苹果酸，从而达到降酸的目的。可用于生物降酸的微生物有进行苹果酸-乳酸发酵的乳酸菌、能分解苹果酸的酵母菌和能将苹果酸分解为酒精、CO_2 的裂殖酵母。

苹果酸-乳酸发酵在适宜条件下，乳酸菌可通过苹果酸-乳酸发酵将苹果酸分解为乳酸和 CO_2。这一发酵通常在酒精发酵结束后进行，导致酸度降低，pH 增高，并使果酒口味柔和。对于所有的干红葡萄酒，苹果酸-乳酸发酵是必须的发酵过程，而在大多数的干白葡萄酒和其他已含有较高残糖的果酒中，则应避免这一发酵。

① 降酸酵母的使用　一些酿酒酵母，能在酒精发酵的同时，分解 30% 的苹果酸。这类酵母对于含酸量高的原料是非常有益的。

② 裂殖酵母的使用　一些裂殖酵母可将苹果酸分解为酒精和 CO_2，它们在葡萄汁中的数量非常少，而且受到其他酵母的强烈抑制。因此，如果要利用它们的降酸作用，就必须添加活性强的裂殖酵母。此外，为了防止其他酵母的竞争性抑制，在添加

裂殖酵母以前，必须通过澄清处理，最大限度地降低葡萄汁中的内源酵母群体。这种方法特别适用于苹果酸含量高的果汁的降酸处理。

（3）化学法降酸　利用化学降酸剂除去果汁中过多的酸称为化学法降酸。常用的降酸剂为碳酸钙（$CaCO_3$）、酒石酸钾（$C_4H_4O_6K_2 \cdot 1/2H_2O$）与碳酸钾（$K_2CO_3$）。下面以碳酸钙为例介绍一下化学降酸方法。0.67g $CaCO_3$ 可除掉 1g 酒石酸。据此与需降酸的果汁量，计算出 $CaCO_3$ 需要量。将所需的纯 $CaCO_3$ 加少量冷水充分搅拌，除去漂浮物。再用冷水洗 2～3 次，制得 $CaCO_3$ 乳液。待处理汁分成两份，将 $CaCO_3$ 分数次缓慢加入 1 份待处理果汁中。每次添加量不超过计算量的 5%，并不断搅拌，至不发泡时，再进行下一次添加。处理好的果汁在 $-3～0℃$ 下冷冻 1 周左右，分离沉淀。将已降酸的果汁再与未降酸处理果汁混合。如此操作可以较好地保留果汁的香气，防止降酸过程中产生 CO_2 气体将全部香气带走。

果汁中的保护性胶体影响到上述盐的沉淀。添加 $CaCO_3$ 时应先作小试，以确定待处理果汁的用量及降酸程度。另外，为了促进沉淀，可同 $CaCO_3$ 一起往果汁中添加 1% 的苹果酸酒石酸钙复盐作为晶种。

化学降酸最好在酒精发酵结束时进行。化学降酸只能除去酒石酸，并有可能使果酒中最后含酸量过低（诱发苹果酸-乳酸发酵），因此，必须慎重使用。如果果汁含酸量很高，并且不希望进行苹果酸-乳酸发酵，可用碳酸氢钾进行降酸，其用量最好不要超过 2g/L。与碳酸钙相比，碳酸氢钾不增加 Ca^{2+} 的含量，而 Ca^{2+} 是果酒不稳定的因素之一。如果要使用碳酸钙，其用量不要超过 1.52g/L。多数情况下化学降酸的目的只是提高发酵汁的 pH，以触发苹果酸-乳酸发酵，因此，必须根据所需要的 pH 和果汁中酒石酸的含量计算使用的碳酸钙量。一般在果汁中加入 0.5g/L 的碳酸钙，可使 pH 提高 0.15，这一添加量足以诱发苹果酸-乳酸发酵。

（4）物理法降酸

① 冷处理降酸 发酵前采用冷冻法先除去一部分酒石（酒石酸氢钾晶体），再进行发酵。物理降酸的原理是，低温时果汁中的酒石酸盐溶解度降低，形成结晶而从酒中析出，将结晶与汁分开即达到降酸的目的。

② 离子交换法处理 通常的化学降酸会给果汁中产生过量的 Ca^{2+}。常采用强酸性苯乙烯系阳离子交换树脂除去 Ca^{2+}，该方法对酒的 pH 影响甚微，用阴离子交换树脂（强碱性）也可以直接除去酒中过高的酸。

如何正确选择降酸时机，对成功酿造高质量的果酒非常重要。当果汁酸度过高时。在发酵前、最迟在发酵终了前降酸，有利于酵母发酵，有利于酒的风味与口感；果汁酸度不太高时，发酵终了前降酸，以防降酸后果汁被细菌污染。但不论采取任何降酸方法，都不宜在装瓶前降酸，因为酸度的变化会影响酒的胶体稳定性，由此会引起成品酒沉淀、混浊。

第四节
其他指标

一、酵母的营养物

酵母是生物活性细胞，与其他生物一样也需要营养物质。酿造果酒时果汁中可利用的碳源有葡萄糖、果糖和蔗糖，正常情况下果汁中含有的氮源和矿物质可充分满足酵母新陈代谢需要。如果缺乏营养就有可能使发酵迟缓，甚至产生异常高水平的副产物，如乙酸、丙酮酸、硫化氢和杂醇油等。发酵迟缓的具体表现是糖的发酵速率显著降低，在发酵结束后留下高浓度的残糖（高于体积分数 0.2%）或发酵时间过分延长，而氮源（铵离子和游离氨基酸）、维生素缺乏是发酵迟缓最常见原因。另有研究表明，缺乏氨或氨基氮会使酵母细胞转向利用来自氨基酸的氮源，从而留下较高的副产物——高级醇类；果汁中缺乏泛酸时可生成较高水平的乙酸和甘油；由于硫胺素的缺乏可导致丙酮酸的过度积累。

首先应添加的营养物质是氮源，氮有时被称作"酿造果酒时被遗忘的元素"。理想的氮源应容易并立刻为酵母所利用，并且添加后不会产生不必要的新陈代谢产物。目前认为较好的氮源是铵离子。理论上，几种铵盐都可以满足酵母的氮源需求，但法国"酿酒法典"和德国"葡萄酒法规"只允许使用磷酸氢二铵作为酵母营养物，它提供的铵离子可以作为氮源，磷酸根离子可参与葡萄糖和果糖转化为乙醇的反应。硫酸铵和氯化铵也可补充氮源，但效果没有磷酸氢二铵好。另一种酵母营养物是维生素，在丙酮酸转化为乙醇的酶促反应和酵母的生长活动中，它们作为辅酶因子扮演着十分重要的角色。果酒发酵时通常会因缺乏两种维生素带来问题，它们是硫胺素（维生素 B_1，容易被二氧化硫降解）和泛酸（维生素 B_5，泛酸的缺乏通常伴随着发酵过程硫化氢的生成）。

酵母营养物一般含有铵盐、甾醇、不饱和脂肪酸、B 族维生素和镁等，也可以分别购买硫胺素、泛酸和铵盐进行添加。果酒中酵母营养物的典型添加量为：氮源，添加 10～100mg/L，使发酵醪的总氮含量达到 200mg/L；硫胺素 0.2mg/L；泛酸 0.2mg/L。建议发酵完成后检查果酒中的剩余含氮量，如果含氮量太高可能被其他微生物所利用，下一次添加量应适当减少。

二、原料所需的酶制剂

1. 果胶酶

果胶为白色无定形物质，无味，能溶于水成为胶体溶液，不溶于乙醇、硫酸镁和硫酸铵等盐类，在酸、碱和酶的作用下可脱甲酯形成低甲氧基果胶和果胶酸。果汁中果胶可被甲醇和乙醇迅速沉淀下来，这就是果酒在酿造后期出现絮状沉淀的原因之一，可利用此特性进行粗测果汁、果酒中果胶含量。果胶的甲氧基水解后在果酒制造中会生成甲醇，故含果胶非常丰富的某些原料在制酒时有可能导致甲醇含量过高。

果胶类物质是由半乳糖醛酸脱水聚合而成的高度亲水多糖类物质，有原果胶、果胶和果胶酸几种不同的存在形式。未成熟的水果中果胶类物质以原果胶形式存在，原果胶是可溶性果胶与纤维素缩合而成的高分子物质，不溶于水，具有黏结性，使植物细胞之间黏结并赋予未熟水果较大的硬度。当果实进入过熟阶段时，果胶在果胶酯酶的作用下脱甲酯变为果胶酸与甲醇。果胶酸不溶于水，无黏结性，相邻细胞间没有了黏结性，组织就变得松转无力，弹性消失。

常用的果胶酶为果胶甲酯酶与聚半乳糖醛酸酶混合物。在果浆中添加果胶酶可提高出酒（汁）率，有利于果皮中香气成分的浸出，有利于果酒的净化、澄清。果胶酶耐 400mg/L 的 SO_2，因此果胶酶在添加 SO_2 前后使用均可。市面上有多种果胶酶产品，使用时参考产品说明。

2. β-葡萄糖苷酶

又称 β-D-葡萄糖苷葡萄糖水解酶，别名龙胆二糖酶、纤维二糖酶和苦杏仁苷酶。它属于纤维素酶类，是纤维素分解酶系中的重要组成成分，能够水解结合于末端非还原性的 β-D-葡萄糖苷键，同时释放出 β-D-葡萄糖和相应的配基。1837 年首次在苦杏仁汁中发现了 β-葡萄糖苷酶。该酶在自然界中分布广泛，在植物的种子和微生物中尤为普遍，在动物和真菌体内也发现该酶的存在。β-葡萄糖苷酶的植物来源有人参、大豆等。萜烯是某些水果的重要香气成分，在果汁中部分以糖苷形式存在。多数红色素也以糖苷形式存在。在果浆中添加 β-葡萄糖苷酶可水解糖苷键，释放萜烯。该酶受葡萄糖与 $20mg/L$ 游离 SO_2 严重抑制，受酒精的抑制，受温度的促进，所以最好在发酵过程中添加。

3. 葡聚糖酶

β-葡聚糖酶（β-1,3-1,4 葡聚糖酶）专一作用于 β-葡聚糖的 1,3-糖苷键及 1,4-糖苷键，产生 3～5 个葡萄糖单位的低聚糖及葡萄糖。该产品可以有效分解麦类和谷类植物胚乳细胞壁中的 β-葡聚糖，降低麦汁黏度，改善过滤性能，提高麦芽溶出率。污染了灰霉菌的浆果上常存在葡聚糖，添加葡聚糖酶可将葡聚糖降解，有利于酒的澄清。该酶对 SO_2 不太敏感，但乙醇、低温（如 $10℃$）会影响其活性，因此最好加在葡萄汁或浆中。

三、多酚类物质

1. 水果中常见的多酚类物质

多酚类物质包括一大类化合物，它们都有一个共同特性，那就是含有两个或两个以上羟基（—OH）与芳香环（苯环）直接相连的结构。它们广泛地存在于植物中，累积在植物的根部、茎部、叶子、花及果实中。水果中的多酚类化合物包括花青素类、黄酮类、前花青素、单宁等，它们赋予果酒丰满的酒体，以免果酒枯燥乏味。水果中多酚类物质含量与果品种类、品种和栽培条件有关，甜涩型果品含有的多酚类物质较鲜食型果品多；生长在低氮土壤环境和不利气候条件下的水果含有的多酚类物质较生长在肥沃土壤环境和适宜气候条件下的水果多。

（1）花青素类　花青素又称花色素，是自然界一类广泛存在于植物中的水溶性天然色素，是花色苷水解而得的有颜色的苷元。水果主要呈色物质大部分与之有关。已知花青素有 20 多种，食物中重要的有 6 种，即天竺葵色素、矢车菊色素、飞燕草色素、芍药色素、牵牛花色素和锦葵色素。自然状态的花青素都以糖苷形式存在，称为花色苷，很少有游离的花青素存在，常与一个或多个葡萄糖、鼠李糖、半乳糖、木糖、阿拉伯糖等通过糖苷键形成花色苷。花色素中的糖苷和羟基还可以与一个或几个分子的香豆酸、阿魏酸、咖啡酸、对羟基苯甲酸等芳香酸和脂肪酸通过酯键形成酸基化的花色素。最早最丰富的花青素是从红葡萄渣中提取的葡萄皮红色素，该色素可通过葡萄酒酒厂的废料——葡萄渣提取。接骨木浆果中含大量的花青素，并且都是矢车菊素，每百克鲜重在 200～1000mg。另外，花青素在大麦、高粱、豆科植物等粮食作物中也广泛存在。

花青素的颜色稳定性差，易受 pH 的影响，它们颜色范围从红到紫到蓝。一般酸性时呈红色且比较稳定，碱性时呈蓝色，中性时呈紫罗兰色。同时对二氧化硫、光和热比较敏感，且放置过久易褪变减少。陈年红葡萄酒的花青素最终稳定在 20mg/L。

（2）黄酮类　黄酮类是植物中含有最多的多酚类物质，其基本结构为 2-苯基苯并吡喃酮。在植物体内大部分与糖结合成苷类或碳糖基的形式存在，也有的以游离形式存在。它带有羟基，属酸性化合物，又存在吡喃环和羰基等生色基团的基本结构，在自然界是黄色或无色水溶性色素，这类色素中重要的有黄酮、黄酮醇、黄烷酮、黄烷酮醇和异黄烷酮及其衍生物。

（3）前花青素　前花青素是生物类黄酮的一族，多酚类的一种，前花青素的化学结构与花青素相似，其基本结构为黄烷 3,4-二醇连接形成的二聚体、三聚体和多聚体。

在无机酸中加热能转变成花青素。前花青素与食品的苦、涩味有关。在用甜涩型果酿造的酒中发现其含量高达 2～3g/L，果酒苦味与低聚前花青素（如无色花青素）和表儿茶素四聚物有关，而涩味是前花青素多聚体造成的，它是果酒的重要风味物质。

（4）单宁　单宁存在于许多植物如柿子、石榴、茶叶、咖啡中，在未成的水果中也含有高浓度的单宁物质。单宁含量会由于水果种类和水果的部位不同而变化很大，例如：①葡萄的梗中含量为5%；②葡萄的核中含量为2%～9%；③葡萄的皮中含量为1%～2%。不同榨汁和发酵方法也可导致果汁中单宁含量不同，如浸渍发酵法可提高果汁中单宁含量，而压榨法则可降低果汁中单宁含量。

单宁是一类特殊的酚类化合物，是由一些非常活跃的基本分子（原单宁）通过缩合或聚合作用形成的。单宁在食品中可引起涩感。根据其化学结构的不同可分为水解单宁和缩合单宁。由非类黄酮聚合成的水解单宁在酸性条件下易水解。由类黄酮聚合成的缩合单宁以共价键结合在一起，在同等条件下较水解单宁相对稳定。通过氧化作用，原单宁可聚合为单宁 T，这种单宁为浅黄色，收敛性最强；通过非氧化性聚合，可形成单宁 TC，其颜色为红黄色，收敛性较弱；如果聚合程度更高则形成单宁 TtC，颜色为棕黄色；如相对分子质量足够大时，则形成单宁沉淀。除原单宁以外的其他分子也可以参与这些缩合和聚合反应。多糖和肽与单宁分子缩合形成 T-P，可使单宁不表现出其收敛性，从而使果酒更为柔和。单宁的另一种缩合反应需花色苷参加，从而形成单宁花色苷（T-A）复合物。T-A 复合物的颜色取决于 A 的状态，但其颜色比游离花色苷的颜色更为稳定。因此，这一缩合反应使果酒在成熟过程中的颜色趋于稳定。

在果酒的苹果酸-乳酸发酵中，某些单宁的水解产物奎尼酸、莽草酸、咖啡酸和绿原酸可被乳酸菌分解，而产生相对分子质量较低的能挥发的酚类化合物，这被认为是用甜涩型水果酿造的果酒具有典型风味的主要原因。果酒成熟过程中单宁含量会下降40%～50%。

单宁聚合在果酒成熟中能起到澄清作用。单宁能使胶体蛋白质凝固，在果酒酿造过程中，可利用单宁这种特性使果酒澄清（明胶-单宁法）。单宁的收敛性涩味使发酵前较为尖酸的果汁，在有一定单宁存在时酸味变得柔和，这也许与味觉细胞的蛋白质受到抑制有关；但过高的单宁含量会导致苦涩味过浓而败坏酒质，这也是葡萄破碎时需要除梗的原因。一些单宁（包括所有含邻苯二酚结构的酚类物质）在多酚氧化酶和氧气的作用下发生氧化、聚合，会形成一种黄棕色的多聚体，这是果酒呈现美丽金色的原因。单宁还具有抗氧化性，因此单宁含量高的果酒对果酒病害有较强抵抗能力，有较长的货架寿命。单宁能螯合铁离子，使之形成不溶性的蓝绿色沉淀物，因此果酒发酵与贮存时切勿使酒液与铁接触。果酒的单宁含量一般为 $0.3 \sim 0.6g/L$，但白葡萄酒为 $0.3 \sim 1g/L$，红葡萄酒为 $1 \sim 3g/L$。

2. 控制果汁中多酚类物质含量

（1）增加果汁中多酚物质含量方法　根据酿造法规，果酒中不允许添加多酚类物质。增加其含量常用以下几种方法：使用一定比例的甜涩型果（用于果酒酿造）；使用浸渍发酵法发酵，并延长发酵时间（用于红葡萄酒酿造）；发酵时在发酵醪中悬挂一小口袋果梗，发酵一段时间后取出（用于樱桃酒酿造）；添加一些富含多酚类物质的果汁，如梨汁或梨皮；在发酵结束后将多酚类物质含量不同的果酒进行调配。用食用大黄或蜂蜜制作的果酒，要直接添加单宁。可以在发酵前添加 $1 \sim 3g/L$ 单宁粉，也可在发酵后添加少量以矫正口感。但是单宁的添加量很难掌握，一旦不适就使果酒酿造失败。

（2）降低多酚物质含量方法　破碎时除梗；甜涩型果汁与甜果汁进行混合；发酵前后添加一定量的明胶，使单宁沉淀下来；不添加化学合成的单宁。

第三章

果酒酵母与酒精发酵

　　果酒酿造中使用的主要酵母菌种包括真酵母和非产孢酵母两大类。真酵母可进行产生子囊孢子的有性繁殖，而且主要以子囊孢子的形式度过不良环境；而非产孢酵母则只能进行无性繁殖。

　　在果酒的酒精发酵过程中，酒精发酵的触发主要是由于如柠檬形克勒克酵母等非产孢子酵母的活动，随后酿酒酵母成为优势酵母，并且保持到酒精发酵结束。但如果出现发酵中止现象，其他致病性酵母就会活动，引起酒的病害。所以，应尽量避免发酵中止。除需生物陈酿的特种果酒外，一般果酒陈酿过程中应防止任何酵母菌的活动。

　　在厌氧条件下，酵母可通过酒精发酵和呼吸两条途径对糖进行分解，而且这两条途径的起点都是糖酵解（EMP）。糖酵解包括生物细胞将己糖转化为丙酮酸的一系列反应。纯粹意义上的酒精发酵是由糖酵解途径生成的丙酮酸，通过乙醛途径，经丙酮酸脱羧酶（PDC）催化生成乙醛，释放出 CO_2，乙醛在乙醇脱氢酶（ADH）作用下最终生成乙醇的过程，同时还包括甘油发酵，并且除产生酒精外，还产生很多发酵副产物。而呼吸作用则是由糖酵解产生的丙酮酸经过氧化脱羧形成乙酰 CoA，乙酰 CoA 进入三羧酸循环（TCA），经一系列氧化、脱羧，最终生成 CO_2 和

H_2O 并产生能量的过程。

在酒精发酵过程中，酵母菌除产生酒精以外，还能产生其他一系列能抑制其自身活动的物质，这些物质主要是脂肪酸。由于酵母菌皮能吸附这些脂肪酸，所以能促进酒精发酵，防止发酵中止。多种因素可以引起酒精发酵的中止。发酵中止后，即使是最好的再发酵，也会严重影响果酒的质量。所以，必须采取适当的措施，预防酒精发酵的中止。在发酵中止时，必须立即对果酒进行封闭式分离，同时进行 $30\sim50mg/L$ SO_2 处理，添满、密封。然后接入抗酒精能力强的酵母，在 $20\sim25℃$ 进行再发酵。对发酵中止果汁的瞬间巴氏杀菌，可有效地改善其可发酵性。此外，在再发酵过程中加入 $0.5mg/L$ 泛酸，既可防止挥发酸的升高，又能使已经过高的挥发酸消失。

在果酒的酒精发酵过程中，酵母菌的生长周期包括繁殖阶段、平衡阶段和衰减阶段，而且主要是依靠处于衰减阶段、停止生长的酵母群体的活动，才使果酒能具有所需的酒度和糖度。生存素有利于处于衰减阶段中的酵母群体的生存，因而能使酒精发酵更为彻底。

酒精发酵是一个放热过程，在一定范围内，温度越高，发酵速度越快，产酒效率越高。但当温度进入危险温区（$32\sim35℃$）后，则能引起酵母菌的死亡，发酵中止。一般情况下，浸渍发酵的最佳温区为 $26\sim30℃$，纯汁发酵的最佳温区为 $18\sim20℃$。

在酒精发酵过程中，由于 CO_2 的释放，可能会形成泡沫，引起溢罐。为了防止溢罐，在入罐时，就只能利用罐容量的一半，造成设备的浪费。影响泡沫形成的主要因素包括：原料含氮物质的构成，特别是蛋白质的含量；发酵温度和所利用的酵母株系等。一些研究人员试图通过对发酵条件的确定，如用膨润土下胶除去蛋白质等，来防止泡沫的形成，但没有取得理想的结果。因此，一般用能提高表面张力的添加剂，以减少泡沫的形成并破坏其稳定性。使用较为普遍的抗沫剂有两种，都完全无毒，一个是二甲基聚硅氧烷，另一个是油酸二甘油酯和油酸单甘油酯的混合物。它们的用量都应低于 10mg/L，而且不得残留在果酒中，特别是在过滤后的果酒中。由于它们的利用，在酿造红葡萄酒时，装罐可达 75%～80%，而对于白葡萄酒，可装罐 85%～90%。但是国际葡萄与葡萄酒组织（OIV）只允许使用油酸二甘油酯和油酸单甘油酯的混合物。

第一节
果酒酵母菌的特性

在果酒酿造方面，除了少部分采用自然发酵法之外，绝大多数果酒均采用添加酵母发酵。常用的果酒酵母包括酿酒酵母、贝酵母、奇异酵母与葡萄汁酵母。多年来，随着人们对酵母研究的不断加深，酵母属酵母的分类也在不断变化中，命名也较为混乱，如卡氏酵母初被命名为葡萄汁酵母，而后被重新命名为酿酒酵母葡萄汁亚种，现在又被命名为巴氏酵母。因此在选择酵母时应综合水果特性与酒的特点，恰当选用。最好的方法是，当设计好一种果酒的类型与特点后，选择几株待用酵母，进行小型酿酒试验，然后根据酵母的酒精发酵性能、感官特性、理化指标进行最后的选择。

酵母菌广泛分布于自然界中，种类繁多，已知的就有几百种。实际上酵母菌不是一个分类学名词，而是一类单细胞真菌的统称。由于酵母菌的种类复杂、形态多样，以及代谢特点存在很大差异，系统进化地位也不尽相同，因此很难对它下一个确切的定义。但一般认为酵母菌具有以下几个基本特征：个体一般以单细胞状态存在；多数以出芽方式繁殖，也有的可进行裂殖或产子囊孢子；能发酵多种糖类；细胞壁常含有甘露聚糖；喜在含糖较高、酸性的环境中生长。

一、常用果酒酵母及其形态特征

酿酒酵母的细胞透明，圆形、椭圆形、亚圆形、卵形或长柱形，偶尔有丝状细胞，形态较大，一般为 $7\mu m \times 12\mu m$，是酿造果酒的主要酵母。贝酵母圆形、芽殖，与酿酒酵母亲缘关系最近，这两种酵母大约分化了 2000 万年。贝酵母产挥发酸低，产苹果酸、芳醇与乙基酯，适于用温暖地区的中性风味葡萄等水果酿酒与起泡酒的酿造。奇异酵母也用于葡萄酒酿造，具有较高的苹果酸降解能力，芽殖，与酿酒酵母亲缘关系近，这两种酵母在500 万～1000 万年前分开进化。拟低温（小于 15℃）发酵的果酒，以选用贝酵母为宜。

在果酒酿造中，应用最广泛的是酿酒酵母与贝酵母，这些酵母发酵葡萄糖、果糖、蔗糖与棉子糖，同化葡萄糖、蔗糖、麦芽糖与棉子糖，不利用硝酸盐和戊糖。发酵果浆或果汁时，酵母以无性繁殖（芽殖）为主。在营养匮乏或环境恶劣的条件下形成子囊孢子。条件适宜时，孢子萌发，生长成新的营养细胞。

二、酵母菌的繁殖

酵母菌的繁殖有无性繁殖和有性繁殖两种方式。

1. 无性繁殖

酵母菌的无性繁殖也有两种方式，即出芽生殖和分裂生殖。

出芽生殖是酵母菌最普遍的繁殖方式，出芽生殖又叫芽殖。出芽生殖中的"芽"是指在母体上分出的芽体，而不是高等植物上真正的芽（萌发的芽）的结构。出芽生殖时，细胞核游向细胞壁，接着细胞在接近细胞核的一端生出一小突起，并进行细胞核分裂。分裂后一个子核进入小突起内，并膨大而成芽体，另一子核留在母细胞内。以后母细胞与芽体接触处细胞壁收缩，使芽体与母细胞相隔离。成长的芽体与母细胞脱离或暂时连在一起，并可再出新芽。如此连续进行，各芽体可相互连续而形成假菌丝，这种繁殖方式在酒精发酵旺盛时最为常见。

分裂生殖又叫裂殖。通过细胞分裂形成两个与母体一样的子体，群体类生物的分裂生殖是群体中每个细胞同时进行分裂，进一步发育成和母体相同的新群体。但对不同的单细胞生物来说，在生殖过程中核的分裂方式是有所不同的，可归纳为无丝分裂和有丝分裂生殖。无丝分裂又称直接分裂，是一种最简单的细胞分裂方式。整个分裂过程中不经历纺锤丝和染色体的变比，这种方式的分裂在蛙的红细胞中可见。有丝分裂的过程要比无丝分裂复杂得多，是多细胞生物细胞分裂的主要方式，但一些单细胞如甲藻、眼虫、变形虫等，在分裂生殖时，也以有丝分裂的方式进行。酵母菌进行分裂繁殖时，首先细胞拉长，然后中间出现横隔而形成两个子细胞。繁殖很快时，两个子细胞尚未离又各生出一个横隔，如此连续进行可形成短链。

2. 有性繁殖

当酵母菌所处的环境不利于其生长时（如温度过高或过低、缺乏营养物质等）酵母菌细胞停止进行营养繁殖，而进行有性繁殖，产生子囊孢子。在有性繁殖时，细胞内的细胞核进行减数分裂，每个子细胞核产生新的细胞壁，而成为子囊孢子。母细胞的细胞壁加厚而成为子囊。每个子囊中有 2～4 个子囊孢子。子囊孢子处于休眠状态，只有当环境条件有利于其生长时，它才结束休眠。因此，子囊孢子是酵母度过不良条件的形式（如越冬），水果果皮、酒渣和发酵容器上的酵母菌都是以子囊孢子的形式存在的。

三、主要果酒酵母菌种

在果汁和果酒中存在着很多不同的酵母菌种，它们不仅属于不同的科属，而且具有不同的形态特征和生物、化学特性，其中有的有利于果酒酿造，有的则不利于果酒酿造。进行正常的酒精发酵的主要是酿酒酵母；在酒精发酵中不起作用或作用很小的统称为野生酵母。引起果酒腐败，产生异味和醭膜的多为野生酵母的一些菌株，汉逊酵母、毕赤酵母和圆酵母都会引起二次发酵。

自然界中，无论是在土壤中、植物表面，还是在动物的消化道内，都存在着大量的天然酵母菌。在自然条件下，酵母菌的传播主要依靠风和昆虫，特别是果蝇。在葡萄的表面，酵母菌的分布很不均匀：叶片、果梗和幼果等绿色器官上很少，主要附着在成熟葡萄浆果果皮上，而且与灰霉菌的孢子、乳酸菌、醋酸菌一样，主要在果皮的气孔周围。根据产地、成熟期的天气状况、葡萄的卫生状况等不同，每粒葡萄浆果表面的酵母菌细胞数量也不相同，但一般为 $10^3 \sim 10^5$ 个。而在采收并破碎后的葡萄汁中，酵母菌的细胞数量通常能达到 $10^6\,CFU/mL$。从葡萄浆果上分离出的酵母菌种类有限，主要是属于红酵母属的、进行严格氧化代谢的酵母菌和少量发酵力弱的种。虽然在葡萄浆果上很难分离到酿酒酵母，但如果在严格的无菌条件下进行自然发酵，当发酵过半时，酿酒酵母却几乎能占从葡萄汁中分离出的酵母的一半。这也间接地证明葡萄浆果上酿酒酵母的存在。

自然发酵条件下，在酒精发酵过程中，不同的酵母菌种在不同的阶段产生作用，但种群的交替过程存在着交叉。酒精发酵的触发，主要是尖端酵母（包括柠檬形克勒克酵母、有孢汉逊酵母和发酵毕赤酵母）活动的结果。在第一罐入罐几天后，酿酒酵母就占据了所有的设备。原料一入罐，酿酒酵母就可占酵母总数的50％左右。这是由于酿酒酵母的繁殖，其群体数量变大，发酵启动越来越快而造成的。在酒精发酵的后期（酵母衰减阶段），酿酒酵母群体数量逐渐下降，但仍能维持在 $10^6\,CFU/mL$ 以上。正常情况下，它们能完成酒精发酵，一直到发酵结束，都不会出现其他的酵母。相反，在发酵中止的情况下，致病性酵母就会活动。其中最常见的危害性在发酵结束后的几周内，酿酒酵母群体数量迅速降低到 1000 CFU/mL 以内。但是，在陈酿期间，甚至在装瓶后，其他种的酵母（致病酵母）也可能活动，有些酵母可以氧化酒精，并且产膜，如毕赤酵母。可通过添满、密封等方式防止氧化性酵母的活动。另一些酵母，主要是酒香酵母和德克酵母可利用酒中微量的糖进行厌氧活动，在感病葡萄酒中，它们的群体数量可达 $10^4 \sim 10^5$ CFU/mL。对于甜型果酒，一些酵母可在陈酿或装瓶后进行再发酵，这类酵母主要包括路德类酵母、拜耳结合酵母以及一些抗酒精和 SO_2 能力很强的酿酒酵母株系。

四、酵母菌所需的营养

酵母菌细胞的成分中，水占 75%，干物质为 25%。干物质的主要成分包括碳水化合物、含氮物质、矿物质和维生素。铵离子和多数氨基酸能作为酵母的氮源；酵母能很好地利用无机磷酸盐，也能利用磷酸酯类；需要铁、镁、锰、铜、钙、钾、锌等，钠有毒性；营养缺乏导致发酵迟缓或不完全，还会导致产生不希望的产物。当基质中不再含有酵母菌所需营养物质时，部分酵母菌自溶形成高级醇和氨基酸。为加速并完成酒精发酵，只能使用化学催化剂，以酒石酸盐、氯化物或磷酸盐等形式与铵离子结合的盐类、硫胺素加量<0.0006g/L，硫酸铵<0.3g/L。

1. 碳水化合物

碳水化合物是生命细胞结构的主要成分及主要供能物质，并且有调节细胞活动的重要功能。碳水化合物的生理功能与其摄入食物的碳水化合物种类和在机体内存在的形式有关。酵母菌只能直接利用葡萄糖和果糖，优先利用葡萄糖。蔗糖预先经酵母菌本身分泌的转化酶或果实中的转化酶分解成葡萄糖和果糖后，才能被酵母菌同化。当基质中不再含有酵母菌所需营养物质时，它可以通过自溶现象利用自身的物质而继续生存。酵母菌自溶而形成的高级醇和氨基酸，成为酒精发酵结束后乳酸菌的营养物质。

酵母菌不含叶绿素，不能像高等植物那样通过光合作用合成碳水化合物，而只能同化基质中的碳水化合物以获得所需的能量。酵母菌同化碳水化合物有两种方式，即在有空气条件下的呼吸作用和在无空气条件下的发酵作用。在有空气条件下，酵菌通过呼吸作用，将糖完全氧化，分解成水和二氧化碳，从而获得能量。在无空气条件下，酵母通过对糖的不完全分解，形成乙醇和二氧化碳，从而获得能量，这一过程就叫作发酵。

2. 含氮物质

氮也是生命所需的重要元素，是蛋白质的重要组成部分，与生命体的成长、代谢息息相关。含氮物质即含有氮元素的物质。氮是酵母菌生长必不可或缺的元素。酵母菌不能直接同化大分子的蛋白质，只能利用肽、氨基酸等蛋白质水解物，特别是氨基酸，最容易被酵母菌同化。水果一般含有足够的含氮物质，能保证酵母菌正常的生长和繁殖，如果水果中含氮物质不足以保证酵母菌正常的生长和繁殖，则需要额外添加含氮物质，理想的氮源应容易并立刻为酵母所利用，并且添加后不会产生不必要的新陈代谢产物。目前认为较好的氮源是铵离子。理论上，几种铵盐都可以满足酵母的氮源需求，但法国"酿酒法典"和德国"葡萄酒法规"只允许使用磷酸氢二铵作为酵母营养物，它提供的铵离子可以作为氮源，磷酸根离子可参与葡萄糖和果糖转化为乙醇的反应。硫酸铵和氯化铵也可补充氮源，但效果没有磷酸氢二铵好。

3. 矿物质

矿物质是生物生长的必需元素，缺少这类元素生物将不能健康生长。钾和磷是酵母菌生长必不可少的成分；钙并不是酵母菌的必需元素；而镁的存在有利于酵母菌的活动。一般成熟的浆果中含有足够的、能满足酵母菌正常生长繁殖所需要的矿物质，如果水果中矿物质不足以保证酵母菌正常的生长和繁殖，则需要额外添加相应的矿物质。

4. 维生素

维生素又名维他命，是维持生命活动必需的一类有机物质，维生素在生命体内的含量很少，但不可或缺，酵母缺乏维生素，就会导致发酵迟缓。酵母进行酒精发酵时，如果果汁中缺乏维生素 B_5 时可生成较高水平的乙酸和甘油；如果缺乏维生素 B_1 可导致丙酮酸的过度积累。

建议发酵完成后检查果酒中的剩余含氮量，如果含氮量太高可能被其他微生物所利用，下一次添加量应适当减少。

5. 酶

酵母菌细胞和其他生活细胞一样，含有各种酶，以促进酵母菌生活所必需的各种生化反应。在多数情况下，酵母菌能利用葡萄汁中的 B 族维生素合成所需的各种酶。酵母菌所含有的酶主要有脱氢酶、脱羧酶、转化酶。酵母菌可同化果汁中的维生素 PP 以构成脱氢酶的辅酶。脱氢酶可以使乙醛脱氢生成乙醇。酵母菌可同化果汁中的维生素 B_1 以构成脱羧酶的辅酶。脱羧酶可以使丙酮酸转化为乙醛和二氧化碳。大多数酵母菌可分泌转化酶，将蔗糖水解为转化糖，但克氏酵母和贝酵母不能分泌转化酶，而只能依靠果汁中的转化酶将蔗糖水解为转化糖。酵母菌还能分泌蛋白酶、氧化酶和还原酶等。

6. 生存素

在发酵过程中，可以将酵母菌的生长周期分为三个阶段。繁殖阶段：酵母菌迅速出芽繁殖，逐渐使其群体数量达 $10^7 \sim 10^8$ CFU/mL。这一阶段可持续 2～5 天。平衡阶段：在这一阶段中醇母菌活细胞群体数量不增不减，几乎处于稳定状态。这一阶段可持续 8 天左右。衰减阶段：醇母菌活细胞群体数量逐渐下降，直至 10^5 CFU/mL 左右。这一阶段可持续几个星期。与经典的醇母生长周期比较，这一生长周期有以下特点：持续的时间很长；醇母菌生长量有限，最多只能繁殖 4～5 代；醇母菌生长的停止并不是由于糖的消耗引起的；生长周期各阶段持续的时间差异很大，衰减阶段可比繁殖阶段长 3～4 倍。

发酵速度与生长周期密切相关。发酵旺盛期出现在醇母的繁殖阶段和平衡阶段。当醇母进入衰减阶段时，发酵速度突然降低，以后酒精发酵减慢，逐渐出现发酵停止。酒精发酵减慢或发酵停止，不仅与醇母菌群体生长量不够有关，而且与"非繁殖生物质"的代谢有关。在醇母菌的生长周期中，由于"非繁殖生物质"的作用逐渐消失，酒精发酵速度逐渐降低，并可导致发酵停止。这里的"非繁殖生物质"就是"生存素"。

麦角甾醇和齐墩果酸在严格的厌氧条件下可使醇母群体在两天后成倍增加，因此被称为生长物质。但是酒精发酵并非严格的厌氧条件，因为在对果实的机械处理过程中，部分氧可溶解在果汁或果醪中。其次，醇母菌在接种果汁或果醪以前，繁殖是在完全好氧条件下进行的。只有在"装罐"结束以后，酒精发酵才处于厌氧条件。

在发酵旺盛期，麦角甾醇和齐墩果酸并不影响醇母菌的数量和发酵速度；而在醇母群体衰减期，这两种物质可使活醇母数量比对照多 13～14 倍，而且使酒精发酵更为彻底，因此，在果酒酒精发酵条件下，即非完全厌氧条件下，麦角甾醇和齐墩果酸并无生长物质的作用。因为它们不能促进醇母菌的生长，而是有利于处于衰减阶段中的醇母群体的生存，因而推迟酒精发酵的结束，使之更为彻底。所以使用"生存素"来描述麦角甾醇和齐墩果酸更为准确。

第二节
酵母菌的发酵机理

酵母是兼性微生物，有氧条件下主要进行生长，无氧条件下主要进行发酵。在不同的细胞状态下，或启动发酵途径，或启动呼吸途径，产生不同的终产物。

一、糖酵解

糖酵解包括生物细胞将己糖转化为丙酮酸的一系列反应。这些反应有的可在厌氧条件下进行（酒精发酵和乳酸发酵），有的也可在有氧条件下进行（呼吸），它们构成了糖的各种生化转化的起点。糖酵解的特点是，葡萄糖分子经转化成1,6-二磷酸果糖后，在醛缩酶的催化下，裂解成2个三碳化合物分子，由此再转变成2分子的丙酮酸。在糖酵解中，由于葡萄糖被转化为1,6-二磷酸果糖后开始裂解，故又称之为磷酸己糖途径。在糖分子的裂解过程中，1分子葡萄糖降解成2分子丙酮酸，消耗2分子ATP，产生4分子ATP，因此净得2分子ATP，葡萄糖酵解的总反应式为：

$$葡萄糖+2Pi+2ATP+2ADP+2NAD^+ \longrightarrow$$
$$2CH_3COCOOH+4ATP+2NADH+2H^++2H_2O$$

这里需要说明的是，果糖进入酵解的途径是果糖在己糖激酶的催化下形成6-磷酸果糖，接着进入酵解途径。酵母对蔗糖吸收利用以前，先把蔗糖水解为葡萄糖和果糖，水解得到的己糖再经过磷酸化进入酵解途径。

二、有氧呼吸

在有氧条件下，丙酮酸进入三羧酸（TCA）循环。开始丙

酮酸羧化生成草酰乙酸或生成乙酰 CoA，后两种物质合成 TCA
循环的第一个物质柠檬酸。循环一次，进入的碳以 CO_2 形式释
放，产生 $NADH+H^+$、$FADH_2$ 与 GTP，由糖酵解与 TCA 循
环产生的 $NADH+H^+$ 与 $FADH_2$ 经氧化磷酸化氧化成 NAD^+
与 FAD，电子经细胞色素传递给受体氧而生成水，在膜联 ATP
酶的作用下 1 分子 $NADH+H^+$ 氧化产生 3 分子 ATP，1 分子
$FADH_2$ 氧化产生 2 分子 ATP，因此有氧条件下细胞代谢 1 分子
葡萄糖净获得 36 或 38 个分子 ATP。在此需要说明的是，1 分子
葡萄糖完全氧化产生多少个分子 ATP 的真实数据因具体的代谢
条件而异。20 世纪 90 年代中期以后，许多生物化学教科书改为
最可能是 30 或 32，原因在于 P/O 比的测定值。P/O 比是被磷酸
化的 ADP 分子数和消耗的 O 原子数之比，以前认为 $NADH+H^+$
被氧化的 P/O 比是 3，$FADH_2$ 被氧化的 P/O 比是 2，20 世纪
90 年代以后的测定值分别是 2.5 和 1.5。

三、酒精发酵

酒精发酵是在无氧条件下酵母菌分解葡萄糖等有机物，产生
酒精、二氧化碳等不彻底氧化产物，同时释放出少量能量的过
程。酒精发酵是相当复杂的生物化学现象，有许多连续的反应和
不少中间产物，而且需要一系列酶的作用。事实上，在厌氧条件
下，酵母可通过酒精发酵和呼吸两条途径对糖进行分解，而且这
两条途径的起点都是糖酵解。从发酵工艺来讲，既有发酵醪中的
淀粉、糊精被糖化酶作用，水解生成糖类物质的反应；又有发酵
醪中的蛋白质在蛋白酶的作用下，水解生成小分子的蛋白胨、肽
和各种氨基酸的反应。这些水解产物，一部分被酵母细胞吸收合
成菌体，另一部分则发酵生成了酒精和二氧化碳，还要产生副产
物杂醇油、甘油等。

在糖的厌氧发酵中，经 EMP 途径生成的丙酮酸，通过乙醛
途径被分解，形成乙醇。在乙醛途径中，经 EMP 途径生成的丙

酮酸，经丙酮酸脱羧酶（PDC）催化生成乙醛，释放出 CO_2，乙醛在乙醇脱氢酶（ADH）作用下最终生成乙醇。该过程消耗了 EMP 途径产生的 $NADH_2$。丙酮酸在厌氧条件下，经过异化作用生成酒精和二氧化碳。而酵母在发酵作用中，糖酵解是生成 ATP 的唯一途径，该过程的中间产物是乙醛。因此在酵母菌的酒精发酵中，乙醛是最终的电子受体。综上所述，葡萄糖进行酒精发酵的总反应式为：

$$葡萄糖 + 2Pi + 2ADP + 2H^+ \longrightarrow$$
$$2CH_3CH_2OH + 2CO_2 + 2ATP + 2H_2O$$

在发酵的初始阶段，酵母首先积累甘油、丙酮酸和乙醛，由 3-磷酸甘油醛氧化产生的 $NADH + H^+$ 将磷酸二羟丙酮还原成甘油，在发酵条件下，当细胞内缺少 NAD^+ 时，该反应就显得特别重要。当基质中积累了足够的乙醛和甘油时，酒精发酵才能进行。此时，与由磷酸二羟丙酮生成甘油相比，$NADH + H^+$ 更易于将 H 释放给乙醛生成乙醇。因此乙醇不断积累，甘油生成减少。酒精发酵时，甘油的生成量约为初始糖浓度的 3%～10%，具体受酵母菌株、发酵温度、是否搅拌及基质初始 pH 值与 SO_2 含量的影响。TCA 循环中某些酶在厌氧条件下仍然具有活性，这些额外的途径对发酵中的酵母来说非常重要，因为 $NADH + H^+$ 能够重新氧化，而且能够合成对细胞功能有重要作用的前体物质。

四、酒精发酵的副产物

酵母在酒精发酵过程中，由于发酵作用和其他代谢活动同时存在，酵母除了将果汁或果醪中 90% 以上的糖发酵生成酒精、二氧化碳和热量外，酵母还能够利用另外 10% 以下的糖产生一系列的其他化合物，称为酒精发酵副产物。酵母菌的代谢副产物不仅影响果酒的风味和口感，而且有些副产物，如辛酸和癸酸等，同时还对酵母的生长具有抑制作用。

1. 甘油

甘油，即丙三醇，无色、无臭、味甜，外观呈澄明黏稠液态，是一种有机物。甘油是除水和乙醇外在果酒中含量最高的化合物，主要在发酵初期形成。甘油的呈味阈值一般为 $3\sim4.4g/L$，味甜，像油一般浓厚，增加酒的挂杯性与醇厚度，口感圆润，一定含量的甘油可以提高果酒的质量，能使果酒口感圆润，并增加口感复杂性。在佐餐酒中甘油含量为 $5\sim15g/L$，平均值为 $7g/L$，在葡萄酒中，其含量为 $6\sim10g/L$。

在酒精发酵过程中，甘油的生成量，除受代谢条件影响外，还主要取决于菌株间产甘油能力的差异和基质。酵母菌株之间甘油生成能力差别很大，嗜冷酵母菌株产甘油多。高温、长时间发酵、添加 SO_2、高 pH 值、通气、搅拌均有利于甘油生成，初始糖浓度等也影响甘油的合成量，如红葡萄酒发酵温度较白葡萄酒高，其中含甘油也较多。在贮存期间，葡萄酒甘油含量提高 $0.04\sim0.12g/L$。

2. 乙酸

乙酸，也叫醋酸、冰醋酸，化学式 CH_3COOH，是一种有机一元酸，是构成果酒挥发酸的主要物质，是酵母发酵的副产物，在正常发酵情况下，乙酸在果酒中的正常含量不超过 $0.4\sim0.6g/L$。当酒中乙酸含量高于 $1.0g/L$ 时，大多数消费者都会尝出醋味，所以绝大多数葡萄酒生产国将果酒中的乙酸含量限制在 $1.0\sim1.5g/L$，我国为 $1.2g/L$。

乙酸主要在发酵初期产生，它是由乙醛经氧化还原作用而形成的。发酵期间部分乙酸被还原成乙醇。在正常范围内时，乙酸是果酒良好的风味物质，赋予果酒气味和滋味。乙酸与醇反应生成数种具有水果香的、对果酒酒香有重要意义的乙酸酯。乙酸含量过高时说明原料或酒被某些细菌如醋酸菌、乳酸菌污染。被污染的酒暴露于空气中时乙酸大量生成。果酒的醋味主要是由乙酸引起的。因为测定乙酸的方法简单，所以果酒厂通过测定乙酸来监测果酒的挥发酸情况。

3. 乙醛

乙醛是无色易流动液体，有刺激性气味，可与水和乙醇等一些有机物质互溶。乙醛可由丙酮酸脱羧产生，也可在发酵以外由乙醇氧化而产生。乙醛是果酒中最重要的醛类物质，其含量可占到总醛的 90% 以上。葡萄酒中乙醛的含量为 $20\sim60mg/L$，有时可达 $300mg/L$。乙醛给酒带来苦味和氧化味，乙醛可与 SO_2 结合形成稳定的亚硫酸乙醛，这种物质不影响果酒的质量和味道，故可用 SO_2 处理，使乙醛的氧化味消失。乙醛在水中的气味阈值为 $1.3\sim1.5mg/L$。酒中有 SO_2 存在时，气味阈值上升至 $100mg/L$，佐餐酒中乙醛含量超过 $50mg/L$ 时表明酒已被氧化了。乙醛是氧化型葡萄酒的风味物质，一般希望其含量在 $300mg/L$ 以上，此时酒具有坚果的风味。乙醛是正常的酒精发酵副产物，其生成量受 pH、SO_2、好氧程度、澄清剂使用、酵母菌种、种龄及其接种量大小有关。发酵要结束时，乙醛重新进入酵母细胞被还原成乙醇。在某些菌株中，乙醛的生成与乙酸生成量成反比。

4. 乳酸

乳酸，学名 2-羟基丙酸，分子式是 $C_3H_6O_3$，在多种生物化学过程中起作用。发酵期间，酵母产生少量的乳酸（$0.04\sim0.75g/L$），在葡萄酒中，乳酸含量一般低于 $1\ g/L$。果酒中的乳酸主要来自于细菌的代谢活动和酒精发酵。最常见的细菌是乳酸菌。这些细菌产生的酶将苹果酸脱羧生成乳酸，该过程称为苹果酸-乳酸发酵（malolatic fermentation，MLF），MLF 的最大益处是将口味粗糙的苹果酸转化为口味柔和的乳酸。由 MLF 生成的乳酸是 L 型的，而酵母和某些细菌生成等量的 L-乳酸和 D-乳酸。

5. 琥珀酸

琥珀酸是酵母代谢正常副产物，发酵初期生成较多，其生成量为乙醇生成量的 0.5%～1.5%。果酒中琥珀酸的含量约为 1g/L，在所有的葡萄酒中都存在琥珀酸，一般为 0.6～1.5 g/L。果酒中的琥珀酸主要来自糖代谢，琥珀酸在果酒中非常稳定，无氧条件下抑制微生物的代谢活动，其乙酯是某些葡萄酒的重要芳香成分，但琥珀酸有盐苦味，因此限制了在葡萄酒或果酒中的应用。

6. 双乙酰与乙偶姻

双乙酰、乙偶姻是参与果酒风味形成的一类重要的 4C 羰基化合物，它们对果酒风味影响较为复杂。乙偶姻不是强风味活性物质，在果酒中的嗅觉阈值很高，比如在葡萄酒中的嗅觉阈值达 150mg/L 以上；双乙酰能够使酒精饮料产生不良风味，在葡萄酒中其阈值只有 8mg/L。正常情况下双乙酰在酒中含量低，对酒的风味影响较小，含量超过 0.9mg/L 时，会出现黄油味而影响酒质。酵母在发酵初期生成较多的双乙酰，发酵温度高生成量多，发酵后期双乙酰被还原成 2,3-丁二醇，酵母能够迅速降解细菌或酵母生成的双乙酰、乙偶姻与 α-乙酰乳酸。双乙酰和乙偶姻在酵母代谢下，能够借助酶促反应和非酶反应相互转变，二者都能够被最终还原为 2,3-丁二醇。2,3-丁二醇在果酒中的含量为 0.4～0.9g/L，无气味，略带甜苦味，其味可被甘油掩盖，一般不影响酒质。双乙酰有甜珠、黄油味和奶油味，在雪莉酒中含量相当高。乙偶姻具有甜味、黄油味，在佐餐酒中含量很低，对酒风味的影响还有待于进一步探讨。目前，酿酒工艺师大多关注双乙酰对果酒风味影响，而有关乙偶姻的研究较少。实际上，乙偶姻对果酒风味的潜在影响已经超出它的风味本身。

7. 杂醇油

杂醇油是碳原子数大于 2 的脂肪族醇类的统称。在所有酵母进行的发酵中，都会产生一定量的杂醇油，比较重要的有正丙醇、异丁醇、异戊醇等。其中，异戊醇又是杂醇油中最重要的挥发性物质，其含量在 90～300mg/L 之间，有时能占杂醇油总量的 50％以上。正丙醇具有甜味和成熟水果味。通常白葡萄酒中的杂醇油在 160～270mg/之间，红葡萄酒中在 140～420mg/L 之间。

一般地认为，果酒中正常产生的杂醇油来自果实中氨基酸的还原脱氨与糖代谢。另一些杂醇油来自野生酵母与细菌的污染。在某个酿造阶段被有害微生物污染时，果酒中会出现杂醇油味。但某些污染微生物产生的杂醇油具有令人愉快的香味。在陈酿过程中，杂醇油与酒中的有机酸反应生成酯，但反应速度要比发酵过程中酵母的酶促酯化慢得多。发酵过程中杂醇油的生成量受酿造工艺的影响。高温发酵、发酵醪中存在悬浮颗粒、加糖发酵、带皮发酵、加压发酵、搅拌、通风等均有助于杂醇油的形成；添加 SO_2、加压发酵、清汁发酵、低温发酵能减少杂醇油的生成量。酵母菌种之间产杂醇油的能力也不同。

8. 酯类

果酒中含有有机酸和醇类，而有机酸和醇可以发生酯化反应，生成各种酯类化合物。影响酯合成的因素包括果实成熟度、糖含量、发酵温度、果汁澄清度等。酯具有风味，如乙酸乙酯具有"溶剂味""指甲油味"；乙酸异戊酯具有"水果味""梨味"或"香蕉味"；丁酸乙酯具有"花香味"或"水果味"；己酸乙酯和辛酸乙酯具有"酸苹果味"，而乙酸苯乙酯具有"花香""玫瑰香"与"蜂蜜香"等。由此可见，酯类影响着果酒的香气。

在所有酯中，乙酸乙酯研究得最多。健康葡萄酒内乙酸乙酯含量一般为 50～100mg/L，低含量（<50mg/L）时具有令人愉快的香气，增加果香的复杂性；高于 150mg/L 时则有酸醋味。乙酸乙酯含量过高通常是因为果实、果浆或酒污染了醋酸菌的缘

故。醋酸菌不仅能直接合成乙酸乙酯，而且由其生成的乙酸在非酶条件下与乙醇反应生成乙酸乙酯。

9. 丙酮酸、苹果酸

在酒精发酵过程中，生成 20～30mg/L 丙酮酸。丙酮酸具有鼠味、乙酸味与马德拉酒的氧化味。在发酵过程中应尽量减少形成丙酮酸，因其与 SO_2 具有很强的结合能力（每毫克丙酮酸结合 0.72mg SO_2）。添加维生素 B_1 可以将丙酮酸的生成量减小到最少。

酵母代谢 L-苹果酸的能力与菌株的最适生长温度有关，耐冷酵母（贝酵母、巴斯德酵母和葡萄汁酵母）可以合成 L-苹果酸，适温的酿酒酵母在发酵过程中降解中等水平的 L-苹果酸，而耐热的酿酒酵母和奇异酵母能够降解 40%～48% L-苹果酸。适宜条件下酵母可以生成 1g/L 苹果酸，且可以生成 D(+)-苹果酸。酵母细胞内苹果酸降解有两种可能途径，即苹果酸酶途径和富马酸途径，在发酵开始时，琥珀酸生成活跃，在发酵后期，大部分 L-苹果酸转化成乙醇。不同的酵母菌株产琥珀酸能力不同，且增加苹果酸的浓度会使琥珀酸产量增加。酵母属酵母之间降解苹果酸的能力差别显著（0～3g/L 苹果酸之间）。

10. 含硫化合物

含硫化合物主要是 SO_2 与硫化氢。果酒酵母中，在辅因子 $3'$-磷酸腺苷-$5'$-磷酰硫酸存在条件下，催化形成 H_2S 的酶复合体是合成含硫氨基酸（蛋氨酸与半胱氨酸）必需的。过多 SO_2 生成是因酶亚硫酸复合体突变缺陷造成的。该缺陷使得酶亚硫酸复合体过早水解而产生 SO_2，而不是还原成 H_2S。高产 SO_2 的菌株 H_2S 产量低，反之亦然。产 H_2S 是果酒酵母的特性，产量由每升几微克到几毫克不等。果浆中的元素硫会促进 H_2S 产生。另外，不产 H_2S 的菌株正丙醇产生多。H_2S 有挥发性，为臭鸡蛋味，接近阈值时，是刚发酵完新酒酵母味的一部分。在常用的果酒酵母中，贝酵母产 SO_2 比酿酒酵母多。发酵过程中 SO_2 积累量在 $12\sim64mg/L$ 之间。影响 SO_2 合成的主要因素是酵母菌种、发酵温度及果实含硫量。$SO_2 > 30mg/L$ 时，通常是在果酒发酵前后添加的结果。

果酒中还有一些其他硫化物。这些物质可能来自含硫氨基酸、多肽和蛋白质的代谢。有机硫的异味与酵母自溶有关。结构最简单的含硫化合物是硫醇，其中最重要的是乙硫醇，达到阈值时产生腐烂圆葱味、燃烧橡胶味，浓度高时具有臭鼬味、粪便味，另一种物质是 2-巯基乙醇，与酒的谷仓味有关。硫醚是另一类含硫化合物。二甲硫在葡萄酒中高于阈值时有熟卷心菜味、虾味，低于阈值时为芦笋味、玉米味和糖蜜味。二甲基二硫和二乙基硫醚有时也存在于葡萄酒中。

11. 多糖、糖苷酶与甘露糖蛋白

果酒酵母还能产生多糖胶体物质，特别是甘露聚糖与葡聚糖，有时为半乳糖与鼠李糖的聚合物。这些聚合物会阻塞膜滤器通道，防止酒石酸盐沉淀，有利于酒中芳香物质的挥发。除酵母菌株特性外，促进细胞繁殖的因素如温度、氧、铵离子等也会促进胶体物质的生成，低 pH 与高酒精含量有利于胶体物质从细胞膜释放。

某些果实中存在单萜类物质，如香叶醇、橙花醇、里哪醇、香茅醇与 α-萜品醇，赋予果实特有的芳香。当这些物质以糖苷形式存在时，无挥发性，也就没有香气。若采用酶切断其中的糖苷键，使萜烯游离，萜烯的香气就会体现出来。但用高 β-葡萄糖苷酶活性酵母酿造葡萄酒时，发现酒中的萜烯含量与酒的感官质量并没有显著变化。

甘露糖蛋白是自溶时酵母细胞壁释放的亲水胶体，这些蛋白质有助于蛋白质与酒石酸盐的稳定性，与香气物质发生反应，降低单宁的苦涩味。甘露糖蛋白是高度分支的杂蛋白，分子量变化

很大。陈酿时搅拌会增加这些物质的含量，而微氧处理作用甚微。有学者建议使用发酵结束时自溶迅速且产生大量蛋白质的酵母菌株或使用 β-1,3-葡聚糖酶以从酵母细胞壁释放更多的甘露糖蛋白。

五、影响酒精发酵的因素

1. 温度

尽管酵母菌在低于 10℃ 的温度条件下很难生长繁殖，但它的孢子可以抵抗－200℃ 的低温。液态酵母的活动最适温度为 20～30℃，当温度达到 20℃ 时，酵母菌的繁殖速度加快，在 30℃ 时达到最大值；而当温度继续升高达到 35℃ 时，其繁殖速度迅速下降，酵母菌呈疲劳状态，酒精发酵有停止的危险。只要在 40～45℃ 保持 1～1.5h 或在 60～65℃ 保持 10～15min 就可杀死酵母。但干态酵母抗高温的能力很强，可忍受 5min 115～120℃ 的高温。在 20～30℃ 的温度范围内，每升高 1℃，发酵速度就可提高 10%。因此发酵速度随着温度的提高而加快。但是，发酵速度越快，停止发酵越早，因为在这种情况下，酵母菌的疲劳现象出现较早。在一定范围内，温度越高，酵母菌的发酵速度越快，产酒精效率越低，而生成的酒度就越低。因此，如果要获得高酒度的果酒，必须将发酵温度控制在足够低的水平上。

当发酵温度达到一定值时，酵母菌不再繁殖，并且死亡，这一温度就称为发酵临界温度。如果超过临界温度，发酵速度就大大下降，并引起发酵停止。由于发酵临界温度受许多因素如通风、基质的含糖量、酵母菌的种类及其营养条件等的影响，所以很难将某一特定的温度确定为发酵临界温度。在实践中主要利用"危险温区"这一概念。在一般情况下，发酵危险温区为 32～35℃。但这并不是表明每当发酵温度进入危险区，发酵就一定会受到影响，并且停止，而只表明，在这一情况下，有停止发酵的危险。需要强调指出的是，在控制和调节发酵温度时，应尽量避免温度进入危险区而不能在温度进入危险区以后才开始降温。因为这时，酵母菌的活动能力和繁殖能力已经降低。浸渍发酵最佳温度 25～30℃；而清汁发酵的最佳温度为 18～20℃。

2. 通风

酵母是兼性微生物，发酵过程中需要氧。在完全的无氧条件下，酵母菌只能繁殖几代，然后就停止。这时，只要给予少量的空气，它们又能出芽繁殖。但如果缺氧时间过长，多数酵母菌细胞就会死亡。酵母细胞的合成及膜功能的调节需要甾醇与不饱和脂肪酸，微量的氧有利于不饱和脂肪酸和甾醇的合成。另外烟酸的合成也需要分子氧。

在果实前处理时果汁吸收的氧（约 9mg/L）能够满足酵母的生长需求。深色果浆发酵期间通过果汁循环吸入氧有利于发酵进程。在对数生长期末通氧效果特别明显。通氧后酵母细胞数增加，平均细胞活力增强。通风还有利于乙醛的生成，乙醛对花色苷与单宁聚合物的早期聚合有利，因而有利于颜色稳定性。发酵后，限制通氧（40mg/L）有利于红葡萄酒的成熟。与之相反，大多数白葡萄酒与浅色果酒在发酵后应避免与氧接触。而在某些白葡萄酒酿造过程中，酒液与酒脚搅拌混合时应限制性通氧。发酵停滞的果酒经过通风可使发酵能力恢复。生产起泡果酒时，二次发酵前轻微通风有利于发酵的进行。

发酵白葡萄汁或酿造果香突出的果酒时应避免接触过多的氧。通风有利于高级醇和乙醛的生成，抑制酯合成，但在发酵开始或发酵最初几天短期通风可使情况逆转。通风可除去 H_2S，延长通风时间促进尿素的合成，增加氨基甲酸乙酯合成的可能性。氧的吸收受许多因素的影响，如澄清情况、皮汁接触情况、多酚含量、SO_2 含量、多酚氧化酶、糖浓度、温度、泵循环及发酵速度等。在发酵过程中，氧越多，发酵就越快、越彻底。因此，在生产中常用倒罐的方式来保证酵母菌对氧的需要。

3. pH 值

酵母菌在中性或微酸性条件下，发酵能力最强。如在 pH4.0 的条件下，其发酵能力比在 pH3.0 时更强。低 pH 值有利于某些氨基酸的吸收，有助于 SO_2 的杀菌作用，可抑制果汁中多种杂菌的生长。低 pH 值会引起乙基酯和乙酸酯的降解。pH 值高时有利于甘油与高级醇的生成。在 pH 很低的条件下，酵母菌生成挥发酸或停止活动。因此，酸度高并不利于酵母菌的活动，但却能抑制其他微生物（如细菌）的繁殖。葡萄酒发酵适宜 pH 值为 3.3~3.5，其他果酒的发酵 pH 值不低于 3 为宜。若 pH 值过低，酵母很难将某些果浆（汁）发酵彻底。

4. 糖

葡萄糖和果糖是酵母的主要碳源和能源，葡萄糖利用速度比果糖快。蔗糖先被位于酵母细胞膜和细胞壁之间的转化酶在膜外水解成葡萄糖和果糖，然后再进入细胞，参与代谢活动。果酒酵母能利用的碳源还有醋酸、乙醇、甘油等，但这些物质在果浆中含量较低。水果中的其他糖如戊糖则不能被酵母利用。糖度高，发酵生成的甘油较多，生成的乙醇及其酯类也多。果汁加糖发酵时，高级醇和乙醛的生成量增加。当果汁含糖量过高时，适当添加氮源有利于酒精发酵且减少高级醇的形成。糖浓度影响酵母的生长和发酵。糖度为 1~2°Bx 时生长发酵速度最快；5°Bx 开始抑制酒精发酵，单位糖的酒精产率开始下降；高于 25°Bx 出现发酵延滞；高于 30°Bx 时单位糖酒精产率显著降低；而高于 70°Bx 时大部分果酒酵母不能发酵。

5. SO_2

在大多数情况下，添加 SO_2 主要是为了抑制有害菌的生长。SO_2 是理想的抑菌剂，果酒酵母对其不敏感，处于生长旺盛期的酵母甚至比休眠细胞更耐 SO_2。在正常使用浓度范围内（健康果实＜50mg/L），SO_2 不会影响酒精发酵速度，但会推迟发酵的开始。15～20mg/L 的 SO_2 可使酵母活细胞数由 10^6CFU/mL 降至 10^4CFU/mL 以下，1.2～1.5 g/L 的 SO_2 能够杀死酵母菌。SO_2 还有利于甘油的生成，减少乙酸生成量。SO_2 与果汁中某些物质结合而失去杀菌、抑菌作用。SO_2 还可以影响酵母的代谢活动，SO_2 容易和乙醛、丙酮酸、α-酮戊二酸等羰基化合物结合，增加这些物质的生成量。因此成品酒中这些物质的浓度随 SO_2 添加浓度的增加而升高。被固定的 SO_2 量与糖含量、pH 值、温度等因素有关。只有游离 SO_2 才具有杀菌作用，果汁 pH 值低，SO_2 杀菌活性高。

6. 含氮化合物

果实中的含氮化合物含量差别很大。在某些情况下，果实中的可同化氮达不到酵母生长繁殖的最低要求（140～150mg/L）。含氮少会造成起发困难或发酵缓慢，因为氮饥饿会不可逆转地造成糖运输系统钝化。澄清、过滤或离心的果汁中含氮量低。氮用来合成蛋白质、嘧啶核苷酸与核酸。酵母可由糖和无机氮合成这些物质。由此，大多数酵母不需要存在于果汁中的这些物质。但当基质中存在这些含氮物时，酵母能够同化。高糖果汁中添加无机氮可获得高的酒精得率，减少高级醇的生成，增加发酵醪中的酵母细胞数，加快发酵速度。

含氮化合物在酵母对数生长期需要量最多，吸收最快。酵母最容易吸收的无机氮是氨。氧化态的氮可直接参与有机物的合成。酿酒酵母有数个氨基酸运输系统。一个是非专一性的，可输送除脯氨酸外的所有氨基酸。其他系统有较强的专一性，只输送某些特定的氨基酸。某些氨基酸特别容易被同化，如苯丙氨酸、亮氨酸、异亮氨酸与色氨酸，而另外一些如丝氨酸、精氨酸、脯氨酸难于被同化。胺和多肽也可以作为可同化氮源。果酒酵母不能利用蛋白质，因其既不能将蛋白质送入细胞内，也不能将蛋白质在胞外酶解成氨基酸。

果汁中含氮不足时常用的无机氮源是（NH_4）$_2HPO_4$。在美国，最高允许（NH_4）$_2HPO_4$添加量为 960mg/L，相当于提供氮 203mg/L；欧洲国际葡萄与葡萄酒组织（OIV）最多只允许添加 300mg/L（NH_4）$_2HPO_4$，澳大利亚控制葡萄酒中的最高磷酸盐含量为 400mg/L。一些酿酒师提倡添加含有氨基酸、矿物质、维生素及其他酵母生长因子的营养促进剂。在具体选用时应确定是否符合我国的相关规定，根据待发酵果浆或果汁的营养组成与使用的果酒酵母的需求而定。

7. 脂质

组成植物细胞的脂质可分为两组，第一组主要是以异戊二烯的聚合物及其衍生物和环戊烷多氢菲衍生物组成，第二组由脂肪酸与醇（如甘油）发生酯化反应生成的酸及其衍生物组成。第一组包括萜类物质和甾醇等，第二组包括磷脂、脂肪、蜡、糖脂等。所有脂质对植物细胞和酵母细胞的结构和功能都非常重要，然而只有脂肪、蜡和甾醇直接影响果酒的质量。在发酵中和发酵后，两种脂质都有助于维持细胞膜功能、提高酵母的耐乙醇能力。

脂质的功能很多，如为酵母细胞膜的基本组成成分（磷脂与甾醇）、色素（类胡萝卜素）、能量贮备物（脂肪）、与蛋白质生成脂蛋白成为调节因子等。无氧时果酒酵母不能合成甾醇和不饱和脂肪酸，也就无法合成脂质。厌氧条件下脂合成的抑制，使高度澄清的果汁发酵滞缓，澄清可除去 90％的脂肪酸，特别是不饱和脂肪酸（油酸、亚油酸、亚麻酸）。此外，甾醇如麦角固醇也有可能从葡萄汁中除去。但甾醇和不饱和脂肪酸贮存量的减少会加剧乙醇诱导的葡萄糖吸收减弱与发酵终止。有氧条件下酵母合成某些中间代谢产物如羊毛甾醇、麦角甾醇以及不饱和脂肪酰辅酶 A 等，这些物质通称为"存活因子"。甾醇是保持膜渗透性的必需物，能够增加酵母活力并延长它们的发酵活性。甾醇还影响挥发性气味与风味物质的合成。

果酒酵母对中链羧酸如辛酸、癸酸特别敏感。这些酸是发酵期间酵母发酵正常副产物，它们的存在加剧了乙醇诱导的营养成分如氨基酸的泄漏。添加甾醇、不饱和长链脂肪酸或各种吸附性物质如酵母菌皮、活性炭、膨润土、硅胶等都能使这些症状得到缓解或逆转。酵母菌皮是酵母细胞壁的残留物，能提供部分可同化氮、不饱和脂肪酸和甾醇，但氧化变质的酵母菌皮不能再使用。

8. 酵母菌皮

在对酒精发酵停止原因的研究中发现，在发酵过程中，酵母菌本身可以分泌一些抑制自身活性的物质。这些抑制发酵的物质是酒精发酵的中间产物，主要是脂肪酸。所以除去这些脂肪酸可以促进酒精发酵，防止发酵中止。在酒精发酵过程，活性炭可以吸附这些脂肪酸，从而促进酒精发酵。但是，在果酒中加入活性炭后很难将之除去，而且很多国家限制活性炭的使用。所以，活性炭的这一特性难以实际应用。酵母菌皮同样具有这种吸附特性，酵母菌皮一般用高温杀死酵母菌而获得。发酵前加入 $0.2 \sim 1.0 g/L$ 酵母菌皮，可大大加速发酵，而且使发酵更为彻底。

酵母菌皮除可用于防止发酵中止外，还可用于发酵停止的果酒重新发酵。第一次发酵由于各种原因自然中止，含有大量残糖。这时加入酵母菌皮，可除去脂肪酸，使发酵重新触发，而且发酵更为彻底。大量实验结果还表明，酵母菌皮不仅能有效地防止发酵的中止和触发发酵中止的果酒的再发酵，而且不影响果酒的感官特征。因此，OIV（2006）已将酵母菌皮的使用，列入允许使用的工艺处理名单。

9. 维生素

维生素是酶或辅酶的前体，对酵母代谢有重要的调节作用。

因菌种与生长环境不同，酵母还需要各种维生素如维生素 B_1、核黄素、泛酸、维生素 B_6、烟酸、生物素等。一般地，在生产实践中酵母属的所有菌株都需要生物素与泛酸。缺乏泛酸可导致 H_2S 生成。维生素 B_1 与酮酸的脱羧作用有关，有的酵母具有维生素 B_1 合成能力，有的则没有，SO_2 会破坏果汁中的维生素 B_1，因此在接酵母发酵果浆（汁）之前，一般添加适量的维生素 B_1。烟酸用于合成 NAD^+ 与 $NADP^+$。真菌污染的葡萄中维生素含量低，此时添加维生素有利于缩短发酵延滞期。适量的维生素会减少能与 SO_2 结合的羰基化合物的生成量，由此可减少酿造过程中 SO_2 的用量。此外，维生素还可以减少高级醇的形成。

10. CO_2 与压力

CO_2 为正常发酵副产物，每克葡萄糖约产 260mL CO_2，发酵期间 CO_2 的溢出带走约 20% 的发酵热。挥发性化合物也随 CO_2 一起释出。乙醇的挥发损失为其产量的 1%～1.5%，具体随糖浓度与发酵液温度而变。芳香物质大约损失 25%，损失量与水果品种与发酵温度有关，一般乙酸酯的损失比乙基酯的损失多。增大发酵罐体积，减少发酵果汁与空气的接触面积，降低发酵温度，使 CO_2 缓慢溢出，都有利于香气成分的保留。

当压力上升至 0.7MPa 时酵母生长停止。低 pH 值、高乙醇含量增加了酵母对压力的敏感性。CO_2 对酵母的作用是改变了膜的组成与透性。另外 CO_2 会影响羧化反应与脱羧反应间的平衡。加压发酵时，用于酵母繁殖的糖显著减少，单位糖产酒增多，发酵结束时，新酒中也往往残留较多糖分。德国、澳大利亚、南非等国就采用加压发酵生产半干葡萄酒。

11. 矿物质

以干重计时，酵母含有 3%～5% 的磷、2.5% 的钾、0.3%～0.4% 的镁、0.5% 的硫与微量的钙、氯、铜、铁、锌和锰等。铜、铁、铝含量高抑制酒精发酵，酵母生长需要供给磷源，用于合成核酸、磷脂、ATP 及其他化合物。钾对磷吸收是必要的，缺钾可能会导到酒精发酵滞缓。无机离子是酵母许多酶活性部位的重要组成成分，并且能调节细胞代谢，维持细胞质 pH 值及离子平衡。

K^+ 的作用是抗有毒离子，控制胞内 pH，分泌钾以平衡主要离子如 Zn^{2+}、CO_2 的吸收，稳定发酵最适 pH；Mg^{2+} 的作用促进糖吸收，减轻不利环境因素对细胞的影响；Ca^{2+} 在生长过程中被细胞主动吸收，与细胞壁蛋白结合；减轻不良环境对细胞的影响；抵消亚适量 Mg^{2+} 的抑制与促进；Zn^{2+} 是糖酵解及某些维生素合成必需的无机离子，pH＜5 时吸收减慢，吸收一个 Zn^{2+}，释放 2 个 K^+；Mn^{2+} 与调节 Zn^{2+} 的作用有关，促进蛋白质的合成；Fe^{2+}、Fe^{3+} 位于许多酵母蛋白的活性部位；Na^+ 靠被动扩散进入细胞，促进某些糖的吸收；Mo^{2+}、Co^{2+} 在低浓度时促进生长。

六、酵母抑制机理及酒精发酵中止

1. 酵母抑制机理

糖和乙醇都是抑制酵母活动的因素。高浓度的糖限制酵母的生长量；乙醇在酵母细胞中的积累也使酵母停止生长。在酒精发酵的条件下，酵母细胞内的乙醇浓度变化相对较小；如果基质中含有类固醇，则酵母细胞内乙醇浓度比对照（不含类固醇）高出两倍，且被发酵的糖量更多；与酵母细胞内的乙醇浓度相反，在繁殖阶段，酵母细胞内己糖浓度不停地降低。在衰减阶段后期，果汁中糖继续被转化为乙醇。这表明酵母细胞的酶仍保持高度的活性，此时发酵速度的降低，主要是由于糖通过酵母细胞壁渗入细胞内出现障碍造成的。类固醇，特别是麦角甾醇，在酒精发酵过程中作为生存素而起作用。它通过影响磷脂的性质，从而调节细胞膜的生理状态和渗透性。

酵母生长停止和发酵速度减缓，与细胞中甾醇的消失相一致。如果在果汁加入甾醇，则可增加酵母细胞中甾醇的浓度，从而提高酵母群体的生活力和发酵速度。酵母细胞中甾醇的缺乏，引起细胞膜生理状态和透性的改变，从而影响酵母细胞与基质之间的物质交换，导致发酵速度减缓或中止。

2. 酒精发酵的中止

大多数浆果中含有酵母菌生长繁殖所需的所有物质。一般而言，只要浆果的含糖量不过高，在入罐时接种 10^6 CFU/L 的酿酒酵母，酒精发酵就会很容易启动，并且顺利完成。但是，有很多因素可以影响酵母的生长和酒精发酵进程。这些因素包括微生物因素、物理化学因素等。如果酒精发酵出现困难，一些不需要的微生物，即致病性微生物就会活动，从而抑制酿酒酵母。物理化学因素包括营养的缺乏、发酵抑制剂、给氧、温度和果汁澄清等。多数情况下，是由于多种因素的共同作用，导致酒精发酵的困难和中止。

由原料的入罐温度和含糖量、发酵容器的种类（大小和材质等）引起的温度低或过高，会导致发酵中止。入罐温度过低，会限制酵母的生长，导致酵母群体数量过低，而且在温度较低的情况下，酵母对温度突变的适应性很差；所有加速发酵进程的处理，如加糖、通气等，都会引起温度的升高；发酵温度一般不能超过30℃，而且升温越早，其抑制作用越大，发酵起始温度应较低，为20℃。果汁或果醪中的高含糖量本身就对酵母菌有抑制作用，在酒精发酵过程中形成的酒精，更加重了它的抑制。如果在发酵过程中加糖（提高酒度）太迟，已经受酒精影响的酵母，就很难继续其代谢活动。严格的厌氧条件不利于酵母菌的活动，在酒精发酵过程中的通气，可加快其速度，而且在发酵开始时，即在酵母的繁殖阶段，就应通气。此外，固醇和长链脂肪酸也可加快发酵速度。营养的缺乏，包括氮素、脂类、生长素和矿物营养的缺乏，会影响酵母的活动。在一些特殊情况下，给氧结合添加铵态氮，可取得良好的效果。含有农药的浆果原料以及霉变原料中由一些灰霉菌产生的物质，可抑制酵母的活动。此外，还有其他一些因素影响酒精发酵的进程，如酵母的代谢副产物、果汁的澄清处理、pH 过高、酵母接种量不够、接种太迟、CO_2 排除不良等。

3. 预防发酵中止

除环境、设备应保持良好的卫生状况外，应及时对原料进行二氧化硫处理，以防止致病性微生物的活动。为了防止野生酵母的活动，必须及时添加酵母，对于清汁发酵的果酒，应在澄清后立即添加；对于带皮发酵的果酒，在二氧化硫处理 12h 后添加。在入罐时适量加 NH_4HSO_3，不仅可产生 SO_2，还可为酵母菌提供可同化氮。对于缺氮原料，氮素的补充在发酵开始（相对密度为 1.050～1.060）时，最为有效，可结合开放式倒罐和加糖（如果需要）添加。对于清汁发酵的果酒，对果汁的澄清处理不能过度，在澄清时加入适量的果胶酶可获得澄清度适当的果汁，如果澄清过度加入适量的纤维素，有利于果汁的发酵。在发酵过程中每天 1.5～2 倍（原料的量）的开放式倒罐有利于酵母菌的活动，在此期间由于 CO_2 的释放，没有氧化的危险，也可通过微量喷氧的方式（10mg/L 果汁）对发酵汁给氧。研究结果还表明，当这些果汁发酵进行到一半时，加氧（7mg/L）结合加磷酸氢二铵 $[300mg/L\ (NH_4)_2HPO_4]$，能有效地防止发酵中止。添加酵母菌皮或死酵母，也有利于发酵的完成。

4. 发酵中止时的处理

在发酵过程中，很容易观察到发酵中止，如果 24～48h 发酵汁的密度不再下降，就表示有发酵中止的危险。在这种情况下，可有多种措施促使发酵重新启动，防止致病性微生物的活动。在发酵中止时，必须尽快将果汁封闭分离到干净的发酵罐。即使浸渍不够，也要分离。分离有利于防止细菌的侵染及对发酵汁通气和降低发酵汁温度。在分离时进行 $30 \sim 50 mg/L$ SO_2 处理，以防细菌的活动。这样处理后，有时会自动再发酵。

如果再发酵不能自然启动，就必须添加酒母。同时将发酵中止的果汁添满、密封。必须强调的是，如果发酵汁中已有 8%～9%（体积分数）的酒度，直接添加活性酵干母是没有用的。

制备酒母的方法如下：取 5%～10%发酵中止的果汁，将其酒度调整为 9%（体积分数）、含糖量调整为 15g/L，并添加 $30 mg/L$ SO_2，然后加入 $200 mg/L$ 抗酒精能力强的活性干酵母，在 $20 \sim 25$℃进行发酵。当糖接近耗尽（相对密度低于 1.000）时，按 5%～10%的比例加入发酵中止果汁中，以启动再发酵。也可以 1:1 的比例将发酵中止的果汁加到酒母中，使混合汁进行发酵。当其相对密度降至低于 1.000 时，再将发酵中止果汁按 1:1 的比例混合。直至所有果汁发酵结束。

对发酵中止果汁进行瞬间巴氏杀菌，即在 20s 内将果汁的温度升至 $72 \sim 76$℃，可以改善果汁的可发酵性。在杀菌后，待温度降低到 $20 \sim 25$℃，再加酵母进行再发酵。在再发酵过程中，加入 0.5mg/L 泛酸，既可防止挥发酸的升高，又能使已经过高的挥发酸消失。当然，加入低于 50mg/L 硫酸铵也有利于再发酵的进行。

需要强调的是，发酵中止后，即使是最好的再发酵，也会严重影响果酒的质量。所以，必须采取适当的措施，预防酒精发酵的中止。

七、发酵的酒精产率

计算果汁中发酵时来自糖的酒精产量的基础是酒精（乙醇）和二氧化碳是两个主要的产物，但不是全部的产物。在发酵期间，糖被分解成为酒精和二氧化碳，并有一系列有利于酵母生长

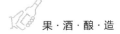

的其他次生物质的生成。在完全发酵的情况下，1000g 转化糖（葡萄糖和果糖）大约产生 480g 酒精，这与温度、通气和酵母种类有关。所依据的乙醇产量公式是由盖-吕萨克在 1810 年提出的，如下所示：

$$C_6H_{12}O_6 \longrightarrow 2C_2H_5OH + 2CO_2$$
$$180g \qquad\qquad 92g \qquad\quad 88g$$

例如，1L 含 20.0％糖（以化学分析方法测得，以还原糖计）的果汁可以通过发酵产生 96.3g 或 12.20％体积分数的酒精，后面的数字是通过质量百分比除以酒精相对密度（0.7893）得到的。这个数值是在假设酒精最小蒸发量，酵母没有产生多余的其他副产物，不通气及低温发酵的情况下测出的平均值。然而，果醪中的糖经常用液体比重计，如波美度计、白利度计。例如：22.0°Bx 为 12.2°Bé，这种液体比重计测量的是总的可溶性固形物的读数，果汁或果醪中的糖是其主要部分。但是实际还原糖大约比白利度读数要平均低 2％或 20g/L，比波美计读数低 1.1。波美度和酒精产量的关系因不同的波美度高低而不同，在 10～12°Bé 范围内，将产生与波美度几乎相同数量体积分数的酒精。这就是为什么酿酒师的速算方法是调节 1°Bé 来增产 1％体积的酒精。但是由于果醪中还原糖并不能由液体比重计准确地测得，任何用液体比重计得到的果汁中的酒精产量都是近似数值。因此，准确的测量方法是用化学法检测果汁中的糖含量，然后由以上列出的数据与公式进行计算。

第三节
果酒酵母的使用

如果对发酵基质进行适量（不达到杀菌浓度）的 SO_2 处理，

即使不添加酵母，酒精发酵也会或快或慢地自然触发，但可通过添加酵母的方式，使酒精发酵提早触发。此外，在果酒酿造过程中，由于温度过高，或酒精含量提高而温度过低，影响酵母的活动，酒精发酵速度可能减慢甚至停止。温度低于 10℃时，酵母菌发育很缓慢。随着温度的升高，繁殖速度加快，20℃时为最佳繁殖温度，此时酵母菌生殖速度快、生命力强。超过 35℃时，酵母菌生长受到抑制，繁殖速度迅速下降，到 40℃时，酵母菌停止出芽，开始出现死亡。如果想要获得高酒精浓度的发酵液、减少损耗，必须控制好发酵温度。在酿果酒过程中添加酵母是让性状优良的培养酵母在发酵过程中占绝对优势，抑制不良酵母的发酵，使发酵进程、酒的风味等按人们的意愿发展。

一、添加酵母的目的

添加酵母就是将人工选择的活性强的酵母加入发酵基质中，使其在基质中繁殖，引起酒精发酵以及酒精发酵中止后的再触发。

添加活性强的酵母可以迅速触发酒精发酵，并使它正常进行和结束。这样获得的果酒由于发酵完全，无残糖或其含量较低，酒度稍高，易于储藏，对于变质原料的酒精发酵和残糖含量过高果酒的再发酵，添加酵母就更为重要了。一般添加优选酵母，添加优选酵母，可以达到以下目的。

① 可提早酒精发酵的触发，防止在酒精发酵前原料的各种有害变化，包括氧化、有害微生物的生长等。

② 由于优选酵母氮需求低，一般不需额外加氮源，也能使酒精发酵顺利进行。

③ 由于优选酵母所产生的泡沫较少，可以使发酵容积得到更有效的利用。

④ 优选酵母产乙醇率高，耐乙醇能力强，使酒精发酵更为彻底。

⑤ 优选酵母使酒精发酵更为纯正，产生的挥发酸、SO_2 和 H_2S、硫醇等硫化物更少。

⑥ 优选酵母凝聚性强，使酒液快速澄清，发酵完毕后，酵母能很快结成块或颗粒状沉于容器底部，放酒时即使受到轻微振荡也不会浮起。

⑦ 优选酵母使发酵温度范围宽，能实现低温发酵。

⑧ 优选酵母具有良好的降酸能力，降低酒液的酸度。

⑨ 优选酵母使果酒的发酵香气更优雅、纯正。除水果本身的果香外，能协助产生良好的果香和酒香。

⑩ 适应水果品种上市季节的气温发酵。

二、酵母的选择

有多种商业化的酵母可选择，这些商业化的优选酵母都以活性干酵母的形式存在，包装在密封袋中，低温储藏（低于15℃最佳）。商业化的酵母菌可从以下指标进行评价：活细胞的含量；发酵性能，即发酵速度平稳，产生泡沫少；成品酒的质量，颜色纯正、香气优雅、酚类物质适宜；氨基甲酸乙酯生成量。

根据用途的不同，活性干酵母主要有以下 3 类：启动酵母、特殊酵母和再发酵酵母。其中特殊酵母除具有启动酵母的特性外，还具有其他不同的特性。特殊酵母包括提高果酒的色度和结构感的酵母，加强果酒风格的优选酵母（如需要在酒泥上陈酿的果酒等）、产香酵母、降酸酵母等。

1. 启动酵母

启动酵母是抗酒精能力强、发酵彻底、产生挥发酸和劣质副产物少的活性干酵母，一些商业化的酿酒酵母菌系可满足这些要求。如果用液体酵母，则在生产启动酵母的有氧发酵高峰期，酵母细胞数至少应该达到 3×10^6 个/mL，如果低于这个量，其生长条件就没有得到充分满足。用于接种的酵母必须含有高水平的固醇、脂类和储能物质。

2. 特殊酵母

（1）产香酵母　产香酵母是在酒精发酵过程中可以产生挥发性香味化合物的酵母。产香酵母除了能够产生醇类和酯类，还能生成酮类、醛类等化合物，形成多种风味物质，在代谢过程中产生多种维生素、氨基酸，还能产生某些生物活性物质，增强人体免疫力。

果酒的口感、风味以及质感在果酒发酵酿造生产中起着很重要的作用，尤其是其中的风味是评价果酒优质的一个重要指标。因此果酒增香已成为现今果酒发酵酿造中的一个热门研究课题。

生产中单一的菌株只能提高单方面的风味，而与其他菌株混合运用不仅能很好地利用发酵液中的原料，而且混合发酵时可以产生多种芳香类物质。丁玉振研究了产香酵母的发酵规律和在醇香果汁生产工艺上的应用。通过实验论证证明低温能有效地控制菌株的发酵进程，低温有利于发酵香气的纯正和圆满，确定在10℃下发酵香气浓郁，可将产香酵母与低温发酵工艺结合应用。

（2）降酸酵母　降酸酵母在酒精发酵过程中，可降解20％～30％的苹果酸。苹果酸含量高会使葡萄酒有酸涩感，酒味粗硬，如何降解果酒中的苹果酸一直是果酒酿造中一个重要的问题。目前果酒的降酸方法主要有物理降酸法、化学降酸法和生物降酸法，但物理降酸法和化学降酸法对果酒的风味物质影响较大，使口感变差，降低果酒的营养价值，其弊端在生产上日益受到重视，要降低酒中苹果酸含量，宜采用生物降酸法。

果酒生物降解苹果酸的途径主要有两个，其中一个途径是采用苹果酸-乳酸发酵，主要采用乳酸菌将果酒中的苹果酸转化为乳酸，其特点是降酸时有选择性。迄今为止，国外生产的优质红葡萄酒甚至一些佐餐红葡萄酒大部分采用 MLF 降酸。另一个途径是苹果酸-酒精发酵（malo-alcoholic fermentation，MAF），是通过裂殖酵母利用糖作底物生成酒精外，还能在厌氧条件下分解苹果酸，最终生成乙醇和 CO_2，裂殖酵母发酵能力较弱，且会产生不良气味。

3. 再发酵酵母

一些酿酒酵母菌系，可以使含糖量高的果酒进行再发酵，它们可用于酒精发酵和再发酵。这类酵母通常用于起泡果酒的第二次发酵，以产生 CO_2，比如耐高糖酵母等。耐高糖酵母是一种能够在含高浓度糖的环境中进行生长、发酵产生乙醇和二氧化碳的真菌，其转化能力强，繁殖能力快，能够在高渗的恶劣环境中进行发酵。在发酵初期高浓度底物（如葡萄糖）以及后期逐渐积累的乙醇所产生的各种压力会对细胞产生毒害作用，致使酵母细胞内水分活度、细胞质组成发生显著变化，导致细胞膜和胞内酶受到破坏，从而抑制普通酵母的生长，导致发酵延后或中止。耐高糖酵母耐受能力强，对毒害作用和高渗透压有抵抗能力，可以使含糖量高的果酒进行再发酵。

酵母本身存在一套系统对渗透压进行调节，在高糖胁迫下存在多种信号传导途径和分子应答机制。由于酵母渗透压调节系统的表达方式和强弱程度不同，对外界环境表现出的耐高糖性能也有明显差异，而且，来源不同的酵母，其耐受高浓度糖的性能也会有差别。因此，耐高糖酵母的筛选是开展耐受机制研究的基础。酵母菌耐受高糖机制的研究对指导菌株改造和探讨酵母细胞生命现象具有重要意义。在筛选耐高糖酵母菌的过程中最为重要的就是选择高浓度糖环境，从高糖环境中筛选出来的酵母菌必然是耐受高糖的酵母菌，现有的耐高糖酵母多数来源于果汁、甘蔗糖蜜、酒精发酵醪液等样品。耐高糖酵母的筛选方法主要有三种：自然筛选、诱变育种和基因工程育种。

三、酵母添加的时间

在果汁中，还含有很多的野生酵母，因此，必须保证主要由优选酵母来完成酒精发酵。为此首先应尽量降低原料中野生酵母的群体数量，这就需要做到：首先应尽早添加酵母。对于清汁发酵的果酒，应在分离澄清果汁时，立即添加酵母；而对于带皮浆发酵的果酒，则应在 SO_2 处理 12h 后添加酵母，以防产生还原味。其次所加入的酵母群体数量应足够大，不得低于 $10^6 CFU/mL$。除此之外，还需要注意以下三点。

1. 保证原料及设备、设施良好的卫生状况

（1）采收　采购的酿酒水果原料必须是在无毒区域内种植和收获的产品。在工业规模的操作中，收获期的确定不仅要考虑原料的成分是否能酿造出质量最好的酒，还要考虑到人员、运输能力和设备容量等因素，必须对收获日期进行适当调整。成熟时间集中的大型果园即使满员操作或机械满负荷运转也可能需要几天时间。运输和接收设备可能是限制因素。如果天气较热，必须注意在酸度过低或缩水干化成为问题之前收获。如果天气晴朗而较冷，可以多延迟几天；如果雨天或浓雾天气临近，可以选择较低的成熟度。水果采收时应按要求分品种、分等级用筐或木箱盛装。装原料的筐（箱）须清洁、专用，禁止使用装过农药、肉品、水产品等有直接污染的筐或箱。

（2）运输　运输原料的车辆应清洁，禁止使用装运过农药、肉品、水产品等可造成污染的车辆运输。运输途中需有篷布或其他覆盖物，防止途中被泥沙、灰尘污染。进厂的酿酒原料，应新鲜、无霉变腐烂、无夹杂物、无药害、无病害、无污染。对不能贮存的水果如葡萄、樱桃、草莓等应在 24h 内加工破碎完毕；对能够暂时贮存的产品，应放在阴凉干燥洁净处暂存，避免日晒雨

淋；对后贮能够改善质量的品种如山楂、某些晚熟苹果、猕猴桃，应后贮一段时间，在其品质最高时进行发酵酿造，后贮期间注意温度湿度通风等，不能使果实腐烂导致二次污染。

（3）酿造场所的清洁卫生与检修　一般于酿造季节前一个月左右进行。清除加工场所内闲置的所有物品。墙壁、水泥池外表面用加有 $CuSO_4 \cdot 5H_2O$ 的石灰或防霉涂料涂刷，场地打扫干净，再用 SO_2 熏蒸灭菌或其他消毒剂灭菌。检查所有设备、管道上的管件、阀件是否完好无损且干净。用毛刷或清洗剂彻底清洗输送物料的胶管，经 H_2SO_3 或其他消毒剂浸泡灭菌后控干水分备用。用于果酒酿造的容器包括橡木桶、碳钢罐、不锈钢罐等，其中不锈钢罐使用最方便。

① 木桶　新桶的处理：先用清水浸泡半月左右。每3～5天换一次水。然后使桶口朝下，通入水蒸气30～60min，直到流出的水澄清、无色为止。木桶中注入占容积量10%的2% Na_2CO_3 溶液，塞好塞子来回滚动30min，再竖起，分别浸泡两端各15min，倒掉残液。用热水洗涤2～3次，再注满热水浸泡过夜。第二天，用1%～1.5% H_2SO_3 溶液浸泡。1周后倒掉。用水洗后，再用1%～2% Na_2CO_3 洗一次。清水洗涤并浸泡2～3天，灭菌，备用。400L以下的小桶用100℃沸水泡洗后，再用上述酸碱处理。旧木桶的处理：生霉木桶，清水洗后，用65%～70%脱臭乙醇浸泡15～20天，用去离子水洗净，SO_2 灭菌后备用；酸味木桶先用5% Na_2CO_3 浸泡数小时，再用热水洗净。空桶的保存：洗净后的空桶，如暂时不用，每周用硫黄熏蒸一次，用2%的 H_2SO_3 洗涤后密封。使用前用去离子水洗净。若空桶长时间不用，试漏后再使用。

② 碳钢罐　使用前应检查除否完好，保证与酒液接触的部位无裸露的钢板，以免板中的铁与酒液接触后进入酒中使铁含量超标。用前应洗净、灭菌。

③ 不锈钢罐　使用方便，卫生耐用，易于管理。新罐所有

与酒接触的焊缝先用钝化液处理至不锈钢本色，再彻底洗涤，灭菌后备用。随着国内不锈钢薄壁容器的发展，不锈钢罐的价格已经显著降低，因此目前国内绝大多数新建果酒厂或改建果酒厂均采用不锈钢容器。

2. 尽早进行 SO$_2$ 处理

带皮浆发酵的果酒则应在装罐时进行，装罐完毕后进行一次倒罐，以使所加的 SO$_2$ 与发酵基质混合均匀。切忌在破碎前或破碎除梗过程中对原料进行 SO$_2$ 处理，因为 SO$_2$ 不能与原料混合均匀，由于挥发和被原料固体部分的吸附而损耗部分 SO$_2$ 达不到保护发酵基质的目的，在破碎、除梗时，SO$_2$ 气体会腐蚀金属设备。

对于清汁发酵的果酒，应在压榨出口进行，以保护果汁在发酵以前不被氧化。严格避免在破碎除梗后、果汁与皮渣分离以前进行 SO$_2$ 处理，因为部分 SO$_2$ 被皮渣固定，从而降低其保护果汁的效应，SO$_2$ 的溶解作用可加重皮渣浸渍现象，影响果酒的质量。

3. 果汁的澄清度和澄清时间

发酵果汁中，如果含有由果皮、种子和果梗残屑构成的悬浮物，会使果酒香气粗糙。这一方面是由于浸渍作用使其中具植物和生青气味的物质溶解在葡萄酒中，另一方面它们还会改变发酵过程，影响香气物质的构成。所以，在酒精发酵开始前，应通过澄清处理将这些物质除去，但更重要的是在取汁过程中防止产生过多的悬浮物质。悬浮物质的量取决于品种、原料成熟度及其卫生状况，但主要取决于取汁条件，因此，悬浮物含量的多少，可以作为衡量取汁工艺条件（设备）和工艺措施好坏的标准。

应避免对原料过于强烈的机械处理，否则会提高葡萄汁中悬浮物的比例。原料的机械采收、原料的泵送和螺旋输送，以及过长的输送距离、离心式破碎除梗机等都会提高悬浮物比例。为了保证取汁的质量，所有带有输送或分离螺旋的设备都必须低速运转。如果要提高运输量，则应加大螺旋的直径。此外，取汁设备的能力最好能明显高于实际工作能力，以保证设备能在低速运转下完成正常的工艺处理。最后，在澄清处理结束时，要将沉淀物全部除去，以防止已沉淀的悬浮物重新进入澄清果汁，影响澄清效果。但如果葡萄汁澄清过度，也会影响酒精发酵的正常进行，使酒精发酵的时间延长，甚至导致酒精发酵的中止。如果果汁的浊度低于 60NTU，酒精发酵就会比较困难，但浊度高于200NTU，一般会降低果酒的感官质量。对于需要进行苹果酸-乳酸发酵的果酒，与未澄清的果汁比较，由于澄清果汁酒精发酵结束时，乳酸菌的群体数量更大，会使苹果酸-乳酸发酵启动更快，时间缩短。在经澄清的果汁中偶然发生的不完全发酵是酿酒过程中令人讨厌的事情。发酵过程缓慢进行，并最终结束，同时还有一些糖没有被用完。要想重新启动这种"不完全"发酵并非总能轻而易举，需要重新加入的相同或不同的酵母，可能还需要对果汁进行加温。

研究表明经过无菌过滤的果汁中，许多发酵都没有完成，或者只能以很慢的速度进行。部分原因在于特定酵母菌株之间在发酵速率和完成程度上存在不同，但是，导致问题的主要原因还在于果汁的澄清度。如果果汁没有经过澄清处理，则发酵通常可以完成。德国盖森海姆大学的珊德尔教授也遭遇了这个问题，他发现附加惰性颗粒可以刺激发酵的进行。通过在发酵前添加上述物质，解决了这个问题，很多种惰性固体都有效，包括硅藻土、纤维粉和皂土。这些固体物质的促进作用可以从两个方面来分析，固体分子因其特有的结构，可以吸附空气（氧气），在显微镜下观察悬浮在果酒中的皂土时，发现其土层的自然骨架可以将气泡吸附在每一个单独颗粒的沟状结构中。如果这些空气被酵母所吸收，将导致其生长率的提高，进而促进固醇的合成以及酵母的生长。然而，通过这个途径吸附的气体是很少量的，还有其他的作用机制也参与其中，其分子具有通过氢键将营养物质吸附在表面的能力，许多酵母生长所需的营养成分以这种方式被吸附，当酵母接近这些分子的时候生长便加快了，因此，能够繁殖更多的酵母细胞促进发酵的完成。这样的情况在乳浊状或混浊状的果汁中也存在，悬浮于果汁中的颗粒以同样的方式起作用。

果汁中氧气的不足会使发酵不能彻底进行。如果要对澄清度高的果汁进行发酵，启动酵母在加入前要先通气，最好还额外添加磷酸氢二铵（大约 200mg/L）和维生素 B_1（大约 1mg/L）。

四、添加酵母的方法

1. 活性干酵母

以活性干酵母的形式供应商品酵母现已经成为主要方法。果酒酵母一般充氮密封包装，当贮存在低温环境时，它们可以维持活性至少 1 年。使用活性干酵母的优点是可以确保使用优质酵母，购买优质酵母是防止发酵出现问题的最好途径，缺点是需要投入的成本较高。

在多数酵母干燥过程中，酵母的细胞膜可能丧失其通透屏障功能。重新建立这种屏障功能是重要的，因此添加前须将其小心地复水以恢复它们的新陈代谢功能。当干酵母遇水后细胞几秒钟内会将所需的水分吸入体内。因为细胞膜在复水时通透性很强，如果复水过程进行得不正确，细胞内含物将通过细胞膜流失从而使酵母丧失活力；酵母结块黏在一起很难分散开也是常遇到的问题，而将细胞加入 15℃以下的凉水或果汁中活性细胞数有可能减少 60%，所存活的数目将不能满足尽快发酵的需要。

（1）活性干酵母复水注意事项

① 复水介质　复水在水中进行比在果汁中好，因为果汁中

含有使渗透压提高的糖，有可能含有二氧化硫或残留的真菌抑制剂。虽然酵母细胞可以抵抗一定浓度的二氧化硫和低浓度的真菌抑制剂，但这些对于处于复水阶段的酵母将是致命的。

② 复水量　复水用水量是干酵母重量的 5～10 倍。例如：处理 250g 干酵母正确用水量是 1.25～2.5L。

③ 添加量　每 100L 发酵醪中添加 20g 干酵母可使每毫升果汁中有 10^6 个活性酵母细胞。这正是启动优良发酵所需的量。

④ 复水温度　复水用水的温度应保持在 35～40℃，不可将酵母加入冷水后再加热到 40～45℃。将酵母缓慢添加入水中而不是将水加入酵母，否则可引起酵母结块导致复水不彻底。将酵母静置 5～10min 后进行搅拌。酵母在水中的时间不能超过 30min，时间延长，酵母的活力将降低。使复水的酵母溶液缓慢冷却到与将被接种发酵醪的温差小于 10℃，不要将热酵母液倒入冷发酵液中，温差过大可引起酵母变异和死亡。

（2）活性干酵母使用方法　目前市面上有多种活性干酵母出售，可以根据果实与酒的特点来选用。在使用活性干酵母时应仔细阅读使用说明，按照说明使用。一般来讲，使用方法有三种。

① 直接投入发酵罐中　商品干酵母处于休眠状态，含水 5%～8%，直接添加到果浆或果汁中时，因未事先复水，酵母颗粒在果汁中较难扩散，应避免形成小的块状浮于液面或沉于罐底，酵母接种量应加大。对难以溶解的活性干酵母应复水后使用；对于较难启动发酵的果汁（浆）也应将酵母复水后使用，同时加大酵母使用量。需要注意的是此法一般不常用。

② 活化后添加　这是在启动发酵时最常用的添加方法。在这种情况下，根据酵母菌系发酵能力的不同，活性干酵母的用量为 100～200mg/L，但是，如果原料及发酵设施的卫生状况很差，就必须提高干酵母的用量，保证活性干酵母的优势

地位。

　　将活性干酵母在 20 倍（质量比）含 5％～10％糖的 35℃左右温水中分散均匀，活化 20～30min，如果果汁温度过低，温度变化幅度过大，如由 35℃降至 15℃会导致酵母细胞的大量死亡。因此，应用果汁将酵母液的温度调整至 20～25℃，静置 30min，再添加到发酵罐中，并通过倒罐混合均匀。

　　③ 扩培后使用　如果希望加快温度较低的果汁酒精发酵的启动，或者果汁存在发酵不彻底的危险，最好在 24h 前制备母液。将 1kg 活性干酵母放入 35℃左右 20L 水和 1kg 蔗糖的糖水中，保温 20～30min，活化好后，添加到 100～200L 的果汁中，并加强通气，在 20℃左右的温度条件下，发酵 24h，然后添加到 10kL 果汁的发酵罐中。对于含糖量高的果汁（如冰葡萄酒的葡萄汁），在制备 24h 酵母母液时，还应添加足量的氮源。

2. 天然酵母

　　水果成熟时，在果皮、果梗上都有大量的酵母存在，因此水果破碎后，酵母就会很快开始繁殖发酵，这是利用天然酵母发酵果酒。但天然酵母附着有其他杂菌，往往会影响果酒的质量。为了保证正常顺利地发酵，获得质量优等的果酒，往往从天然酵母中选育出优良纯种酵母。目前，大多数果酒厂都已采用了优良纯种酵母进行发酵。选育的优良酵母可能有不良的性能，这就要求提高其优良性能，增添新的有用特性，以适应生产发展的需求。

　　利用自然酵母制备酒母：在果实采收前几天，选取清洁、无病的果实（约为待发酵体积的 2.5％），经破碎、除梗后，分装在 A 和 B 两个容器中（注意，这部分果实不能压榨，因为酵母菌一般存在于果皮上）。在容器 A 中装入 10％的原料，使之自然发酵或略微加热以便更快地触发酒精发酵。其余的原料（90％）装入容器 B 中，并对之进行 300mg/L SO$_2$ 处理。当容器 A 发酵旺盛时，加入少量的 B 容器中的原料，原则是所加入的量不影响容器 A 的正常发酵，直到所有原料都在进行旺盛发酵时，就可作为酵母母液投入生产。

3. 人工选择酒母

制备酒母的原理十分简单，即在少量无菌果汁中活化和繁殖酵母直到形成旺盛的菌群。液体酒母的质量十分重要，它决定着整个发酵过程以及果酒的质量。液体酒母可以在酿酒厂的实验室中由贮藏的菌种培养制备，也可以由购买的活性干酵母制备。这种培养方法可以节省菌种的成本，也可以提供某些不能供应的菌种，但它的劳动强度大，并且需要训练有素的微生物工作者精心的操作。因为保藏的菌种是纯培养物，菌种扩大培养的前几个阶段必须是无菌培养。必须先将一环斜面上的酵母无菌接种到5mL 灭过菌的果汁中。25℃条件下培养 1~2 天后观察到明显的生长状态时（果汁变得浑浊，表面形成泡沫，轻轻晃动液体有二氧化碳释放出来，随后酵母细胞形成棕色悬浮物沉降到瓶底），将此培养物转接到 50 倍体积（250mL）的灭过菌的果汁中。这种逐级转接可以进行 1 次或 2 次以上，直到培养物的量能够满足发酵需求。由于果酒酵母生长得非常迅速，而且果汁是酵母生长的理想培养基（其中的营养物和 pH 有利于果酒酵母的繁殖，而不利于外源微生物的生长），加上接种量大（2%）和二氧化硫的添加，液体酒母一旦接入发酵醪就可使发酵向正确方向进行。所要求的产品风格、果汁本身的特点和准备采用的发酵温度是选择酵母纯培养物种类的关键因素。

其工艺流程大致如下：

果汁→杀菌→试管培养

三角瓶培养

大玻璃瓶培养

酵母桶培养

生产用果酒酵母

酵母培养过程中应注意的问题。生产阶段酵母培养用果汁糖度不宜低于 15°Bx，培养过程中降糖至 5～7°Bx 时，即可作为种子用。对不适于用于种酵母培养的果汁，可用其他易于酵母生长繁殖，对拟酿造的果酒风味影响小的果汁，如苹果汁代替。用于培养酵母用的容器使用前应洗净灭菌。灭菌时，可采用 150℃干热灭菌 3h 或 0.14MPa 湿热灭菌 30min。果汁杀菌时，应避免长时间高温而破坏营养。培养过程中应注意通氧或搅拌。为了得到更多的优质健壮酵母，可在实验室培养阶段的培养基中添加 0.6％酵母浸膏粉，在生产阶段的果汁中添加 150～300mg/L $(NH_4)_2HPO_4$ 与适量维生素，当然也可以用市售的酵母营养盐代替。

4. 串罐

在使用优选酵母时，一些果酒厂往往用正在发酵的果汁接种需要进行发酵的原料（通常用量为原料 10％的发酵旺盛果汁），即串罐。在这种条件下，只有第一个发酵罐是由已知特性的优选酵母接种的，而其他发酵罐则是由正在发酵的果汁接种的。该方法优点是：一方面，可大量减少商品化的活性干酵母的用量，因而大量降低成本；另一方面，正在发酵的果汁中的酵母菌细胞比活性干酵母的细胞更适应果汁的发酵条件。但是，在串罐的条件下，如果使用期限为一个月，则初始酵母菌的繁殖代数相当于在连续培养条件下的 200 多代。那么，在如此多代的无性繁殖过程中，酵母菌是否能保持其优良特性，其活性是否会渐渐下降，即串罐是否有效。为解决上述问题，李华等人在葡萄酒生产条件下，进行了酵母菌在长期串罐过程中的稳定性研究。结果表明，在近 1 个月的时间内（相当于酵母菌细胞无性繁殖了 200 代），串罐过程中的酵母菌细胞不仅能保持初始酵母菌的发酵活性和优良特性的稳定性，而且由于果汁的选择作用，串罐用的酵母菌细胞的发酵活性比初始酵母菌

的活性更强，因而其酒精发酵的启动和速度都更快，此结果对其他果酒使用串罐生产提供了借鉴。

五、酵母的贮藏

酵母在保管和使用时，应注意到酵母的保质期，存放时间越长，存活酵母越少。酵母在缺乏营养时如温度上升，它会因自己本身存在的蛋白酶，使自身细胞分解，即出现自溶现象，也称自我消化。在没有外界营养物供给时，酵母还会消耗细胞内的贮存物质。此过程往往会使温度升高，促进自我消化。所以，酵母的保管和贮存是十分重要的工作。对于液体酵母的保管温度应当在0～4℃，并且要防止贮存期间温度的升高。酵母本身也是其他杂菌的良好营养源，所以保管中要加强卫生管理，防止杂菌感染。有实验表明：液体酵母在13℃可存放14天，在4.4℃可存放30～35天。干酵母49℃时，可存放1周，32℃时可存放6个月，21℃时可存放21个月，4.4℃可存放24个月，可见酵母一定要在低温条件下贮存。为防止酵母的自我消化，液体酵母1个月左右还应转接1次。

六、酵母质量检查

1. 镜检

显微镜下观察培养酵母，细胞形态与大小均匀一致，细胞饱满，细胞质透明、均一，出芽率60%～80%。用美蓝染色，死亡细胞不超过1%，视野内无杂菌。

2. 发酵状况

接种后的培养液很快变浑浊，液面有细白泡沫生成，摇动培养容器有细小气泡上升。

3. 理化分析

经糖、酸分析，酵母降糖速度正常，无异常产酸现象。

4. 感官检查

酵母培养液应有原料果汁的风味、香气与酵母味，无异味。

第四章

乳酸菌与苹果酸-乳酸发酵

　　乳酸菌是一类能利用可发酵糖产生大量乳酸的细菌的统称。因此，"乳酸菌"并不是细菌分类学术语。乳酸菌在自然界分布广泛，在工业、农业和医药业等与人类生活密切相关的领域，都得到广泛的应用。早在游牧时代，乳酸菌引起的兽畜乳变酸就已经是普遍现象。1857 年 Pasteur 最先描述了乳酸菌的特征，并用实验证明这类细菌可使无菌的乳汁变酸。他还将乳酸发酵和酒精发酵进行对比，并认为"在化学上不同的发酵是由生理上不同的生物所引起的"。随后 Pasteur 在葡萄酒中也发现乳酸菌的发酵，他还把乳酸和葡萄酒中乳酸菌的发酵进行了比较。直到 1914 年，瑞士的葡萄酒微生物学家 Hermann Müller-Thurgan 和 Oster-walder 才将葡萄酒中乳酸菌引起的酸度降低现象，即苹果酸向乳酸的转变过程定名为苹果酸-乳酸发酵（简称为苹-乳发酵）。苹果酸降解对不同类型的果酒的作用是不同的。酸度高且苹果酸含量高的果酒进行苹果酸降解可降低酸度，改善风味；酸度低的果酒进行苹果酸降解会使酒变得过于淡薄，应避免此种情形的发生，酿造果香突出的果酒一般不进行苹果酸降解，以免影响酒的清新感。在实际生产中，多采用自然降酸、添加苹果酸-乳酸发酵细菌降酸或利用粟酒裂殖酵母降酸。如果果酒需要进行苹果酸降解，则需要注意以下三点：首先应该使糖被酵母菌发酵，苹果酸被乳酸菌发酵，但不能让乳酸菌分解糖和其他成分；其次，应该尽快地使糖和苹果酸消失，以缩短酵母菌或乳酸菌繁殖或这两者同时繁殖的时期，因为在这一时期中，乳酸细菌可能分解糖和其他成分，这一时期称危险期；最后，当果酒中不再含有糖和苹果酸时，应该尽快地除去微生物。

所谓果酒乳酸菌指与果酒酿造相关的、能够将果酒中苹果酸分解为乳酸的一群乳酸菌，因此有时也称为苹果酸乳酸菌（mal-olactic bacteria，MLB）相对于酵母菌引发的酒精发酵（主发酵）而言，由果酒乳酸菌引发的苹果酸-乳酸发酵，是果酒的次级发酵。由于苹果酸-乳酸发酵通常是在酒精发酵结束后进行的，因此有时又称之为"二次发酵"或"次级发酵"（secondary fermentation）。

第一节
乳酸菌及代谢

一、乳酸菌的种类

与果酒苹果酸-乳酸发酵相关的乳酸菌分布于两科四属：乳杆菌科的乳杆菌属，该细菌细胞呈杆状，革兰阳性。链球菌科的酒球菌属、片球菌属和明串珠菌属，这三个属的乳酸菌细胞呈球形或球杆形，革兰阳性。在众多乳酸菌中，酒类酒球菌是最重要的乳酸菌，而且是唯一在低 pH（pH＜3.5）下诱导 MLF 的乳酸菌。有害的乳酸菌一般是乳杆菌与片球菌。

按照乳酸菌对糖代谢途径和产物种类的差异，可以把它们分为同型乳酸发酵细菌和异型乳酸发酵细菌，分别进行同型和异型乳酸发酵。异型乳酸发酵是指葡萄糖经发酵后产生乳酸、乙醇（或乙酸）和 CO_2 等多种产物的发酵；同型乳酸发酵是指产物中只生成乳酸的发酵。

乳酸菌中，用于苹果酸-乳酸发酵商业发酵剂的细菌只有酒类酒球菌和植物乳杆菌，其中酒类酒球菌发酵剂最为常用。片球菌也能进行苹果酸-乳酸发酵，但该属细菌发酵时，容易引起葡萄酒的变质，因此通常认为是一类有害乳酸菌。当果酒的 pH 低于 3.5 时，其他种类的乳酸菌生长受到抑制，酒类酒球菌处于主导地位；而当 pH 高于 3.5 时，乳杆菌和片球菌便会快速繁殖，并能引起果酒的乳酸菌病害。

1. 乳杆菌属

该属为革兰阳性、微好氧、在显微镜下呈长杆、短杆或球杆状的细菌，通常过氧化氢酶阴性，经己糖代谢途径进行同型或异型乳酸发酵。乳杆菌对酸的忍耐性很强，适宜于在酸性条件（pH 5.5～6.2）下启动生长，通常 5% CO_2 促进生长。在营养琼脂上的菌落凸起、全缘和无色，直径 2～5mm。化能异养菌，需要营养丰富的培养基；发酵分解糖代谢，终产物中 50% 以上是乳酸。最适生长温度 30～40℃。广泛分布于环境，特别是动物、蔬菜和食品中。在世界各地葡萄和葡萄酒中分离出的乳杆菌包括同型发酵类型，如干酪乳杆菌、植物乳杆菌、米酒乳杆菌、同型腐酒乳杆菌以及异型发酵类型，如短乳杆菌、希氏乳杆菌、食果糖乳杆菌、布氏乳杆菌和发酵乳杆菌等。

2. 明串珠菌属

明串珠菌属革兰阳性，细胞为球形或双凸透镜形，通常成对或成短链。有些菌株形成荚膜。生长要求包括适当的糖类和一系列维生素，如生物素、硫胺素、烟酸和叶酸。葡萄糖通过异型乳酸发酵而代谢，形成乳酸和乙醇或醋酸。最适生长温度约 25℃。

大多数细菌不能在葡萄酒 pH 条件下生长，只有肠膜明串珠菌偶然出现。

3. 酒球菌属

酒球菌属以前被划入明串珠菌属，酒类酒球菌革兰阳性，不运动，兼性厌氧，过氧化氢酶阴性，椭圆体或球形，通常成对或链状出现。在显微镜下很难与呈短杆状的杆菌区分，嗜酸。生长于 pH 3.5～3.8 葡萄汁和果酒中，在起始 pH4.8 的条件下生长更好。10％（体积分数）乙醇不抑制其生长。最适生长温度 22℃。在 15℃生长缓慢。有可发酵的碳水化合物时，可将苹果酸盐转变成 L-(＋)-乳酸盐和 CO_2。代谢不活跃，仅发酵少数几种碳水化合物。喜好果糖，通常发酵海藻糖。在葡萄汁或果酒中发酵戊糖（阿拉伯糖或木糖），因此导致二次生长现象。异型发酵，基本上将葡萄糖发酵成等摩尔的 D-乳酸、CO_2 和乙醇或醋酸盐。目前只包括一个种，即酒类酒球菌，它是目前启动果酒苹果酸-乳酸发酵最重要、应用最广泛的乳酸菌。酒类酒球菌为异型乳酸发酵菌，绝大多数菌株利用 L-阿拉伯糖、果糖、核糖，但不能利用半乳糖、乳糖、麦芽糖、松三糖、棉子糖、木糖。酒类酒球菌能够利用葡萄酒中的苹果酸生成乳酸。

需要说明的是，酒球菌过去定名为酒明串珠菌。在报道的明串珠菌属的种中，酒明串珠菌是唯一嗜酸的一个种，来源于酒和有关的环境。这个种的菌株与其他明串菌属的种，在许多方面的特性不一致。它们可生长于初始 pH4.8 和含体积分数 10％的乙醇培养基中，绝大多数菌株需要一种番茄汁生长因子。它们缺乏葡萄糖-6-磷酸脱氢酶，D-乳酸脱氢酶、6-磷酸葡萄糖酸脱氢酶和乙醇脱氢酶的电泳迁移率都明显不同于其他种。酒明串珠菌的全细胞可溶性蛋白图谱与其他种也不一样。在基因型遗传方面的研究结果，也进一步证明酒明串珠菌与其他种不同，这个种与其他种的 DNA-DNA 同源性都低。DNA-RNA 杂交和 rRNA 序列分析也显示了酒明串珠菌的特别之处，尤其是 16SrRNA 序列分析和 23SrRNA 序列研究显示，这个种与明串珠菌属其他种在亲缘上不相关，完全属于另一分支，鉴于以上表现型和遗传型与明串珠菌属其他种的明显差异，有人提出应将这个种列为一个新属，称为酒球菌属；将酒明串珠菌重新分类，定名为酒球菌。这一提法，得到学术界的普遍认同。

4. 片球菌属

片球菌细胞球形，直径 $1.2\sim2.0\mu m$。在适宜条件下，在直角两个平面交替分裂形成四联状，一般细胞成对生，单个细胞罕见，不形成链状，不产芽孢，革兰阳性，不运动。兼性厌氧，有的菌株在有氧时会抑制生长。触酶阴性，氧化酶也阴性。最适生长温度 $25\sim40℃$。该属菌同型乳酸发酵，发酵糖类（主要是单糖和双糖类），葡萄糖产酸不产气，将葡萄糖转化成 L-或 DL-乳酸。葡萄糖受限时，戊糖片球菌降解甘油生成丙酮酸，后者经"活性醛途径"进一步分解成乙酸、双乙酰或 2,3-丁二醇。片球菌是化能有机营养生物，需要复杂的生长因子和氨基酸。

在葡萄酒中总共分离出 3 种片球菌：有害片球菌、小片球菌和戊糖片球菌。有害片球菌和小片球菌更为常见。

二、影响酒类酒球菌生长的因素

酒类酒球菌是使苹果酸-乳酸发酵能够顺利进行的最重要的启动者，也是在果酒的严峻生境中耐受性最强的菌种，果酒中乙醇浓度、SO_2 含量、pH 值、温度都是制约酒类酒球菌生长的重要因素。

1. 乙醇的影响

酒类酒球菌是革兰阳性细菌，没有完整的细胞结构，直接由细胞膜包被，所以细胞膜是其抵御不利环境的第一道屏障，在受到胁迫反应时，为避免影响细胞新陈代谢的正常进行，细胞膜物理特性和流动性需要不断调整，以维持其屏障作用和酶活性。乙醇胁迫主要影响酒类酒球菌细胞膜的结构和功能，研究显示，随着乙醇浓度的升高，细胞膜的流动性和通透性增加，质子或其他离子的透过率增加，致使能量转化效率降低。随着乙醇处理时间的延长，细胞存活率显著降低，不同乙醇浓度对细胞的影响出现明显差异。处理时间 30min 时，14％乙醇处理会使菌体细胞发生不可逆的硬化，而 10％和 12％乙醇处理发生的硬化是可逆的，当胁迫条件移除时细胞膜会恢复至初始状态。

处理时间相同时，细胞存活率随着乙醇浓度的增加而降低，即乙醇浓度越高对细胞活力的影响越大。也有研究指出，当环境中存在 10％乙醇或更少量乙醇（3％～5％或 7％）时，可促进菌体的生长，当酒精浓度高于 12％时，将显著抑制酒类酒球菌的生长。

2. 温度的影响

酒类酒球菌的细胞经低温处理后，细胞膜中不饱和脂肪酸与饱和脂肪酸比率上升，而膜中环丙烷脂肪酸的含量增加，同时，细胞膜的流动性大大降低。研究发现细胞在经低温处理后，细胞膜会发生明显的硬化现象，且温度越低其硬化现象越明显，然而其细胞活力未受到明显影响。细胞经短时间低温处理后，将温度回升至原来温度时，其细胞膜的流动性也会恢复至原来状态，且细胞膜及蛋白质组分并未发生明显变化。即低温胁迫会影响细胞膜中脂肪酸及蛋白质组分，却不影响细胞的存活率，且此过程是可逆的。低温不仅会影响细胞膜的流动性，更会使得细胞内的酶活性暂时降低，抑制了细胞内各种生化反应的进行，当温度回升，这种抑制作用便会解除。

高温会增加细胞膜的流动性及通透性，甚至导致细胞内代谢物流出，温度过高时会影响细胞膜中的酶活性，进而影响细胞的存活率。在42℃条件下培养细胞时，菌体的生长明显受到抑制，且高温胁迫诱导了胁迫蛋白的合成。这种机制使得酒类酒球菌细胞能够存活并繁殖。并且酒类酒球菌细胞经42℃处理后直投入果酒中发酵可明显提高细胞在果酒中的存活率以及诱发苹果酸-乳酸发酵顺利进行的能力。酒类酒球菌细胞受到高温胁迫时，细胞内的热休克蛋白含量增加。

3. 酸的影响

酒类酒球菌生长的最适 pH 值为 4.8～5.5，而果酒的 pH 值通常偏低，即对酒类酒球菌而言是一个低 pH 值的胁迫环境，pH 值的高低决定苹果酸-乳酸发酵是否能够顺利进行。当 pH 值较低时，酒类酒球菌细胞膜中乳杆菌酸的含量显著增加。乳杆菌酸有利于维持细胞膜的完整性及稳定性。酒类酒球菌在酸胁迫条件下时，能诱导膜上 H^+-ATP 酶的活性增强。该酶不仅在苹果酸-乳酸发酵过程中发挥作用，而且在抗酸机制中也发挥重要作用。H^+-ATP 酶可耦合 ATP 水解，将质子排除细胞外，从而调节细胞内外的 pH 值，以维持细胞膜特性，保证细胞的正常生长。

三、乳酸菌糖代谢及风味物质的形成

大多数果酒经酒精发酵结束后都含有残糖，浓度很低，比如己糖（葡萄糖和果糖）以及戊糖（核糖、阿拉伯糖和木糖），这些糖均能被乳酸菌所代谢。乳酸菌能利用己糖以及戊糖，经过分解代谢产生乳酸、醋酸、丙酸等有机酸，有些可直接作为风味物质或是重要风味物质的前体。在发酵过程中，乳酸菌同型发酵代谢糖类主要产生乳酸，异型发酵代谢产生乳酸、乙醇及二氧化碳等发酵产物，也产生乙醛、丙酮、乙偶姻、双乙酰等多种挥发性芳香化合物，促进良好风味的形成。葡萄糖经过己糖的磷酸化、磷酸己糖的裂解、氧化脱氢等糖酵解步骤生成 ATP 及中间代谢产物丙酮酸，丙酮酸往往是后续反应的起点，最终释放出不同的香味和味觉活性化合物。主要有以下 6 种途径。

① 丙酮酸在乳酸脱氢酶（LDH）的作用下直接还原成乳酸。

② 丙酮酸在丙酮酸脱羧酶（PDC）的作用下生成乙醛，乙醛在双乙酰合酶的作用下生成双乙酰。

③ 在 α-乙酰乳酸合成酶（ALS）的作用下生成 α-乙酰乳酸，可经氧化脱羧生成重要的食品风味物质双乙酰；此外 α-乙酰乳酸还可以在 α-乙酰乳酸脱羧酶（ALDC）催化下生成另一重要的风味化合物乙偶姻。

④ 丙酮酸在丙酮酸甲酸裂解酶（PFL）的催化作用下转化成乙酰 CoA，继而在乙醛脱氢酶（ALDH）的作用下生成乙醛，乙醛在乙醇脱氢酶（ADH）的作用下生成乙醇。

⑤ 葡萄糖先经过磷酸戊糖途径（HMP）生成乙酰磷酸和 3-磷酸甘油醛并释放二氧化碳，乙酰磷酸在乙酸激酶（AK）作用下产生终产物乙酸，3-磷酸甘油醛的终产物为乳酸。

⑥ 丙酮酸脱羧形成的乙酰 CoA，另外一条去路是与草酰乙酸在柠檬酸合酶催化下生成柠檬酸，进入三羧酸循环（TCA），进而生成琥珀酸、苹果酸等有机酸。此外，草酰乙酸在草酰乙酸脱羧酶（OAD）的作用下经过脱羧反应生成丙酮酸，丙酮酸可进一步转化成乳酸。

苹果酸-乳酸菌可以分解代谢柠檬酸生成乳酸以及双乙酰、乙偶姻等风味物质，对果酒的感官品质有重要影响。在低 pH 值条件下，当基质中无可发酵糖时，苹果酸-乳酸菌几乎不分解柠檬酸，而当有可发酵糖存在时，乳酸菌对柠檬酸和葡萄糖的分解代谢速度都提高，乳酸菌生长比率与生长量均明显增大。因此，乳酸菌对柠檬酸-葡萄糖进行着共代谢。共代谢首先在乳品发酵过程中得到研究和证实，并已证明这种现象也存在于苹果酸-乳酸发酵过程中。在柠檬酸-葡萄糖共代谢途径中，两者的影响是相互的。柠檬酸刺激了细菌对糖的代谢，提高了乳酸菌生长量和生长速率。糖代谢也改变了柠檬酸的代谢途径，柠檬酸进入细胞后，在柠檬酸裂解酶的作用下分解成乙酸和草酰乙酸；后者脱羧生成丙酮酸，在糖代谢产生的 $NADH_2$ 的作用下，被还原生成乳酸，使共代谢过程中，柠檬酸代谢产物中乳酸产率提高。

不同属的苹果酸-乳酸菌及同属的不同菌株，发酵特性均不相同，酒类酒球菌在苹果酸-乳酸发酵期间，柠檬酸的降解与苹果酸的降解相比被延迟，柠檬酸代谢最主要的呈香副产物是双乙酰及其衍生物乙偶姻，生成的双乙酰的含量在其阈值范围之内（小于 5mg/L），有利于葡萄酒风味复杂性的形成，对酒香有一定的增进作用；当其含量超过阈值时，就会使酒出现奶油味，破坏酒的香气。一般果酒中双乙酰的最终浓度取决于 SO_2 浓度。

四、乳酸菌氮代谢及生物胺的形成

在苹果酸-乳酸发酵过程中，由于乳酸菌的生长代谢，精氨酸在苹果酸-乳酸发酵后浓度下降，而鸟氨酸的浓度上升。有些氨基酸在乳酸菌的作用下发生脱羧反应产生生物胺（如组胺和色胺）。已经证明，酒球菌和片球菌属的细菌都能产生生物胺。在发酵食品如酸奶、发酵香肠、泡菜及果酒中，大都含有生物胺。胺在生物活性细胞中具有重要的生理功能。但当人体吸收过量的生物胺时，可能会引起头痛、呼吸紊乱、心悸、血压变化等过敏性反应。生物胺在人体细胞内会被一些酶促代谢反应降解，但酒精和乙醛能抑制这些酶的活性。

1. 精氨酸

精氨酸具有苦味、霉味，通过细菌对精氨酸的降解，有助于消除这些异味，同时还可以从一定程度上提高酒的 pH，从而提高了酒的感官品质，产生的鸟氨酸还有抑制野生酵母的作用。但是代谢产物瓜氨酸可作为生成致癌物质——氨基甲酸乙酯的前体物，严重影响果酒的饮用安全性。精氨酸代谢研究日益受到重视。

直至 20 世纪 90 年代，研究者仍对苹果酸乳酸菌的精氨酸代谢途径存有争议。一种说法是酒类酒球菌精氨酸代谢途径是尿素循环途径：精氨酸在精氨酸酶的作用下转化成鸟氨酸和尿素，随后鸟氨酸在鸟氨酸转氨甲酰酶的作用下转化成瓜氨酸；尿素在脲酶的作用下生成氮和二氧化碳。但刘芳在精氨酸代谢实验中发现，在整个细菌培养过程中并没有检测到尿素，并且在细菌的无细胞抽提物中也没有检测到精氨酸酶和脲酶的活力。因此，可以肯定苹果酸乳酸菌对精氨酸的降解不是尿素循环途径。在实验中，他们也发现，精氨酸经布氏乳杆菌分解后生成的瓜氨酸又被细胞同化，并且随着瓜氨酸含量的降低，鸟氨酸含量上升。这表明，瓜氨酸是鸟氨酸的前体，而不是鸟氨酸的降解物。并且在酒类酒球菌等的无细胞抽提物中，检测到了与苹果酸乳酸菌的精氨酸代谢有关的 3 个关键酶：精氨酸脱亚氨基酶、鸟氨酸转氨甲酰酶和氨基甲酰激酶，提出了苹果酸-乳酸菌的另一种途径，精氨酸代谢的脱亚胺途径。

2. 生物胺

由于苹果酸-乳酸菌的生长代谢，会使酒中的氨基酸含量发生显著变化。某些氨基酸在葡萄酒苹果酸-乳酸菌相关酶的作用下发生脱羧反应，可生成相应的胺类化合物。组胺的产生不仅与菌株特性有关，也取决于前体物的数量及存在的酵母菌皮的作用，这些因素增加了介质中组氨酸的含量。控制细菌生长速率和总生物量的乙醇、pH 也是很重要的因素。低 pH 和低乙醇浓度促进组胺的产生，特别是在营养最贫乏（无葡萄糖、无 L-苹果酸）的条件下，可能会导致组胺的大量产生。

乳酸菌对氨基酸脱羧产生生物胺需要两个基本条件：一是乳酸菌具有氨基酸脱羧酶活力，不同种间和菌株间的乳酸菌，氨基酸脱羧能力差异很大；二是基质中有足够的氨基酸。因为酵母在酒精发酵过程中改变了果汁中的含氮化合物的组成,它们能够利用有些氨基酸,也能通过酵母的自溶作用释放一些氨基酸。在酒精发酵结束后与酵母酒脚一起贮存,酵母自溶释放的多肽和游离氨基酸能够被乳酸菌水解和脱羧,这也解释了为什么带酒脚贮存的果酒中生物胺含量通常较高的原因。

苹果酸-乳酸发酵结束后,酒中所有的乳酸菌都变成了有害菌,乳酸菌群体数量并不迅速下降,应及时除去,以防止乳酸菌利用氨基酸生成生物胺。可以采用的工艺方法如下:

①添加足够的 SO_2。苹果酸-乳酸发酵结束后立即调整 SO_2 至 100mg/L 或游离 SO_2 至 30mg/L。较高浓度的 SO_2 可以抑制乳酸菌的生长,该方法简单、有效,在生产上广为采用。②尽早下胶、倒罐、去酒脚、澄清或进行瞬时高温灭菌。③在 15℃左右低温贮酒。④添加化学抑制剂,美国允许在葡萄酒中添加富马酸(0.5g/L)抑制细菌的生长;添加细菌素,乳酸链球菌素、植物乳杆菌素和片球菌素可以抑制乳酸菌的生长。酒类酒球菌对乳酸链球菌素非常敏感,5U/mL 的乳酸链球菌素可完全抑制其生长,植物乳杆菌素可以抑制多种乳酸杆菌,片球菌素可以抑制片球菌。⑤添加溶菌酶。该酶对乳酸菌具有很好的溶菌效果,随着 pH 的增加,酶活增强,使用溶菌酶可以降低 SO_2 的用量而且不影响果酒的感官质量。溶菌酶的用量为 125~500mg/L。

细菌素是某些细菌在代谢过程中通过核糖体合成机制产生的一类具有生物活性的前体多肽、多肽或蛋白质,当其达到一定数量时可以抑制或杀灭与之相同或相似的其他微生物,通常其所产细菌素不会对菌体本身造成伤害。乳酸菌通常被认为一般公认安全,而且大多数的产细菌素乳酸菌来源于天然食品,因此乳酸菌细菌素更适合在食品中应用,具有良好的 pH 稳定性、热稳定性及对酸、盐、酶的耐受性,乳酸菌细菌素具有高效、广谱、安全等优点,能有效地抑制食品中的致病菌和腐败菌,是一种具有巨大应用潜能的生物防腐剂。

五、乳酸菌与其他微生物间的相互作用

接种的乳酸菌会与其他细菌（pH 条件有利于其生存生长）相互作用。这些细菌会产生细菌素（如对乳酸菌有毒害作用的多肽或蛋白质），严重阻碍苹果酸-乳酸发酵的进行。酵母菌与乳酸菌之间存在的拮抗作用主要通过对营养物的竞争和分泌抑菌物质（如 SO_2、中链脂肪酸或多肽）来实现。这种抑菌效应取决于果酒中天然存在脂肪酸的含量，较低 pH 会增强拮抗作用。此外，酵母还会通过自溶作用产生一些刺激苹-乳发酵的代谢物，因此，利用酵母菌和乳酸菌之间的相互作用成为苹-乳发酵至关重要的一步。酵母的营养需求越大，消耗发酵醪中的营养物越多，对乳酸菌的接种和存活影响越大。酒精发酵结束后补充半胱氨酸和谷胱甘肽能够刺激乳酸菌的生长。另外，酒精发酵过程中补充均衡复杂的营养组分（含氨基酸）会延缓酵母对氮源的同化作用，抑制酵母对发酵醪中氨基酸的过度消耗，为乳酸菌生长保留充足的重要氨基酸组分。法国拉曼集团通过研究不同微生物之间的相互作用，研究出困难条件下或针对不同葡萄品种最适合的酵母和乳酸菌组合，接种采用 YSEO 工艺流程，一种特殊酵母生产流程，此工艺的目标是使发酵更安全，优化提升葡萄酒感官品质，尤其可以提高酵母在发酵时对外界不良条件的抵抗力，如高酒精度，从而保证发酵顺利启动、安全结束，并产生更多有益的组分，降低不良副产物。此工艺生产的酵母菌后，更易于触发苹-乳发酵，促进乳酸菌的生长。国内有酒厂使用 YSEO 酵母与乳酸菌同时接种，能进一步缩短苹-乳发酵时间，效果显著。这主要是由于在困难条件下能彻底发酵的 YSEO 酵母对营养物需求较低，释放的抑菌物质（如 SO_2）较少。

六、乳酸菌的新陈代谢

乳酸菌的新陈代谢有以下 3 个阶段，每个阶段呈现不同的

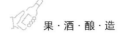

特性。

① 细胞繁殖阶段　利用糖作为能量来源。此时，不消耗苹果酸或柠檬酸，但却产生一定的醋酸。

② 稳定阶段 I　乳酸菌不利用糖，苹果酸被转化成乳酸。此时，既不分解柠檬酸，也不产生醋酸。

③ 稳定阶段 II　此时既不降解糖，也不分解苹果酸，但乳酸菌消耗柠檬酸生成丁二酮。要阻止或控制此阶段的发生和进行，可以通过加入 SO_2 或溶菌酶来实现。

 第二节
苹果酸-乳酸发酵

苹果酸-乳酸发酵对不同类型的果酒的作用是不同的。酸度高且苹果酸含量高的果酒进行苹果酸-乳酸发酵可降低酸度，改善风味；酸度低的果酒进行苹果酸-乳酸发酵会使酒变得过于淡薄，应避免此种情形的发生。酿造果香突出的果酒一般不进行苹果酸-乳酸发酵，以免影响酒的清新感。苹果酸-乳酸发酵将果酒中具有尖酸口味特征的苹果酸降解为酸味温和的乳酸并释放出 CO_2。

一、苹果酸-乳酸发酵的机理

苹果酸是大多数果酒中的固定酸之一，其生理代谢活跃，极易被乳酸菌分解利用。MLF 就是苹果酸-乳酸细菌分解酒中 L-苹果酸产生 L-乳酸并释放出 CO_2 的过程。通常菌体密度达 10^6 CFU/mL 时，苹果酸开始被分解，细菌数达 $10^7 \sim 10^8$ CFU/mL 时，苹果酸被大量分解。根据对微生物体内酶的认识及酶所催化的反应机制研究，参与 MLF 过程中苹果酸向乳酸的转变的酶可能有：苹果酸-乳酸酶（MLE）、苹果酸酶（ME）、苹果酸脱氢酶（MDH）、草酰乙酸脱羧酶（OADC）、乳酸脱氢酶（LDH）、烟酰胺核苷酸转氢酶（NNTH）等。

在细胞体内，所有构成代谢的生化反应只有在具有必需的酶类条件下才可能进行。酶的最基本的特性之一，就是对反应底物和所催化的反应种类的特异性。所以，如果知道某一转化的特性，就可能确定这一转化机理，根据对生物（包括微生物、植物和动物）酶的认识，MLF 的转化途径曾被认为是按以下 2 种方式进行的。

途径 1：苹果酸→草酰乙酸→丙酮酸→乳酸。在这一反应链中，需要 3 种酶，即苹果酸脱氢酶（MDH）、草酰乙酸脱羧酶（OADC）和乳酸脱氢酶（LDH）。

途径 2：苹果酸→丙酮酸→乳酸。这一途径中需要在多数生物中发现的苹果酸酶的作用，它可将苹果酸直接脱羧转化为丙酮酸；丙酮酸在 LDH 作用下被还原为乳酸。

已经证明，苹果酸-乳酸菌（MLB）具有 2 种乳酸脱氢酶：L-乳酸脱氢酶（L-LDH）和 D-乳酸脱氢酶（D-LDH），按以上的转化途径，丙酮酸将生成 L-乳酸和 D-乳酸 2 种产物。事实上，MLB 在己糖发酵中，D-LDH、L-LDH 的确能够将丙酮酸还原，生成 D-乳酸、L-乳酸。而 MLF 过程中 L-苹果酸只被转化成 L-乳酸，甚至一些没有 L-LDH 只有 D-LDH 的突变 MLB 菌株进行 MLF 时也只产生 L-乳酸。因此。LDH 可能与 MLF 过程中 L-苹果酸向 L-乳酸的转化无关。这也表明 MLF 不可能经过丙酮酸途径。目前的观点认为，MLF 是 L-苹果酸在 MLE 催化下直接转变成 L-乳酸的过程。这一途径可以表示如下：L-苹果酸→L-乳酸＋CO_2。

从肠膜明串珠菌中分离纯化 MLE，该酶为诱导酶，只有当苹果酸和可发酵糖存在时，细菌才能在胞内合成。MLE 为多酶复合体，并与乳酸脱氢酶紧密结合；NAD^+ 为辅酶，Mn^{2+} 为激活剂。MLE 只能将 L-苹果酸转变成 L-乳酸而不生成 D-乳酸。草酸铵盐、1，6-二磷酸果糖、L-乳酸为 MLE 的非竞争性抑制剂；琥珀酸、柠檬酸和酒石酸为该酶的竞争性抑制剂。

经过 MLF，酸味尖刻的二元酸 L-苹果酸转变为酸味柔和的一元酸 L-乳酸，果酒酸度降低，果酒酸涩、粗糙等特点消失，果香、醇香增加，口感改善，质量提高。另外，苹果酸的生理代谢活跃，易被微生物分解利用，经过 MLF 还能增加果酒的生物稳定性，并生成双乙酰和乙偶姻而增加果酒的风味复杂性。

二、影响苹果酸-乳酸发酵的因素

MLF 对环境条件的要求与乙醇发酵相比要苛刻得多，影响 MLF 的因素包括乳酸菌的营养条件、酒精浓度、二氧化硫浓度、发酵温度、pH 值等，这些因素不同程度地影响 MLF 的进程。

1. 营养条件

MLB 比酵母对营养的要求高，要求许多微量元素和生长因子，这就是酵母的降解可以刺激苹果酸乳酸转化的原因。和酵母相比，细菌要求一些氨基酸的出现，即它们不能利用氨合成所有 20 种氨基酸。不同菌株对氨基酸的要求不同。酵母在发酵的后期释放氨基酸，所以氨基酸的限制不再是一个问题。有观察到在酵母发酵之前或发酵之后更易发生苹果酸乳酸转化，但如果在乙醇发酵活跃期接种，这种转化很少发生。

除了氨基酸外，乳酸细菌还需要烟酸和泛酸，有时还需要核黄素和吡哆醇；碳水化合物主要是果糖和葡萄糖；Mn^{2+}、Co^{2+}、Zn^{2+}、Mg^{2+} 等是乳酸菌代谢所必需的矿物质；精氨酸对于乳酸菌的生长具有促进作用。

2. 酒精浓度

酒精浓度过高会对乳酸菌的新陈代谢产生抑制作用，尤其当酒精度超过了 10％（体积分数），酒精就会变成阻碍乳酸菌生长的重要因子，不同的菌株对酒精浓度的抗性不同。研究表明，12.5％的酒精不仅抑制乳酸菌的生长，还造成乳酸菌的大量死亡。在酿造果酒时，人们常常考虑在发酵醪酒精度较低时尽早进行苹果酸-乳酸发酵。酒精度越高，诱导期就越长，酒中的乳酸菌数目也越稀少，苹果酸分解速度就越慢。

3. 二氧化硫浓度

二氧化硫（SO_2）对乳酸菌是一个强烈的抑制因子，SO_2 能够强烈抑制 ATP 酶的活性。果酒中的二氧化硫有结合二氧化硫、游离二氧化硫等存在形式，游离二氧化硫比结合二氧化硫对乳酸菌作用强，二氧化硫对苹果酸-乳酸发酵的抑制作用取决于使用的乳酸菌种、果酒的 pH 值以及酒中存在的可溶性固形物含量。

一般情况下，总二氧化硫在 100mg/L 以上，或结合二氧化硫在 50mg/L 以上，或游离二氧化硫在 10mg/L 以上，就可抑制果酒中乳酸菌繁殖。

MLB 对 SO_2 非常敏感，比酵母敏感得多。所有 MLB 具有相同的敏感性，酒类酒球菌中没有耐受性菌株。酵母产生一定量的 SO_2，产生的亚硫酸盐量在 20mg/L 以上，如果 pH 条件合适，足以抑制 MLB 的生长。酒类酒球菌对亚硫酸盐的耐受性达 30mg/L，对低 pH 耐受的菌比不耐受的菌生存得更好。在酸性培养基（pH3.5）中的适应性阶段加入亚致死浓度的亚硫酸盐（15mg/L），以增加 MLB 对亚硫酸盐的适应性。

4. 发酵温度

温度是影响苹果酸-乳酸发酵的重要因子。当温度低于 18℃时，苹果酸-乳酸发酵的速度开始下降；当温度在 5～10℃可阻止苹果酸-乳酸发酵；而当温度高于 30℃时，苹果酸-乳酸发酵也将减弱。在实际应用中，苹果酸-乳酸发酵的温度多在

18～20℃。

5. pH 值

pH 值作用主要表现在：①影响乳酸菌成活率，从而决定进入苹果酸-乳酸发酵前迟滞期的长短；②影响乳酸菌的生长速率，从而影响苹果酸-乳酸发酵速度；③影响果酒中乳酸菌的生长种类。苹果酸-乳酸发酵在酸度较低的酒中很容易发生。通常需要进行 MLF 的酒的 pH 值为 2.8～3.5 之间，乳酸菌最适生长 pH 为 4.2～4.5。当 pH 值为 3.0 或更低时，几乎所有的乳酸菌都受到抑制，在 pH 值 3.0～4.5 之间，pH 值越高，苹果酸-乳酸发酵就越容易。pH 也影响微生物的代谢，在 pH3.2 以下时许多 MLB 分解苹果酸，在 pH3.5 时则进行糖的分解。在 pH3.8 时 MLF 的速率高于 pH3.8 以下时的速率，在 pH3.2 时比在 pH3.8 时慢 10 倍。有的菌株对酸有高的耐受性。在 pH3.5 以下的酒中，酒类酒球菌是优势菌群，在较高的 pH 条件下乳杆菌和片球菌可以生存和生长。

6. 有机酸含量

MLB 通过 3 个不同的酶促途径转化苹果酸为乳酸和 CO_2。一些 MLB 拥有苹果酸-乳酸酶，使 L-苹果酸脱羧基直接产生 L-乳酸，而不经历游离的中间产物。一些 MLB 拥有苹果酸酶，如干酪乳杆菌和粪肠球菌，可以转化 L-苹果酸为丙酮酸，后者一部分还原为 L-乳酸，使其在以苹果酸为唯一碳源的培养基中生长。第 3 种途径见于发酵乳杆菌，L-苹果酸被苹果酸脱氢酶还原为草酰乙酸，之后脱羧基形成丙酮酸，再还原为乳酸。一些研究表明，L-苹果酸促进酒类酒球菌生物量的增加，在较低的 pH，L-苹果酸代谢速率很高，而碳水化合物代谢进行得非常慢。

在 MLF 过程中，酒类酒球菌在乙醇发酵后代谢柠檬酸和残留的碳水化合物。酒类酒球菌不能在以柠檬酸为唯一碳源的培养基上生长，然而，在葡萄糖出现的情况下生长速率和生物量增加。在有葡萄糖时丙酮酸的代谢流向主要是 2,3-丁二醇和乳酸的产生，而乙偶姻是柠檬酸代谢的主要产物。柠檬酸诱导生长增强，部分原因是它与葡萄糖共代谢时 ATP 产生增加。

酒石酸只有在氧条件下才被 MLB 代谢，这意味着只有将果酒暴露于空气下才能代谢。琥珀酸在乙醇发酵过程中由酵母产生，不能被 MLB 代谢。醋酸是在糖和柠檬酸代谢中由细菌产生。葡萄糖酸盐和丙酮酸或许被 MLB 经己糖-磷酸途径代谢为乳酸、乙酸和 CO_2，由于丙酮酸结合 SO_2，所以 MLB 的生长导致 SO_2 释放，或许可以降低为阻止氧化和微生物腐败所加入的 SO_2 的量。

癸酸和月桂酸作为生长因子刺激苹果酸-乳酸发酵，但浓度更高时这些酸对 MLF 有抑制作用。当培养基 pH 从 6 降低到 3 时，这些脂肪酸的毒性作用增加，表明未解离分子是其毒性形式，这些脂肪酸在膜脂中高度可溶，经被动扩散进入细胞。一小部分这些脂肪酸或许整合到细胞膜，修饰其成分和改变通透性。低浓度脂肪酸增加 L-苹果酸的通透性，因而促进 L-苹果酸降解。高癸酸（20mg/L）和月桂酸（5mg/L）浓度时，ATP 酶的活性分别减少约 5% 和 42%，因为长链脂肪酸脂溶性更高，毒性也更强。

7. 酿造工艺

澄清过度会降低发酵醪中天然乳酸菌的菌群数，降低乳酸菌生长所需的营养物质含量，减少了自然启动苹-乳发酵的可能性。另外，采用热浸渍方法酿造的果酒，较难触发苹-乳发酵。发酵容器（橡木桶、不锈钢罐、罐的形状等）、浸提出的单宁含量、外源添加单宁的含量、溶解氧的含量、营养物的补充以及延长酒脚接触时间，都会影响乳酸菌的生长。果酒接触氧气后会促进双乙酰的产生，因为氧气会促进乙酰乳酸氧化成双乙酰。在半好氧环境中双乙酰的积累量是完全厌氧环境中双乙酰含量的 6 倍。双乙酰还原成 3-羟基-2-丁酮的程度取决于酒的氧化还原电位，若电位较低，酒中双乙酰则较少。苹-乳发酵结束后，采用延迟分酒、酒脚陈酿工艺或过滤操作都会影响酒的感官品质。酵母酒脚会分解双乙酰，Batonnage 操作（搅桶，使酵母菌残体与酒液增加接触）会降低甚至消除黄油味。

8. 酚类物质

有些酚类化合物会抑制乳酸菌的生存和生长，而另一些酚类化合物又易于触发苹-乳发酵。Knoll 等评估了 3 种酚酸（咖啡酸、香豆酸、阿魏酸）在模拟酒液（pH3.8，酒精度 12％）中对不同乳酸菌成活率、生长速率和活性的影响。当咖啡酸的浓度为 50～100mg/L 时，对乳酸菌的生长有积极作用，能够促进苹果酸的代谢分解。阿魏酸对乳酸菌的生长及代谢苹果酸的负面影响与酒精发酵接种的酵母菌特性有关。对苹-乳发酵抑制作用最强的是香豆酸，且抑制作用随浓度增强而增强。关于酚酸抑制或促进乳酸菌生长的作用机理有待深入研究。另有实验指出，在模拟酒液（pH3.5，酒精度 13.3％）中优质花青素（浓度为 250mg/L）能够刺激乳酸菌的生长，而来自果梗和果籽的粗涩劣质单宁有可能抑制乳酸菌生长。

9. 乙醛

乙醛具高挥发性，感官阈值为 100～125mg/L。在低水平，乙醛有愉快的果香味，但过量时出现不良的风味，如绿色、草绿色或苹果样风味。加 SO_2 可掩盖其风味，但 SO_2 和乙醛结合失去其抗菌作用和抗氧化作用。乙醛和酚类化合物结合产生了稳定的聚合色素，对 SO_2 的漂白作用有耐受性，但它可能引起浑浊和沉淀。

游离乙醛对 MLB 的影响尚不清楚，因为低水平的乙醛（≤100mg/L）刺激异型发酵型奶源 MLB（如肠膜明串珠菌）的生长，一般认为乙醛作为异型乳酸发酵的电子受体，使形成额外的能量，然而，高水平的乙醛（＞100mg/L）抑制 MLB 的生长。酒球菌和乳杆菌可以代谢游离和 SO$_2$ 结合的乙醛，主要形成乙醇和乙酸。

10. 其他微生物

酒类酒球菌生长使 pH 提高到一定的水平时，使其他 MLB 生长可能会促进 MLF，但如果其他 MLB 竞争营养并产生细菌素则抑制 MLF，用 MLB 生产发酵乳制品和发酵蔬菜时噬菌体引起的 MLB 裂解是一个重要的问题，但在果酒酿造中是否引起同样问题尚不清楚，曾有在葡萄酒发酵过程中 MLB 感染噬菌体的报道。

11. 通气

通入空气常常有利于乳酸菌的生长。饱和空气的新果酒提前几天出现苹果酸-乳酸发酵，相反，如果用纯氧饱和反而延迟，但不完全阻碍。总的说来，对果酒发酵过程通风有利于进行苹果酸-乳酸发酵。

12. 酒脚

处于发酵罐底的酒脚（尤其是大型发酵罐）紧密压实，不易活动，因此严重影响酵母、乳酸菌和营养物之间进行物质交换。这可解释为什么大型发酵罐较难启动苹-乳发酵。然而，这一问题可以通过在乳酸菌接种数小时后对整个罐体加强搅拌作用来解决，保障顺利启动苹-乳发酵。发酵过程中，建议每周对酒脚搅动一次，确保乳酸菌和营养物悬浮。

13. 农药残留

农药及残留物会延滞或中止苹-乳发酵，甚至阻碍发酵的启动。农药及其残留物质对苹-乳发酵存在重大负面影响。因此，控制农药用量、注意原料卫生质量对保障苹-乳发酵意义重大。

三、苹果酸-乳酸发酵的作用

MLF 对果酒的影响很多，但主要表现为降酸、提高细菌稳定性、风味的改善和改变酒色。

1. 降酸

苹果酸-乳酸发酵将氢离子固定在乳酸上可以使滴定酸度下降到 0.03g/L（以酒石酸酸度计），pH 增加 0.3，从而使果酒的酸度降低，改善果酒的口感。

2. 提高细菌稳定性

经过 MLF 的葡萄酒比没经过 MLF 的葡萄酒稳定得多。苹果酸和酒石酸是果酒中的固定酸。与酒石酸相比，苹果酸为生理代谢活跃物质，易被微生物分解利用，通常的化学降酸只能去除酒石酸，而果酒经过 MLF 可使苹果酸分解，提高果酒中细菌的稳定性。另外苹果酸-乳酸发酵发生时由于营养物质的消耗或细菌素的产生使其他微生物的生长受到抑制。苹果酸-乳酸发酵发生的时间也很重要，如果发生在果酒装瓶之前，就可预防其在瓶中的生长。乳酸菌在瓶中的生长或可引起果酒浑浊、CO_2 产生、产生多糖导致酒体变黏，或 pH 提高促使其他腐败微生物生长等。

3. 风味的改善

果酒经苹果酸-乳酸发酵之后，不仅产生乳酸，也产生其他代谢产物，对果酒的风味产生影响。在有限通风条件下，酒类酒球菌倾向于产生乳酸和乙醇，欲产生更多乳酸则要求更多的通风。然而，其他乳酸菌在此条件下可能产生醋酸，醋酸本身有刺激性，所产生的醋酸的量非常重要，应避免超出感官检测的阈值。乳酸菌产生的另一个重要的化合物是双乙酰，双乙酰有特征性的奶油风味。双乙酰的形成取决于前体物质的出现，可由乙醛和乙酰 CoA 反应形成，或由丙酮酸和乙醛反应产生五碳的乙酰乳酸，后者进而再形成双乙酰分子和一分子 CO_2。乳酸菌发酵过程中产生的 2,3-丁二醇来自乙偶姻，具有淡淡的苦啤酒的风味，通常在检测阈值以下。乳酸菌发酵过程中还产生乳酸乙酯、丙烯醛等，对果酒的风味产生影响。

在含氮丰富的果汁发酵时，酒中会出现奶酪的风味。赖氨酸是酵母的重要营养，但过量添加会导致出现所谓的鼠臭味。一些植物乳杆菌和短乳杆菌代谢酒石酸为醋酸，产生所谓的败坏病。这些是果酒酿造中不希望看到的。

进行 MLF 的酒类酒球菌可以分解酒中的柠檬酸生成乙酸、双乙酰及其衍生物（乙偶姻、2,3-丁二醇）等风味物质。其代谢活动也改变了果酒中的醛类、酯类、氨基酸、维生素等微量成分的浓度和含量，增加了风味的复杂性，对酒的风味有修饰作用。此外，MLF 可以增加单宁缩合度和增加单宁胶体层，使酒的口感更为柔和。并且在 MLF 过程中，植物性味道减少，能使酒的水果风味更好地展现出来。

4. 改变酒色

在 MLF 过程中，果酒总酸下降、pH 上升，从而导致酒的色调由紫红向蓝色转变。此外，酒类酒球菌利用了与 SO_2 结合的物质如丙酮酸、α-酮戊二酸等，释放出 SO_2，游离的 SO_2 会与花色苷结合而降低果酒的色度。在有些情况下，经过 MLF 后，色度可下降 30% 左右，从而使酒颜色变得老熟。

四、苹果酸-乳酸发酵的抑制

苹果酸-乳酸发酵并不总是对改进果酒的品质有益处，有时即使用理想的乳酸菌发酵，也难免会产生一些不愉快的气味。一般来说，如果希望获得口味清爽、果香味浓、尽早上市的酒，则应防止这一发酵的进行。为此，可以采取以下抑制措施：保持酒的 pH 值在 3.2 以下；使酒精度达 14％以上；低温贮存；把总二氧化硫浓度调至 50mg/L 以上，尽早倒酒和澄清；减少果皮的浸渍时间；巴斯德杀菌和滤菌板过滤；添加化学抑制剂；添加细菌素，如乳酸链球菌素、植物乳杆菌素和片球菌素等；添加溶菌酶。

五、苹果酸-乳酸发酵的促进

通过添加人工培养的乳酸菌或依靠野生乳酸菌来启动苹果酸-乳酸发酵。主发酵结束后，不能使大量酵母在酒液中存在太久，因为死酵母会发生自溶现象，往往给酒体带来不良的风味。然而在后发酵阶段，少量的酵母自溶对酒体是有益的，因为少量酵母自溶释放出的营养物质可以促进苹果酸-乳酸发酵细菌的增殖。如果在生产中欲进行苹果酸-乳酸发酵，须注意以下要求：

① 倒酒的时间不要太早，使酒泥中存在的酵母自溶物质促进乳酸菌的生长繁殖。

② 倒酒时不要添加二氧化硫，因为二氧化硫会抑制乳酸菌的生长，倒酒后新鲜果酒中游离态二氧化硫的量不宜超过 20mg/L。

③ 果酒的贮存温度不宜低于 10℃，低于 10℃会对乳酸菌的生长和苹果酸-乳酸发酵的进行有所抑制。

④ pH 宜控制在 3.6～3.8，低于 pH3.5 一般要采取诱发措施使苹果酸-乳酸发酵启动。

⑤ 因为苹果酸-乳酸发酵在厌氧条件下进行，因此充分隔绝氧气有利于苹果酸-乳酸发酵的进行。

六、苹果酸-乳酸发酵的消除

通过以下措施可彻底抑制苹果酸-乳酸发酵：过滤除菌、加热杀菌、使用防腐剂。

1. 过滤除菌

过滤除菌后再进行无菌灌装，可以彻底清除进行苹果酸-乳酸发酵的可能。这种方法可以保证商品酒的货架稳定性，并且对酒的感官质量不造成影响。过滤膜的标准孔径不能大于0.45μm。可以先用粗滤方法除去大部分沉淀物，再进行膜过滤或错流过滤除去酵母和细菌。另外，过滤器后的所有下游设备包括输送管道、灌装设备和包装材料都必须保证无菌状态，产品的质量控制十分重要，一般从灌装生产线上按批次取样，用无菌膜过滤，将膜放在营养培养基上保温培养，然后用肉眼检查是否长出菌落。这些细菌对营养要求苛刻，可以选用添加 20% 果汁或番茄汁的 MRS 培养基，它们一般是嗜中温菌，而且生长缓慢，在大约 25℃ 温度下需培养至少 10 天。

2. 加热杀菌

加热杀菌可以有效防止果酒中的酵母重新发酵，该方法同样适用于杀死苹果酸-乳酸发酵细菌，高温短时巴氏杀菌（82℃，15～25s）可以在酒的风味受影响较小的情况下有效地杀死细菌。与过滤除菌相似，杀菌后的整个下游系统（灌装线、灌装设备、酒瓶、瓶塞）也必须进行灭菌并保证无菌状态，当然小规模的果酒酿酒厂可采用瓶内灭菌的方式，即灌装后连瓶子一起进行低温长时巴氏杀菌（63℃，30min），但是因为包装后进行杀菌所需的升温时间和降温时间均较长，所以会对果酒的风味有所影响。

3. 使用防腐剂

经常用于限制苹果酸-乳酸发酵的防腐剂为二氧化硫。一般情况下，总二氧化硫在 100mg/L 以上，或结合二氧化硫在 50mg/L 以上，或游离二氧化硫在 10mg/L 以上，就可抑制果酒中乳酸菌繁殖。

第三节
乳酸菌的使用

几十年来，人们对 MLF 进行了大量的研究，但目前仍存在着一些需要解决的问题，发酵工程技术在 MLF 中的应用还只是处在一个开发和研究的阶段，MLF 还只能部分地进行。虽然通过基因工程技术选育出了苹果酸乳酸菌，但菌株的遗传稳定性、苹果酸-乳酸酶基因和苹果酸通透酶基因在工业果酒酵母菌中的表达及其安全性等问题还有待解决。目前，选育耐低 pH、较高酒精度和 SO_2，且酿酒特性好的乳酸菌种的需求较为迫切，MLB 的营养条件、MLF 的发生与控制的研究还需加强。

一、自然苹果酸-乳酸发酵的风险

自然进行的苹果酸-乳酸发酵，无法控制、诱导或选择参与发酵的乳酸菌，从而无法获得可预测的结果，酒的质量将面临极大的风险；接种人工筛选和优化的酒类酒球菌以及严格控制整个发酵过程是获得良好的 MLF 结果的根本保证。

众所周知，乳酸菌将果酒中的乳酸转换成苹果酸的同时，亦将产生一系列副产物。其中有些副产物是有益的，如乙酸乙酯和丁二酮等，它们使果酒香气更加复杂，酿酒师通常会通过对苹-乳发酵有效的控制适当获得这类有益的副产物。但如果对苹-乳发酵不加以控制或对发酵进程失控，不可避免地就会有一些无益的或有害的副产物产生，这是酿酒师所不愿意看到的。为了保证获得尽可能完美的结果，应当尽量避免发生自然的、无控制的MLF。失控的、自然进行的乳酸菌的新陈代谢可能带来的风险或缺点如下。

1. 刺激的酸乳味

当酒精发酵后期发酵速度过于缓慢，或发酵意外停止时，果酒中会存在一定的残糖，细菌首先会利用这些糖，将糖转化成乙醇、醋酸和 CO_2，同时将一定量的酒石酸转化成 D-乳酸，给酒带来较浓烈的酸乳味。

2. 苦味

由于酒中甘油分解成丙烯醛，而丙烯醛与酒中的单宁结合，给予酒一种令人非常不愉快的"苦味"。

3. 挥发性酚的产生

4-乙烯基酚、4-乙烯基愈创木酚和 4-乙基酚等挥发性酚类会给酒带来类似马厩或马汗的气味。通常，挥发性酚是由足球菌属和乳杆菌属的细菌产生的。

4. 某些化合物

有些乳酸菌在新陈代谢时，会将酒中的精氨酸转化，形成瓜氨酸，而瓜氨酸是氨基甲酸乙酯的前体，氨基甲酸乙酯对人的健康是有害的。在欧洲，许多国家对此物质进行严格的检测和限制。此外，某些特殊的氨基酸会产生脱羧反应，导致生成各类生物胺（如组胺、腐胺、尸胺等），它们对人的健康均有害。

不良气味和口感的产生，取决于在 MLF 过程中，何种乳酸菌起主导作用。当然，某些菌属的乳酸菌，对苹果酸-乳酸发酵的顺利进行、果酒质量的改善、果酒微生物稳定等方面是有积极意义的。它们转化了酒中的苹果酸，同时产生了一些对酒有益的副产物，降低了酒的总酸，使酒的成分更均衡，并对酒的色素尽最大的保护。就目前研究和实践所取得的成果而言，人工选择并优化后接入酒中的酒类酒球菌正是其中最出色的一种。因此，人工接种优选乳酸菌进行 MLF，是避免上述诸多不良副产物的出现，并有效控制和正确引导 MLF 的不二方法。人工优选的乳酸菌，会产生适量的乙酸乙酯、丁二酮等副产物，增加酒的香气和复杂性。与此同时，增加了可感知的浆果品种香，减少了酒的生青味、粗糙的"涩感"和"苦味"。考虑到某些种属的乳酸菌在繁殖时，会消耗一定的乙醛，导致 SO_2 的浓度有所降低，因此，在 MLF 之后，通常建议分析 SO_2 并决定是否适当补充 SO_2。某些种属的乳酸菌，特指酒类酒球菌属，会生成对提高酒质量有益的有机物，增加酒的"醇厚感"和后味，这是为什么人工筛选的乳酸菌均为酒类酒球菌属的重要原因。

二、苹果酸-乳酸发酵的诱导

1. 自然诱导

提供适宜的环境条件，MLF 可以自然发生。但是，自发的苹果酸-乳酸发酵是难以预测的，由于酒精发酵后的有些果酒中可能还存在乳酸菌的噬菌体，它们可能延迟或抑制 MLF，使得 MLF 在触发上难以保证。这种延迟对果酒酿造者而言，是相当昂贵的，它增加了腐败菌在进行繁殖的同时产生异香与异味，导致酒病害的可能性。温暖的气温、很低的 SO_2、适宜的 pH 值，非常有利于微生物腐败。

2. 人工接种诱导

生产上常利用优良乳酸菌种经人工培养后添加到果酒中，以克服自然发酵不稳定、难控制等问题。现在人们已开始应用更为简单的方法进行 MLF，如可利用引子培养物（含乳酸菌的发酵剂），不但可以迅速达到触发 MLF 的数量级，而且在 MLF 过程中居于主导地位，有利于酿造优质果酒。目前，一些冷冻干菌种不用活化和扩培就可以直接加入到果酒中。根据不同的地域条件和原料品质选择适宜的菌种进行 MLF，成为酒厂酿制优质高档佳酿的关键。

三、现代发酵工程技术在苹果酸-乳酸发酵中的应用

由于 MLF 对发酵条件的要求比较复杂，生产上常常出现 MLF 发酵迟滞甚至接种失败的现象。为此，酿酒者希望有快速、可行的方法启动并完成 MLF，近年来，现代发酵工程技术的进展，为革新 MLF 的工艺操作提供了新的思路。

1. 固定化技术

固定化技术是 20 世纪 60 年代在相应学科发展的基础上产生的一种新的生物技术。所谓固定化技术，是指利用化学或物理手段将游离的微生物细胞或酶，定位于限定的空间区域并使其保持活性，使之成为连续流动的生物反应器，并可反复使用的一种基本技术，包括固定化酶技术和固定化细胞技术。

微生物的固定化法主要有包埋法、吸附法、交联法和微胶囊化 4 种方法。以前用于 MLF 的固定化技术只有包埋法和吸附法两种。固定化的乳酸菌降解了 30% 的苹果酸，使白葡萄酒的 pH 从 3.15 上升到了 3.40，对苹果酸的转化率是游离乳酸菌细胞的 2 倍，且稳定性好，可持续达 6 个月。

与固定化细胞技术相比，固定化酶技术需要酶的分离，并且需要辅酶再生，因此该技术在生产上的应用受到很多限制。用商业的 *Saccharomyces cerevisiae* 菌株（Uvaferme 299）制成固定化生物催化剂，用于常温（15～25℃）的干白葡萄酒的发酵，发酵产物具有低挥发酸、低甲醇和低乙醛含量等特性，该固定化细胞系统可稳定持续 4 个月，感官评价表明与游离细胞系统相比，葡萄酒风味品质有明显改善。

2. 膜生物反应器（membrane bioreactor，MBR）的应用

膜生物反应器技术是对固定化技术的发展，是通过凝胶膜、人工聚合膜或其他膜载体把酶/酶、酶/辅酶、酶/细胞或细胞器/酶等反应组元固定起来（也可以是游离态）进行生化

反应。有人从酒明串珠菌 8406 中提取纯化了 MLE，并把游离的 MLE 和辅酶因子通过特制的 polysulfone 膜及有机玻璃反应板制成生物反应器进行 MLF，结果表明，苹果酸的分解率可达 70% 以上。

3. 分子生物学

近年来，分子遗传学手段已经应用到了葡萄酒微生物的育种领域。科学家等曾进行过不同乳酸菌 Mle 基因在酿酒酵母中的功能表达。有人克隆了酒类酒球菌（Oenococcus oeni）的 MleA 基因，在大肠杆菌中得到表达，其蛋白的分子量为 60kD。Ansanay 等使多拷贝的 MleS 基因在乙醇脱氢酶I（ADHI）启动子控制下，在 Saccharomyces cerevisiae 中得到较高水平表达，其 MLE 活性是 Lactococcus lactis 的 3 倍，他们的研究使得 Mle 在酵母菌中的表达较前有较大幅度的提高，但含有 Mle 基因的酵母转化子降解外源 L-苹果酸的效率仍局限在 20% 以下。酿酒酵母体内由于缺乏 L-苹果酸的转运蛋白而引起苹果酸盐的转运效率受到限制，是酵母转化子降解外源 L-苹果酸效率不高的主要原因，将 Lactococcus lactis 的 Mle 基因和 Saccharomyces pombe 的苹果酸通透酶基因（Mae1）在酵母中共表达，使 L-苹果酸的降解能力大幅度提高。将苹果酸通透酶基因和 MleS 基因同时克隆到酿酒酵母中，这样就解决了底物苹果酸转移到细胞内的问题。

构建可进行 MLF 的酵母工程菌，可免去依赖乳酸菌的 MLF 过程，使两步发酵由酵母菌单独完成，缩短酿造周期，避免细菌在 MLF 过程中产生不必要的代谢副产物，并可减少细菌引发果酒破败的危害。这不仅可深化对果酒微生物降酸机制的了解，而且可以丰富和发展果酒酿造的工业微生物学理论，简化果酒的酿造工艺，经济有效地控制生物降酸过程。因此，对 MLF 相关酶及基因的深入研究，具有重要的理论意义和实际应用价值。但同样也面临着许多的问题，如苹果酸-乳酸酶基因和苹果酸通透酶基因在工业微生物酵母菌中的表达及其安全性，以及菌株的遗传稳定性等问题还有待解决。

四、乳酸菌的接种量和接种时间

人工诱导苹-乳发酵能够更好地控制酒的香气和口感，酒类酒球菌是最有效且最常用的商品乳酸菌。优良酒类酒球菌能够有效降低其他类型乳酸菌的不良发酵对酒产生的负面影响。

诱发苹-乳发酵乳酸菌的最低接种量为 10^6 CFU/mL，若接种量不足会严重影响苹-乳发酵的启动，延缓发酵进程。采用较高乳酸菌接种剂量能够快速启动苹-乳发酵，加快发酵速率，但也会降低双乙酰的生成量。

但是，潘海燕等认为过高的接种量可能会使苹果酒在 MLF 后因乙酸含量过高而具有不好的口感。通过实验，发现乳酸菌的接种量越高，发酵结束以后乙酸的浓度也就越高，在接种量从6%变化到10%的过程中，乙酸的浓度增加了近一倍，所以为了提高苹果酒的品质要严格控制接种量。在乳酸发酵顺利进行的情况下，采用较小的接种量有利于提高苹果酒的风味。

乳酸菌的接种时间一般有如下 3 种选择：与酵母同时接种；在酒精发酵期间接种；在酒精发酵完成后接种。

不同时期接种各有特点，在酒精发酵后接种，由于酵母菌体自溶产生了较多的适合乳酸菌生长的营养物，由乳酸菌引起的糖代谢，继而产生大量的醋酸和 D-乳酸的危险性可降至最低限度，同时也避免了潜在的酵母生长的拮抗作用。另外，酿酒期趋于结束，对人力物力的需求高峰已过，此时接种乳酸菌较为方便。与酵母同时接种或在酒精发酵期间接种可以使乳酸菌利用较多的营养物质，由于此时酒精浓度较低，为细胞生长提供了更好的机会，接种后，由于乳酸菌适应了不断增加的酒精浓度，使细胞死亡率降至最低，它可以使苹果酸-乳酸发酵在酒精发酵结束之前或刚刚结束时迅速完成，这样可以有效地缩

短发酵周期，减少酒的处理过程，尤其是用橡木桶发酵的葡萄酒。如果 SO_2 的添加量很小，乳酸菌可以在果实破碎时添加或与酵母同时添加。对于含 SO_2 的果酒，建议在酒精发酵之后或发酵期间接入乳酸菌，以使游离 SO_2 化合。因此，接种时间的选择应根据酒的种类、果汁的组成、酵母菌株、作业条件等灵活掌握。

五、苹果酸-乳酸发酵过程的检查与控制

1. 接种前检查

pH，3.2～3.5；温度，18～20℃；SO_2 浓度，无游离 SO_2 或微量，总 SO_2 20～40mg/L；酒精浓度，＜14％（体积分数）；营养状况，与皮渣接触时间、浆果品种有关；自然菌群，有用的和有害的；MLF 的潜力，难易程度。

2. 每隔 2～4 天检查

检查并保持温度 18～20℃；分析 L-苹果酸含量（每天下降 0.1～0.2g/L 为最好）；显微镜检查，包括细胞数量的增加及菌链的形状；感官鉴定。

3. MLF 结束

L-苹果酸含量＜0.1g/L；自然发酵 4～12 周；人工发酵 2～8 周。

4. 无活性的 MLF

检查搅拌罐；重新检查所有的酒参数；确定活菌的数量（选择性培养基/荧光显微技术），检查其他微生物的活性、细菌与酵母的拮抗作用；农药残存量；用不同菌种的新鲜培养液重新接种。

六、苹果酸-乳酸发酵的检测

苹果酸-乳酸发酵的特点是滴定酸和 pH 的变化，但是以上变化的程度不一样，并且可能被酒中其他反应所掩盖，这是因为其他反应会引起酸度和 pH 变化。但是乳酸含量的变化也不能说明苹果酸-乳酸发酵的进行，因为酵母和细菌利用其他碳源也可能产生乳酸。能判断苹果酸-乳酸发酵是否进行的最好方法是检测果酒中苹果酸的变化。

检测苹果酸含量的需用方法有纸色谱法、酶分析法和液相色谱分析法。液相色谱分析法所需的设备十分昂贵，一般仅在大型的理化分析检测中心和果酒厂才有，而纸色谱法和酶分析法在大多数果酒厂均能实现。

1. 纸色谱法

纸色谱法是一种以滤纸为支持物的色谱分析方法，主要利用分配原理。滤纸吸附的吸附水是固定相，展开剂为流动相，滤纸只起到支持固定相的作用，流动相促进组分向前移动，固定相阻碍了它的前进，所以各组分以小于溶剂移动的速度向前移动，使不同的组分分开。各组分具有不同的分配系数 K，K 大的组分移动速度慢，K 小的组分移动速度快。

定性依据：比移值 R_f 表示样品组分在滤纸上的位置，也表示组分在流动相和固定相中运动的情况。

$$R_f = \frac{展层后斑点中心到原点的距离}{原点与溶剂前缘的距离}$$

纸色谱法原理：将果酒以小圆点的形式点样于滤纸上，经展开、显色后，根据比移值与标准比较定性、定量。酒石酸移动速度最慢，离点样点最近，酒石酸 R_f 在 0.26~0.30；乳酸和琥珀酸速度最快，被推动到滤纸的最顶端；乳酸和琥珀酸 R_f 在 0.69~0.76；苹果酸移动的速度处于两者之间，苹果酸 R_f 在 0.52~0.56 之间。

操作方法：滤纸为长方形（20cm×30cm），沿长的一边距下边缘 2.5cm 处点果酒样，两点之间间隔为 2.5cm。每一个点用微量吸管点 4 次样，两次点样之间要风干，点样总体积约 10μL（点越小分辨率越高）。然后用 3 个订书钉沿短边卷起形成一圆柱筒，注意不要接触纸边或使边缘重叠，用带螺旋盖的约 4L 的大口缸做色谱缸。在分液漏斗中装 10mL 水、100mL 正丁醇、10.7mL 浓甲酸和 15mL 含量为 10g/L 的溴甲酚绿溶液，在通风橱或通风良好的防火区域摇匀混合，几分钟后将下相放出弃之不用，将上相 70mL 放入色谱缸内，将滤纸的点样边浸入溶剂，盖好盖，展开时间为 6h 左右，即可得到最佳结果，展开时间延长至过夜也是安全的，即使溶剂达到上边缘。或者约 3h 后取出滤纸，这时圆柱纸筒只用了 10cm，取出黄色滤纸后，将其放在通风良好的地方风干，直至甲酸完全挥发，剩下为蓝绿色背景上带黄色的各种酸的斑点。每次纸色谱分离后，将溶剂中水相除去可重复使用。当需要在 3h 内得到结果时应采用酶分析法。

2. 酶分析法

应用酶法检测苹果酸-乳酸发酵过程中 L-苹果酸的含量，可有效实现苹果酸-乳酸发酵过程的工艺控制。该方法特异性好，灵敏度高，简便快速，定量准确，能够满足实际检测的需要。经实际验证测定一个样品仅需 20min 左右，能广泛地应用于苹果酸-乳酸发酵过程中苹果酸的分析测定，对于酿酒企业监控和掌握苹果酸-乳酸发酵进程具有重要的指导作用。

（1）原理　苹果酸存在于果汁和果酒当中，可以在苹果酸脱氢酶（MDH）的催化作用下，被烟酰胺腺嘌呤二核苷酸（NAD）氧化生成草酰乙酸。在这个过程中生成的 NADH，可通过紫外分光光度仪在波长 340nm 条件下测定其吸光度，以计算其含量，并最终得出样品中 L-苹果酸的浓度。但是这个转化过程可逆，因此有必要消耗掉生成的草酰乙酸，使反应进行彻底。而草酰乙酸可以与 L-谷氨酸在谷草转氨酶（GOT）催化下反应，在此过程中，草酰乙酸被不可逆地转化成 L-天冬氨酸，因而 L-苹果酸可以与最终生成的 NADH 形成稳定的对应关系，即可以通过测定生成的 NADH 含量来推算样品中 L-苹果酸的含量。

（2）测定方法　在 20～25℃条件下，选取 1cm 石英比色皿，按顺序依次加入 1000μL 缓冲液、200μL NAD 工作液、1000μL 蒸馏水、10μL GOT 工作液、100μL 试样（对照是加 100μL 蒸馏水）。将加好试剂的比色皿轻轻混匀，静置 3min 后读取吸光度值 A_1，再加入 10μL MDH 工作液，混匀后静置 10min，读取吸光度值 A_2。

（3）结果计算　计算空白、标准品和待测样品的净吸光度 A_N，$A_N = A_2 - A_1$；通过净吸光度和实测吸光度，计算各样品的吸光度修正值 A_c，$A_c = $ 样品 A_N - 空白 A_N。L-苹果酸浓度计算公式：

$$C_{L\text{-苹果酸}}(g/L) = 0.4725A_c \times 稀释倍数$$

运用本方法测定苹果酸时，为保证结果的准确性，一般需要进行如下处理：样品测定前进行适当的稀释，以确保此时的苹果酸浓度小于 0.4g/L。对于未经稀释的红酒或颜色比较重的果酒，需要进行脱色处理。方法如下：取 5mL 样品，加入 0.1g 聚乙烯吡咯烷酮（PVP），混匀震荡约 1min，然后用 0.45μm 滤膜过滤。

在苹果酸-乳酸发酵结束时，立即分离转罐，同时进行 SO_2（50～80mg/L）处理。

如果已经有正在进行苹果酸-乳酸发酵的果酒，可用"串罐"的方式使需要的酒进行该发酵。如果要在发酵前加入乳酸菌，应选用植物乳杆菌的菌系；而在酒精发酵结束后添加乳酸菌，则应选用酒类酒球菌的菌系。在使用商品活性干乳酸菌时，应按说明书的要求操作。对于不需要进行苹果酸-乳酸发酵的果酒，应采取相应措施，防止微生物的活动。

第五章
果胶酶的应用

第一节
果胶概述

一、果胶的存在

果胶是一种亲水性植物胶，广泛存在于高等植物的果实、根、茎和叶中，是细胞壁的一种组成部分。不同植物或同一植物的不同部位，果胶的含量相差很大。对于同一株植物而言，细胞壁中果胶含量最高；对于不同器官而言，在果实中果胶含量最高，在根茎叶中也有所分布。到目前为止，已发现果胶含量较高并作为工业化生产原料的植物为数不多，主要有柑橘皮、向日葵托盘和甜菜等。果胶类物质包括原果胶、果胶和果胶酸。原果胶不溶于水，只存在于细胞壁中；果胶溶于水，存在于细胞汁液中；果胶酸微溶于水，细胞壁与细胞液中均有。

二、果胶的化学结构

果胶是由 D-半乳糖醛酸残基经 α-1,4 糖苷键相连接聚合而成的大分子多糖，相对分子质量在 20000～300000 之间。也有研究发现，果胶并不仅是通过 α-1,4 糖苷键连接起来的聚半乳糖醛酸的长链聚合物，果胶分子除含有半乳糖醛酸外还含有 20％的中性糖组分，把其描述为以聚半乳糖醛酸为主的"光滑区"以及以鼠李糖和其他中性多糖为主的"多毛区"。实际上，果胶是一类具有共同特性的寡糖和多聚糖的混合物，但在结构上却有很大的不同。

半乳糖醛酸的羧基可不同程度（0～85％）甲酯化以及部分或全部成盐，完全去甲酯化的果胶称果胶酸；提取前存在于植物中，与纤维素和半纤维素等结合的水不溶性的果胶物质称原果胶。原果胶受植物体内原果胶酶的作用降解为水溶性果胶，再在多聚半乳糖醛酸酶也称果胶酶的作用下，最终分解为半乳糖醛酸。衡量果胶酯化度高低的参数是 DE 值（degree of esterification），是指果胶分子中平均每 100 个半乳糖醛酸残基 C_6 位上以甲酯化形式存在的百分数。通常我们将 DE 值高于 50％的果胶称为高甲氧基果胶，反之将 DE 值低于 50％的果胶称为低甲氧基果胶。自然界果实中天然存在的果胶都是高甲氧基果胶，经酸或碱处理高甲氧基胶降低酯化度后可获得低甲氧基果胶。果胶的分子结构决定了它许多理化方面的特性。

三、果胶的分类

果胶根据酯化度的不同可分为高酯果胶和低酯果胶两大类。酯化度大于 50％的果胶为高酯果胶（HM），酯化度小于 50％的为低酯果胶（LM）。低酯果胶可进一步分为普通低酯果胶和酰胺化低酯果胶。另外，高酯果胶还可分为快凝、中凝和慢凝三种类型。快凝果胶的酯化度在 70％以上，慢凝果胶的酯化度在 65％以下。三种果胶的凝胶速度、凝胶温度不同，在食品工业中的具体用途也不同。

四、果胶的特性

1. 果胶的溶解性

果胶可分为水溶性果胶和水不溶性果胶。果胶溶于水后为黏稠溶液，不溶于乙醇和其他有机溶剂。果胶在水中的溶解度与其聚合度和甲酯基团的数量及分布有关。除此之外，溶液的 pH 值、温度和离子强度对果胶的溶解速度有重要影响。果胶与其他亲水溶胶一样，果胶颗粒是先溶胀再溶解。如果果胶颗粒分散于水中时没有很好地分离，溶胀的颗粒就会相互聚合形成大块，反而更难溶解。工业应用上难溶解的另一个重要因素是溶解果胶用水中钙含量，高硬度水可导致果胶溶解不完全。

2. 果胶的酸碱性

在不加任何试剂的条件下，果胶水溶液呈酸性，主要是果胶酸和半乳糖醛酸。因此，在适度的酸性条件下，果胶稳定。但在强酸强碱条件下，果胶分子会降解。

3. 果胶的凝胶性

凝胶化作用是果胶最重要的性质，果胶最主要的用途就是作为酸性条件下的胶凝剂。由于高甲氧基果胶和低甲氧基果胶在结构上的差异致使二者的凝胶条件完全不同。

4. 果胶的稳定性

由于果胶在水溶液中呈弱酸的化学性质，其分子结构对热和酸都相当稳定。高酯果胶在 pH 值 2.5～4.5 之间是稳定的。而低酯果胶在较高 pH 值条件下要稍稳定一些。高酯快凝果胶在低 pH 值条件下会脱酯以及水解，快凝果胶经过脱酯可变为慢凝的果胶，而慢凝果胶再脱酯逐步具有低酯果胶的特性。在碱性条件下，果胶即使在室温下也能发生脱酯反应。如果用氨进行脱酯，则部分甲酯的甲氧基转变为酰胺的氨基。酰胺化的低酯果胶比其他低酯果胶具有更优良的物理特性，可广泛用于胶凝剂。果胶的不稳定因素主要是因为聚半乳糖醛酸聚糖链会由于 β 键消除的作用而解聚。β 键消除作用发生在 C_6 羧基被甲酯化的无水半乳糖醛酸的 C_4 位置上的糖苷键上。高酯果胶在 pH 值 5 以上会部分失稳且明显衰变。由于在较高 pH 值条件下的这种不耐性，在生产过程中很难将果胶溶液的 pH 值调高。当碱滴定液加入果胶溶液的同时在瞬间接触的界面上会发生衰变。低酯果胶相对比较稳定，但仍不能暴露于高温下，在 pH 值 5 以上的条件下，可发生水解作用而引起聚半乳糖醛酸聚糖链的解聚。如果果胶溶液保存于高温且 pH 值低于 3 的条件下数小时，这个现象会更显著。但在应用于食品的常规处理下是没有问题的。果胶在各种酶的作用下会降解，其中某些酶是植物本身产生的。通常用微生物酶来降解果蔬原料，这种酶是通过微生物的发酵来进行商业化生产的。在水果加工中应用时，果胶应用的失败有时与酶的存在有关。例如，将经过果胶分解酶处理过的果蔬原料与未经适当的酶变性热处理的果胶一起使用，果胶的凝胶特性与稳定性则会表现得非常差。

五、果胶的功能

果胶作为一种可溶性膳食纤维，具有不可替代的功能特性。目前仍大部分应用于食品工业，在果酱、糖果工业中，果胶的主要功能还是其胶凝性。果胶作为胶凝剂所形成的凝胶在结构、外观、色、香、味等方面均优于其他食品胶制作的凝胶。在低 pH 值下，多数胶的凝胶性能较差，而果胶则具有最大的稳定性；高酯果胶的黏度特性使其作为增稠剂用于果汁和乳制品工业中，可赋予产品以天然、爽口的口感。近年来，随着人们对果胶分子结构研究的逐步深入，果胶的蛋白质稳定性、乳化特性越来越受到人们的青睐，酸化乳饮料、植物蛋白饮料在全球迅速发展，在低 pH 值下非常有效的稳定剂——果胶的需求量也日益增长。果胶在食品工业中主要作为胶凝剂使用，但它作为乳化稳定剂在大多数领域中还不为人所知。其乳化稳定特性主要建立在乳浊液水相的黏度提高上。果胶作为乳化稳定剂主要用于蛋黄酱、调味品等产品中。

六、水果中的果胶物质

未成熟的水果中果胶类物质以原果胶形式存在，原果胶是可溶性果胶与纤维素缩合而成的高分子物质，不溶于水，具有黏结性，使植物细胞之间黏结并赋予未熟水果较大的硬度。当果实进入过熟阶段时，果胶在果胶酯酶的作用下脱甲酯变为果胶酸与甲醇。果胶酸不溶于水、无黏结性，相邻细胞间没有了黏结性，组织就变得松软无力，弹性消失。果胶酸在多聚半乳糖醛酸酶的作用下生成短链或单个的半乳糖醛酸，果实变得软烂。

果胶为白色无定形物质，无味，有些能溶于水成为胶体溶液，不溶于酒精、硫酸铁和硫酸铵等盐类，在酸、碱和酶的作用下可脱甲酯形成低甲氧基果胶和果胶酸。果汁中果胶可被甲醇和乙醇迅速沉淀下来，这就是果酒在酿造后期出现絮状沉淀的原因之一，可以利用此特性来粗测果汁、果酒中果胶含量。果胶的甲氧基水解后在果酒制造中会生成甲醇，故含果胶非常丰富的某些原料在制酒时有可能导致甲醇含量过高。

由于果胶酸不溶于水，会使果汁出现不澄清现象，有时甚至出现絮状物。因此可以通过添加果胶酶澄清果汁和果酒。果汁、发酵醪液、果酒中的果胶物质不能通过过滤除去，因为果胶可以堵塞过滤孔，当需要时可添加果胶酶使果胶降解，然后过滤。制造果酒时，一般无须预先澄清，因为在发酵过程中，果汁中含有少量的果胶物质可被自然存在和酵母产生的果胶酶降解掉，前提条件是果汁没有被加热到超过 70℃。

第二节
果胶酶的作用

近年来，随着人民生活水平的提高，果酒的需求和加工有了突飞猛进的发展。消费者对果酒品质的追求也在很大程度上促进了新工艺、新技术在果酒生产中的研究和应用，酶制剂在果酒生产中的应用就是其中的重点和热点之一。果酒生产者深入研究，发现水果的成熟、乙醇的生成、苹果酸-乳酸发酵、风味物质的释放以及各种果汁的榨取、澄清和过滤都是酶作用的结果，酶影响着果酒酿制的各个重要环节。这些发现以及酶制剂工业的飞速发展使得酶制剂在果酒工业中得到越来越广泛的应用。在果酒生产中使用的酶制剂主要有果胶酶、纤维素酶、半纤维素酶、淀粉酶、蛋白酶等，其中果胶酶是重中之重。

果胶酶是指能够催化果胶质分解的多种酶的总称，其广泛存在于植物果实中。微生物中的细菌、放线菌、酵母菌和霉菌都能代谢合成果胶酶。日前市售食品级果胶酶主要是由黑曲霉发酵生产的。作为世界四大酶制剂之一，果胶酶在果汁澄清、果酒酿造中应用十分广泛。果胶酶的国外研究始于 20 世纪 30 年代，20 世纪 50 年代已工业化生产，主要生产国有德国、法国、意大利、丹麦、荷兰、日本等。国内研究始于 1967 年，主要研究单位有中国科学院微生物研究所、上海工业微生物研究所、中国科学院上海植物生理研究所、河北大学、山东大学微生物研究所、轻工业部食品发酵工业科学研究所等。20 世纪 80 年代末，天津、江苏、福建、河北、北京等地开始工业化生产。20 世纪 80 年代以来，我国的水果种植和水果加工工业发展迅速，为果胶酶的开发和应用提供了广阔的前景。近年来，国内外对果胶酶的研究已经进入了分子生物学水平，已从许多微生物中克隆了果胶酶基因和进行了测序，并对果胶酶基因的结构、功能、调控及其表达产物结构与性能等方面进行了探索。我国对果胶酶的需求量很大，但国内果胶酶的发展却较缓慢，且通常是将果胶酶单一使用，这限制了果胶酶的应用范围及效果。

一、果胶酶分类

果胶酶是分解果胶质的多种酶的总称，是一种在食品工业上广泛使用的酶。按不同的标准对果胶酶有不同的划分方法。按照作用方式的不同可以分为两大类：酯酶（esterase）和解聚酶（depolymerizing enzyme），解聚酶又包括水解酶（hydrolase）和裂解酶（lyase）。按其对作用底物的不同可以分为聚甲基半乳糖醛酸酶（polymethylgalacturonase，PMG）、聚半乳糖醛酸酶（polygalacturonase，PG）、聚甲基半乳糖醛酸裂解酶（polymethylgalacturonatelyse，PMGL）、聚半乳糖醛酸裂解酶（polygalacturonatelyse，PGL）等。在上述各类果胶酶中，贮藏过程中起作用的果胶酶主要是聚半乳糖醛酸酶（PG），所以，在实际应用中多用 PG 的活力表示果胶酶的活力。

二、果胶酶生产制造

传统的生产果胶酶的工业化方法为固态发酵法，可用于发酵生产果胶酶的菌种有曲霉菌、灰霉菌、镰孢菌及其他真菌（如菜豆炭疽病菌、核盘菌、青霉菌。黑曲霉具有产果胶酶的能力，但因菌种不同，酶活力有较明显的差别。培养黑曲霉制成的果胶酶，除果胶酶外，还有纤维素酶、半纤维素酶和蛋白酶。果胶酶的制造可分为两个阶段，即黑曲霉的培养和粗果胶酶粉的制造。食品加工中使用的果胶酶制剂主要来自黑曲霉，它是多种酶的混合物。同时果胶酶本身为多组分酶，包括聚半乳糖醛酸酶（PG）、果胶裂解酶（PL）、果胶酯酶（PE）等主要组分，各组分的功能与作用机理各不相同。在一些食品加工中，单独使用一种果胶酶有时比使用果胶酶复合制剂效果更好。

三、果胶酶的作用机制

果胶酶目前广泛地应用于食品工业的果汁、果酒澄清以及造纸工业的纸浆脱胶和麻类加工。它是应用于果汁生产的最重要酶制剂之一，可以快速彻底地脱除果胶，降低水果榨汁的黏度，有利于果汁的过滤，滤液更为澄清，而且澄清度稳定；减少化学澄清剂的用量，改善果汁质量。因此，果胶酶可以有效地提高水果的出汁率，改善果汁的过滤效率，加速和增强果汁的澄清作用；简化果汁加工工艺，缩短加工时间，提高生产效率、果汁产量和产品质量的稳定性。在果酒的生产过程中，果汁中有很多物质影响澄清，如纤维素、蛋白质、淀粉、果胶物质等，而果胶物质是造成果汁混浊的主要因素。为了解决这个问题，人们尝试了很多办法，如自然澄清、明胶单宁法、冷冻法、酶法及添加膨润土等。研究发现酶催化反应，用量少而催化效率高，有高度的专一性。酶法澄清具有耗时短、澄清效果好等优点。

果胶物质与纤维素、半纤维素以及木质素是植物细胞壁最重要的构成物质。果胶大分子阻碍了固体粒子的沉降，有很高的黏度。水果经破碎后的果汁中含有果胶、纤维素等固形物，果胶阻止甚至使液体流动停止，使固体粒保持悬浮，汁液处于均匀的混浊状态，很难沉淀，又不易滤清，影响果汁的澄清。因此，必须将果胶分解，才能使汁液达到澄清的目的。

果胶酶作用于果胶中 D-半乳糖醛酸残基之间的糖苷键，使高分子的半乳糖醛酸降解为半乳糖醛酸和果胶酸小分子物质，并且果胶的多糖链也被降解，使原来存在果汁中的固形物失去依托而沉降下来，增强澄清效果，提高和加快了果汁的可滤性和过滤速度，从而提高出汁率。水果本身在果实成熟过程中也会产生果胶分解酶，在发酵过程中由酵母也能产生，但这些酶反应过程较为缓慢，不能完全达到生产者的预期目的，而人工合成酶则加强和完善了这一过程。

四、果胶酶在果酒中的功能

1. 提高出汁率和缩短压榨时间

制汁是果酒生产的关键作业之一，这一工序要求尽可能地提高出汁率和缩短压榨时间。已知出汁率的高低与原料的破碎程度有关，适当提高原料的破碎程度有利于提高出汁率。果实细胞细胞壁的结构较紧密，通常情况下单纯依靠机械或化学方法难以将其充分降解，但通过添加一定量的果胶酶可破坏细胞的网状结构，提高果实的破碎程度，从而在压榨时达到提高出汁效率并缩短压榨时间的目的。同时，把大分子的果胶物质降解后，也有助于提高后一阶段的澄清和过滤效果。

2. 有利于果汁的澄清

在果酒的生产中有两种澄清作业，一是果汁的澄清，二是原酒的澄清。果汁澄清的目的是在发酵前将果汁中的杂质尽量减少到最低限度，以避免果汁中的杂质参与发酵而产生不良成分，给酒带来异味。原酒澄清的目的是为了避免果酒在储存过程中酒石结晶沉淀或无定形的色素微粒自行沉淀出来，以及出现蛋白质混浊、微生物混浊等不良现象，从而保证得到品质较高的果酒。两种澄清作用中，所用到酶的主要是果胶酶。果胶酶的主要作用是降解果胶物质，尽可能地使果汁中可溶性果胶物质得到彻底分解；降低果汁黏度，这一点有别于压榨中所用到的果胶酶的作用。由于果胶的分解，使混浊颗粒失去胶体保护而相互絮凝，从而大大提高了澄清效果。在使用果胶酶对果汁进行处理时要注意温度、pH 值等的影响，果胶酶使用量的确定，应在小型实验的基础上找出最佳效果的使用量。

3. 提高过滤能力

果酒的透明度是果酒质量的一项重要指标。要获得清亮透明的果酒，过滤是一项必不可少的工序，是将固相物质与液相物质分离的操作，其作用效果受被过滤物料的物理性质，如液体黏度、固体颗粒大小等因素影响。在进行果汁或原酒的过滤时，如果黏度过大或者其中的固体颗粒过大，则很容易堵塞过滤层，使过滤能力下降。导致果汁黏度较大的主要原因是残留的果胶物质的作用，因此如果在过滤前的操作中利用果胶酶将这些物质水解，降低果汁的黏度，就能提高过滤能力和加快过滤的速度。

4. 改善果酒的色泽

一些果酒须有一定的色泽，如红葡萄酒，因此色泽也是衡量果酒品质的一项重要指标。在这类果酒生产中必须提取出一定的色素物质。果实中的色素物质主要是花青素，存在于细胞的液泡中。如果在果浆或果汁中加入一定量的果胶酶，果胶酶能水解果胶物质，破坏细胞结构，从而释放出花青素等色素物质。

5. 改善果酒的品质

果酒酿造中使用果胶酶可以降低酒体黏稠度，提高出汁率和澄清度，提高香气物质、色素、单宁的浸出率，从而提高呈色强度，增加酒香，增强酒体的丰满度，改善酒的品质。邹雪等研究了不同浓度果胶酶对蓝莓半甜红酒风味成分的影响，结果表明，添加果胶酶处理后蓝莓半甜红酒的总酸、酒精度、色度值以及单宁含量均随着果胶酶浓度的增高而增高；处理后酒体澄清透明有光泽，香气浓郁，明显优于未添加果胶酶的蓝莓半甜红酒。李媛等以蓝莓和紫薯为原料，对果胶酶解条件和蓝莓紫薯复合果酒的发酵工艺进行了研究，确定了果胶酶酶解的最佳条件，即果胶酶用量为 0.03%，酶解温度为 35℃，酶解时间为 80min，发酵温度为 24.4℃，条件优化后原酒酒精度为 13.3%，改善了酒体中多酚类物质的组成和呈色强度。

五、果胶酶使用中需注意的问题

果胶酶的添加在生产中可根据生产者的目的而进行，其添加也有不同的步骤。有的在水果破碎后的果浆中添加果胶酶，有的在水果压榨后的果汁中添加；有时候在过滤过程中添加，有时候又在发酵过程中添加。选择哪一种添加步骤要视生产者的生产目的和生产要求的不同而定。在实际生产中应用时必须注意以下几个方面的问题。

1. 作用温度

果胶酶的作用温度一般为 20~55℃，在此范围内每增高 10℃，其活性增加一倍。当温度在 55℃ 以上时，酶会很快失活。

2. 作用 pH 值

在水果浆、水果汁及果酒的正常 pH 值范围内对酶制剂无影响，而当 pH 小于 2 时，应提高酶剂量。

3. 果胶酶的添加量

酶的添加量应视不同厂家的产品和生产目的，经小样试验而定。

4. 作用时间

作用时间取决于酶的添加量和反应温度，如果酶的用量减半，则反应时间必须加倍。果胶酶制剂处理对提高出汁率的效果均随作用时间的增加而增加。但并不等于处理时间越长越好，生产中处理时间的确定应考虑到产品工艺的要求，如温度变化程度的高低，设备的连续化程度等。

5. 果胶酶溶液的配制

果胶酶为固体粉状，一般配成 1％～2％溶液，温度不得超过 50℃，溶解后立即使用，以不超过 4h 为宜。稀释的果胶酶溶液能更好地发挥作用。根据果汁清与浊的程度来决定用量，通常为果汁的 0.5％～0.8％，也可超过此范围。

6. 鉴定果胶酶分解果胶质的状况

取一份果汁加两份乙醇（96％乙醇与 1％浓盐酸的比例为 99:1 配制），若 15min 后仍有絮状物出现，则果汁中仍有果胶。样品中果胶的量以及果胶酶对果胶的分解程度，可以絮状物的形成速度和数量进行评估。

六、其他酶在果酒中的作用

1. 蛋白酶

果汁中含有少量蛋白质和一定数量的酚类物质，蛋白质很容易与酚类物质反应，生成浑浊物和沉淀物。此外，在一些果汁如苹果原汁（pH3.2～3.5）中，蛋白质还因带正电荷而能与带负电荷的果胶物质或与具有强水合能力的含果胶浑浊物颗粒聚合，形成悬浮状态的浑浊物。因此必须在装瓶前对果酒中的残留蛋白质进行处理，以保证产品的质量和稳定性。处理果酒中的蛋白质常用皂土吸附法，这种方法虽然较有效，但是皂土吸附剂对于各种蛋白质并没有专一吸附性。如果利用外加蛋白酶来水解果酒中的蛋白质，也能取得较好的效果，并且不同的蛋白酶对不同的蛋白质具有专一性。此外，多数水果中含有的多酚氧化酶也容易使果汁或果酒发生氧化，不同程度地破坏果酒的色泽、风味，使产品质量下降，因此也有必要采取一定的措施以破坏多酚氧化酶的活性。

2. 淀粉酶

对于一些淀粉含量较高的水果，如苹果，在压榨过程中和压榨后，淀粉会进入果汁中，并在加热时溶解，然后通过凝沉作用，以析出浑浊物的形式出现在果汁中。由于淀粉是一种典型的强水合性亲水胶体，能够覆盖浑浊物颗粒，并使浑浊物颗粒在果汁中呈悬浮状态，想要获得满意的澄清度和澄清稳定性，必须用淀粉酶彻底将果汁中的淀粉水解。

3. 糖苷酶

果酒的风味是衡量果酒品质的一项重要指标。果酒的风味物质主要来自水果本身和发酵过程，酶制剂在这方面的应用主要是针对前者。在水果中，风味物质以两种形式存在，一种是以游离态形式存在，另一种是与糖类形成糖苷而以键合形式存在（即风味前体物）。许多研究表明，萜烯类化合物是形成水果风味的主要成分，这些萜烯化合物与糖形成糖苷而呈无芳香气味的风味前体物。这些风味前体物即使在发酵过程中或在酒的贮存过程中都很稳定，难以溶出，但是可以通过风味酶水解作用将风味物质释放出来，从而显著增强酒的风味。其中所用到的风味酶主要有 β-D-葡萄糖苷酶、α-L-鼠李糖苷酶、α-L-阿拉伯呋喃糖苷酶。

第三节
果胶酶的使用

一、果胶酶的生产

1. 产酶菌株的研究

由于从动植物中难以大量提取生产所需的果胶酶，所以一般都从微生物中提取。在此方面的研究主要集中于有关菌株的培育条件和发酵底物的选择。生产果胶酶首先需要培育能产生果胶酶的微生物，一般来说果胶酶产生菌主要是真菌和细菌，在真菌中尤其以曲霉属常用。目前研究最多的是黑曲霉。能够产生果胶酶的细菌主要有假单胞菌属、黄单胞菌属、欧文氏菌属、芽孢杆菌属、梭菌属等。近几年，有关芽孢杆菌属的研究比较热门，但是有关放线菌产生果胶酶的研究和报道很少。

2. 微生物发酵产果胶酶

微生物发酵生产果胶酶，就是在微生物的培养基中添加果胶质，诱导微生物合成果胶酶。不过为了节省成本，一般添加一些植物组织来代替果胶制剂，比如果渣、果皮、麸皮、豆粕等。果胶酶的发酵生产工艺有固态发酵和液态发酵两种类型。液态发酵所采用的果胶质底物是不同来源的果胶产品，此种方法具有连续化、自动化、不易染杂等优越性。但是液态发酵产生的果胶酶活力低于固态发酵产生的酶，此外，固态法的设备投资少、成本低，尤其是发酵底物多采用农业废弃物或者农产品加工副产物，其原料成本优势更加明显。因此，虽然固态发酵的回收率低，但仍是主要的生产方式。

3. 基因表达果胶酶

有关果胶酶基因片段的研究有所进展。从天然产果胶酶菌种的基因组中克隆果胶酶基因片段，将果胶酶基因克隆到某种细菌的表达载体上，可以进行果胶酶蛋白质的表达。对果胶酶基因进行测序以及构建进化树分析，可为研究果胶酶的蛋白质结构奠定基础。

二、果胶酶的固定化

随着我国果酒的迅速发展，对果胶酶的需求量日益增多。固定化果胶酶可以重复回收多次使用，其优点既可节约酶的消耗量，又为自动化生产管理提供了便利条件。固定化酶技术的关键是开发高效、价廉、通透性好、性能稳定、安全无毒的载体，以及简便易行的固定化方法，载体和固定化方法的好坏直接影响固定化酶的性质、稳定性和应用范围。已报道的果胶酶固定化方法可归纳为以下几种。

1. 共价键合法

共价键合法是将酶与聚合物载体共价偶联的固定化方法。该法的最大优点是酶和载体结合牢固，即使高浓度底物或盐类溶液也不会使酶脱落，但在固定化过程中，易造成酶的高级结构发生改变，破坏其活性中心。

2. 吸附法

吸附法可分为物理吸附和化学吸附，由于物理吸附法中酶与载体的结合不够牢固，容易脱落，因而很少单独使用。Sarioglu等人以粒径为 $525\mu m$ 的阴离子交换树脂珠为载体吸附果胶酶，所得固定化果胶酶，初次重复使用活力降低明显，而后使用9次活力只减少20%。将该固定化酶用于杏原汁的处理，重复使用5次，活力损失6%。

3. 化学吸附-共价法共固定果胶酶

该法是以活性氧化铝微球（直径为 $2.4\sim4.0$mm）为载体，通过磷酸乙醇胺与铝离子发生离子键合而将微球活化，戊二醛一端与磷酸乙醇胺共价接臂，另一端与果胶酶的复合酶系统发生共价偶联，固定化的活力回收 PG 为 0.35%，果胶裂解酶（PL）为 0.4%，通过活力测定发现 PL 所起的水解作用很微弱，主要是 PG 参与果胶分解作用。

果胶酶的固定化方法较多，但迄今为止极少应用于工业化生产。原因主要在于酶与载体结合的有效性、牢固性不够高，载体的机械强度不够大等造成活力回收率偏低，操作稳定性以及储藏稳定性差等问题。

三、果胶酶的用法及保存

在待发酵液中加入焦亚硫酸钾杀菌，虽然果胶酶产品对二氧化硫不敏感，但是最好在半小时后再加入果胶酶溶液。一般在原料中添加 20～40mg/L 的果胶酶，先用 10～20 倍于果胶酶重量的 20℃的温水充分溶解，然后添加到待发酵液中，立即进行倒罐，使果胶酶溶液与待发酵液混合均匀。注意待发酵液温度不能过低，因为在温度低于 12℃果胶酶的活性会明显降低；如果待发酵液的 pH 值较低（pH＜3.3）应将使用量增加 30%；发酵前澄清过程一般为 6～12h；在酒精发酵结束后添加，需要 10～12h 的作用时间；注意不能和皂土一起使用。

果胶酶最佳贮藏条件为 4～15℃，一般为室温贮藏，避免阳光直射。果胶酶水解果胶主要生成 β-半乳糖醛酸，可用次碘酸钠法进行半乳糖醛酸的定量，从而测定果胶酶活力，或者用分光光度计法测定酶活力。需要注意的是，商业化果胶酶通常含有各种糖苷酶和蛋白酶，它们会引起次级反应。所以，在选用果胶酶时，应注意其纯度。同时，在选择酶时，一定要注意其中不含肉桂酸脱羧酶，因为该酶可以导致乙基酚的出现，而乙基酚具有很难闻的动物气味。

第六章
二氧化硫的应用

　　SO$_2$作为一种食品添加剂广泛应用在果酒的生产过程中。前期原料处理过程中添加一定量的SO$_2$可以起到杀菌的作用；发酵过程中添加一定量的SO$_2$可以抑制杂菌的生长且不影响酵母的正常生长和发酵；后期的酒体澄清过滤和陈酿的过程中添加一定量的SO$_2$可延缓酒体的发酵周期，同时调节果酒中pH值，从而获得充分的澄清。另外SO$_2$对酒体还有抗氧化的作用，其一，在发酵过程中，果酒发酵不完全或陈酿时有大量分子态氧存在，SO$_2$所形成的亚硫酸盐易与氧发生反应，从而避免其他物质被氧化。其二，SO$_2$抑制酒体中多酚氧化酶活性，减少单宁、色素的氧化，阻止氧化浑浊，防止酒体过早褐变，从而使酒体在陈酿过程中依然保持较好的色泽与风味。但是果酒中SO$_2$含量过多会对人体产生危害，同时也会破坏酒体的风味及色泽。SO$_2$在果酒酒体中起着至关重要的作用，能够快速并准确测定果酒中SO$_2$含量的方法也相当重要。这样才能够控制果酒酒体中SO$_2$含量变化，对酒体的风味和色泽起到保障作用。

第一节
二氧化硫概述

一、二氧化硫的特性

二氧化硫在正常状态下为气体，分子式为 SO_2，相对分子质量 64.06，0℃时的密度为 2.93g/L。正常沸点－10℃，易溶于水，20℃时，1 体积水溶解 40 体积 SO_2；10℃时 1 体积水溶解 55 体积 SO_2，而同条件下的 O_2、N_2、CO_2 相应的溶解度要小得多。温度对 SO_2 溶解度影响很大，当饱和溶液从 10℃升温到 20℃时，可能释放出大约 50mg/L SO_2（或 1 体积 SO_2 溶液释放出 15 体积气体 SO_2）。二氧化硫溶于水中可形成一种中等强度的酸，在不同 pH 下这种酸的解离程度不同，当 pH 低于 1.86 时，主要以水合二氧化硫即分子态二氧化硫形式存在。过去将这种未解离形式称为亚硫酸，这是不正确的。pH 为 1.86～7.18 之间，主要以一级解离形式 HSO_3^-（亚硫酸氢根离子）形式存在；pH 高于 7.18 时，主要以二级解离形式 SO_3^{2-}（亚硫酸根离子）形式存在。

二、二氧化硫存在形式

二氧化硫在果酒中主要以两种形式存在：游离态二氧化硫和与酒中某些分子结合成化合物形式的结合态二氧化硫。

1. 游离态二氧化硫

分子态的二氧化硫（$SO_2 \cdot H_2O$）、亚硫酸氢根（HSO_3^-）和亚硫酸根（SO_3^{2-}）的二氧化硫统称为游离态二氧化硫。在果酒生产中分子态二氧化硫最重要，称为活性二氧化硫，因为它对于抑制微生物污染，防止果酒变质，与过氧化氢结合和感官检测酒中含有的二氧化硫挥发性气味，都起着重要作用。但果酒中分子态的二氧化硫在游离态二氧化硫中只占到极少部分（1%～6%），而且其比例决定于果酒中的 pH，例如：在 pH3.0 时，15mg/L 游离态的二氧化硫的抑菌效果与 pH4.0 时 150mg/L 游离态二氧化硫的抑菌效果相同。如果果汁的酸度较高，因为分子态的二氧化硫的含量升高，总二氧化硫添加量可减少。分子态的二氧化硫还跟温度有很大关系，当温度增加 20℃，分子态的二氧化硫的挥发性增加 1 倍。

亚硫酸根（SO_3^{2-}）具有抗氧化作用。在 pH 3.0～4.0 范围内，其浓度非常低，一般为 1～3μmol/L，即使在稍高 pH 的环境中，由于浓度较低，其在果酒中消耗溶解氧的能力也受到了限制。亚硫酸氢根（HSO_3^-）在 pH 3.0～4.0 范围内，该种形式的游离 SO_2 占总游离 SO_2 的 94%～99%，酿酒专家认为，这种形式的 SO_2 可能恰恰是最不需要的，因为它参与了与乙醛、糖、酮酸以及花色苷的结合。

据报道，二氧化硫的感官阈值是 10mg/L（空气中）和 15～40mg/L（葡萄酒中），二氧化硫在酒中的感官阈值与分子态的二氧化硫有关，因此其感官阈值大小与果酒的 pH 有关；又因为温度对二氧化硫蒸气压的影响特别重要，其感官阈值的大小也与温度有关。通常 pH 较低、游离二氧化硫浓度较高的果酒，应在较低温度下饮用，以降低二氧化硫在气相挥发物中的浓度。

2. 结合态二氧化硫

除部分二氧化硫呈游离态外，还有一部分二氧化硫和羰基醛、糖、色素等物质发生化学反应，形成稳定性不同的结合态二氧化硫，结合态二氧化硫在很大程度上失去了防腐性。

当二氧化硫加入果汁中，二氧化硫被结合的速度开始较快，以后就慢下来，例如葡萄汁在用亚硫酸处理后 5min，几乎一半二氧化硫变为结合态；以后经两昼夜，结合态二氧化硫为60%～70%；经过 10 天结合态二氧化硫约为 90%，二氧化硫完全结合是不可能的。结合态二氧化硫的多少与果汁中存在的羰基化合物有关，果汁中天然存在能与二氧化硫反应的化合物有葡萄糖、阿拉伯糖、半乳糖醛酸、多糖等。如果用于榨汁的水果已有腐烂现象，将还有其他一些能束缚二氧化硫的化合物存在，包括2,5-二酮葡萄糖、5-酮基果糖等，因此含有野生酵母和其他微生物较多的果汁，需要增加二氧化硫的添加量。除了天然存在化合物，与二氧化硫起加成反应的其他重要化合物还有乙醛、丙酮酸、α-酮戊二酸，这些化合物是在发酵过程中由酵母产生的，由于乙醛是生成乙醇的中间产物，所以在发酵中途添加二氧化硫会减少乙醇生成。一般在榨汁后应立即添加二氧化硫，这样做不仅迅速抑制了果汁的进一步氧化，而且使随后的 24h 内，果酒基质立刻达到所需要的分子态二氧化硫浓度，保证添加菌种后发酵向正确方向进行。

二氧化硫可以与含有醛基和酮基的物质结合，从而形成稳定性差异很大的两类结合态二氧化硫。乙醛是酒精发酵的中间产物，用二氧化硫处理待发酵液，可通过二氧化硫与乙醛的结合阻止酒精发酵。二氧化硫还与其他物质结合，形成不稳定的亚硫酸化合物，这是一种平衡反应：

$$SO_2 + C \Longrightarrow SO_2C$$

因此，当加入二氧化硫时，结合态二氧化硫（SO_2C）的量增加，而当游离二氧化硫减少时，SO_2C 的量亦下降。当然，可与二氧化硫结合的物质（C）总量亦影响结合态二氧化硫的量，因而影响二氧化硫处理的效果。与二氧化硫形成不稳定的结合态二氧化硫（SO_2C）的物质包括：源于正常浆果的物质，如葡萄糖、阿拉伯糖、半乳糖醛酸、多糖、多酚等；源于受灰霉病和其他病害危害的霉变葡萄浆果的物质，如葡萄糖酸、果糖酸等；源于正常或霉变果醪酒精发酵的物质，如丙酮酸、α-酮戊二酸等。所以我们可以区别两种结合二氧化硫：第一种是正常的，存在于正常原料的果酒中；第二种是异常的，存在于霉变原料的酒中。在后一种情况下，由于 SO_2C 的比例较高，从而降低二氧化硫处理的效果，必须适当增加二氧化硫的使用浓度。

结合态二氧化硫的平衡反应，在实践中具有重要意义，首先，在果酒中加入二氧化硫时，总有一部分会形成结合态二氧化硫；其次，当酒中的游离二氧化硫浓度由于氧化作用而下降时，一部分二氧化硫会分解，从而补充游离二氧化硫。但是，在这一过程中，总有一部分二氧化硫消失。因此，必须在酒的贮藏、装瓶等过程中，加入一定量的二氧化硫，以补充其损失，从而将游离态二氧化硫保持在一定水平上，保证果酒不受氧化、病害的危害。这就需要酿酒工艺师定期分析游离态二氧化硫浓度，并加以适当的调整。

此外，为了不使二氧化硫总量超过法定极限，还应分析总二氧化硫浓度。总二氧化硫减去游离态二氧化硫即为结合态二氧化硫浓度。结合态二氧化硫浓度不仅可指示原料的卫生状况，而且也是果酒"健康状况"良好的指标；如果果酒已经变质或开始受细菌浸染，则其结合态二氧化硫含量高。

三、二氧化硫与果酒（汁）中成分的反应

多数 SO_2 与乙醛不可逆地结合，亚硫酸会与花色苷、单宁、丙酮酸、α-酮戊二酸和糖酸生成加成产物。这些物质与 SO_2 的结合大大降低了活性（游离）SO_2 的浓度。

1. SO_2 与乙醛化合生成羟基磺酸

将 SO_2 添加到果酒中，会同乙醛反应生成羟基磺酸，后者

具有新鲜的气味。发酵期间 SO_2 可促进乙醛的生成。羟基磺酸的生成改变了发酵液中乙醛与酵母细胞间的平衡，致使酵母产生和分泌更多的乙醛。因此发酵过程中添加 SO_2 增加了乙醛的绝对量，并减少了乙醛的挥发。

羟基磺酸在中性条件下是一种较稳定的化合物（离解常数很小），在酸碱的作用下则易分解。在佐餐葡萄酒中，亚硫酸与乙醛化合，从而减少了游离乙醛所具有的味道。因此适当使用 SO_2 有利于酒的风味。相反，在蒸出的原白兰地贮存过程中，乙醛起着重要作用，并且乙醛必须是游离状态，使乙醛与 SO_2 反应生成羟基磺酸是不适合的，所以，发酵白兰地原料葡萄酒时，葡萄汁（醪）中不添加 SO_2。所有的醛类都能同 SO_2 反应生成相应的磺酸化合物。

2. SO_2 与糖反应

SO_2 与糖反应速度比与醛反应的速度要慢得多，并且形成的化合物会很快分解（离解常数很大）。如果溶液中 SO_2、乙醛和葡萄糖同时存在，SO_2 先与乙醛化合生成羟基磺酸。乙醛全部反应后，葡萄糖才参加反应。在无乙醛的情况下，SO_2 在开始阶段和糖化合得很快，但即使有大量糖存在，亚硫酸也不会全部和糖反应，部分 SO_2 仍然处于游离状态。SO_2 在果汁、甜酒、干酒中的结合量取决于 pH 值，且酒愈新（含乙醛愈多）、含糖愈高，SO_2 结合量愈多。

3. SO_2 与果酒成分形成不稳定的化合物

果酒中可以与 SO_2 结合的成分有十几种。其来源包括：存在于果汁中的物质，如葡萄糖、阿拉伯糖、半乳糖醛酸、多糖、多酚等；在灰绿葡萄孢感染的葡萄中或氧化糖类的细菌感染的水果中形成的物质，如二丙酮葡萄糖和果糖；果酒酵母正常代谢产物，如丙酮酸和 α-酮戊二酸。

4. SO_2 使色素变成无色

有色果酒或果汁用 SO_2 处理后，颜色变淡或呈无色。当液体加热或搅拌时，液体中的亚硫酸蒸发或氧化；和色素化合的 SO_2 分解，液体色素被还原。空气中氧对于 SO_2 色素化合物的氧化作用比游离态色素要小得多，因此也可说 SO_2 处理对果酒和果汁的色泽起保护作用。但在酿制红葡萄酒时，过多地使用 SO_2 也是不当的，因为色泽减弱以后要恢复原来的色泽需要很长的时间。

5. SO_2 与其他化合物反应

（1）SO_2 与二硫键的反应　$R_1—S—S—R_2 + HSO_3^- \longrightarrow R_1SH + R_2—S—SO_3^-$。这个反应引起蛋白质、酶构型的变化，使相应的功能损失。

（2）SO_2 与维生素 B_1 反应　焦磷酸硫胺素是许多酶促反应所需要的辅助因子，它可被 SO_2 的作用破坏。当果汁中加入 SO_2 过量时，硫胺素（维生素 B_1）被破坏，果酒酵母的生长发酵受到抑制。

6. 少量游离 SO_2 被氧化成 H_2SO_4

H_2SO_4 是一种强酸，能使果酒中有机酸盐中的有机酸游离，从而提高了有效酸度。在果酒中，SO_2 可以多种相互转化的状态存在。活性 SO_2 的含量受多种因素影响，其中，果酒 pH 值和可结合化合物的浓度最重要。例如，发酵过程中生成的乙醛降低了游离 SO_2 含量，而乳酸菌可将结合态的乙醛代谢而释放出 SO_2。结合态 SO_2 释放的后果之一是减慢或抑制了 MLF，另外，由于 SO_2 的漂白作用，果酒色密度降低。

四、二氧化硫在酒精发酵过程中的变化

游离 SO_2 主要由两部分构成：一部分主要是以 HSO_3^-、

SO_3^{2-} 两种状态存在的酸根离子。这部分游离 SO_2 无气味，而且基本上没有抗菌作用。另一部分为溶解态 SO_2 或亚硫酸，只有这部分 SO_2 才具有抗菌作用，并且具有使人不愉快的"硫"味。酒精发酵前期游离态 SO_2 含量迅速消耗，主要是由于此阶段中，游离态 SO_2 因为杀菌而快速减少。酒精发酵开始后，部分游离态 SO_2 被发酵液中产生的大量二氧化碳带出发酵设备，剩余的游离态 SO_2 与发酵液中含有醛基、酮基的物质结合生成结合态 SO_2。这些损耗使得在发酵开始阶段 SO_2 消耗十分迅速。

通过研究表明，游离 SO_2 和总 SO_2 的含量随着酒精发酵的进行都呈现出降低的趋势，且在初始阶段降低最为明显，随着发酵过程接近尾声，含量逐步趋于稳定。虽然游离态 SO_2 减少，但伴随着结合态 SO_2 的增加，使得总 SO_2 的含量变化并不明显。

五、二氧化硫对氧化酶活性的抑制

SO_2 具有还原作用，能抑制果酒中多种氧化酶的活性，从而抑制酶促氧化。多酚氧化酶是葡萄酒中的主要酶类，主要来源于葡萄原料，并以酚类物质为底物。SO_2 对酶的抑制机制，目前尚不清楚，可能是 SO_2 不可逆地与醌生成无色加成物；与此同时，降低了酶作用于酚类物质的活力，从而推迟了褐化。葡萄酒中的多酚氧化酶主要是酪氨酸酶和漆酶。近年研究表明：酪氨酸酶对 SO_2 很敏感，发酵前轻微地通气或加入 SO_2 便可破坏其活性。但是漆酶活性较强，溶解性强，且对 SO_2 水平不敏感，它以花青素及其前体为底物，在发酵后的葡萄酒中仍会起作用。但也有报道，酶在消耗酚类物质的同时本身也被破坏，因此，发酵后的红葡萄酒中，以非酶氧化为主。

六、二氧化硫对非酶氧化反应的抑制

在果酒中存在着多种易氧化组分（如亚铁离子、亚硫酸、抗坏血酸、多酚物质和乙醇），但是氧化的难易程度不同。通常认为 SO_2 在果酒中有极强的嗜氧性，与酒中的其他组分相比，它们容易与氧发生反应而被氧化为硫酸或亚硫酸，进而推迟其他组分的氧化，但在红葡萄酒中越来越多的试验研究对此提出了新的看法。

与氧反应的 SO_2 是亚硫酸根（SO_3^{2-}）形式，1mg 氧消耗 4mg 二氧化硫，但实际上葡萄酒中氧的消耗要高得多。Poulton 模拟葡萄酒条件下的亚硫酸氧化研究表明：SO_2 消耗饱和氧浓度一半大约用 30 天，而白葡萄酒消耗饱和氧的一半需 2 天，红葡萄酒需要的时间更少。结果是葡萄酒中游离 SO_2 实际并不具备耗氧能力。葡萄酒条件下（pH 3.0～4.0，110g/L 乙醇）亚硫酸反应动力学研究也表明：二氧化硫几乎不具备耗氧能力；而在此 pH 下，抗坏血酸与氧反应的速率比二氧化硫与氧反应的速率几乎快 1700 倍。利用氧化还原电位理论，一个化合物的氧化还原电位是它对电子亲和力的量度，氧化还原电位是相对于氢来测量的，因此，一个正的氧化还原电位就表示这个化合物与氢相比有更大的亲和力，而且将会从氢接受电子。一个负的氧化还原电位则表示该化合物对电子有较低的亲和力，这样，这个分子就会把电子供给氢。亚硫酸与抗坏血酸的被氧化能力相似，但低于酚类物质。酚类物质氧化的氧化还原电位低于亚硫酸氧化的氧化还原电位，理论上则更易氧化。红葡萄酒生产中通常用 SO_2 作为抗氧化剂，但多项有效试验结果和理论研究表明：在规定添加量的前提下，SO_2 不能表现出其在红葡萄酒中作为抗氧化剂的有效特性，尤其是不能表现出对氧消耗和氧化还原电位的降低，更不能表现出对氧自由基的有效清除。而红葡萄酒中的酚类物质却表现出较强的耗氧能力。这可能与 SO_2

在红葡萄酒中的特性有关：葡萄酒中的酚类物质，特别是邻氢醌结构的多酚，由于其有较强的耗氧能力，使得 SO_2 的抗氧化性表现很微弱或不能表现出来。并且，由于酚类物质自氧化过程中生成了大量的氧化性多酚和过氧化物，SO_2 的抗氧化作用就愈加不明显。

七、二氧化硫抗氧化性

抗氧化能力（AOC）是影响果酒品质的一个重要因素。果酒的氧化褐变严重影响果酒的品质，多酚氧化酶（PPO）和过氧化物酶（POD）是引起果酒酶促氧化褐变的关键酶。多酚氧化酶是一种含铜氧化酶，可将多酚氧化为醌，醌类物质发生聚合会产生类黑色素。过氧化物酶可促进酚类物质和蛋白质反应产生沉淀。通过添加适量抗氧化剂可以抑制果酒的氧化褐变，提高果酒的品质。通常在酿造过程中添加 SO_2 作为抗氧化剂。由于果酒中 SO_2 对 AOC 的作用大小尚未确定，需要区分 SO_2、非酚类抗氧化物质和酚类物质对果酒总体抗氧化作用的强弱。

第二节
二氧化硫的作用

二氧化硫的作用比较复杂，通常可分为杀菌作用、抗氧化作用、稳定作用、溶解作用、增酸作用、对风味的影响等。但在用量过大的条件下，二氧化硫会带来不良影响，如二氧化硫味、硫醇味，增加粗糙感和对消费者造成毒害等，因此，行业专家要求，在正确科学使用的基础上，应尽量降低二氧化硫的使用浓度。

一、杀菌作用

普遍认为，分子 SO_2 是 SO_2 的抗菌形式。因为分子 SO_2（$SO_2 \cdot H_2O$）不带电荷，进入细胞内后，在细胞质内迅速解离为酸性亚硫酸氢根（HSO_3^-）与亚硫酸根（SO_3^{2-}）。随着细胞内分子 SO_2 因解离等因素而浓度降低，更多的分子 SO_2 进入细胞，进一步增加了胞内浓度。果酒中分子 SO_2 的量通常不直接测定，而是通过酒的 pH 值和游离 SO_2 的浓度按下式计算：

$$分子 SO_2 = 游离 SO_2/(1+10^{pH-1.8})$$

SO_2 的抗菌机理很多，比如破坏蛋白质中的二硫键，二硫键有利于维持许多酶和调节蛋白的空间结构，磺酸的形成会破坏酶和蛋白质的结构与功能；与 NAD、FAD 等辅酶及 ATP 反应影响物质代谢与能量的应用；将胞嘧啶脱氨基生成尿嘧啶增加致死突变的可能性；引起果汁中重要营养成分的减少；SO_2 与核酸、脂质的结合会引起遗传和膜功能失调。

SO_2 具有广谱抗菌活性。不同的微生物对 SO_2 的敏感性不同，在一定浓度下 SO_2 可以有选择地抑制或杀死微生物。细菌对 SO_2 最敏感，其次是尖端酵母，果酒酵母经过长期的驯化对 SO_2 有较高的耐力。在纯水中 SO_2 致死酵母的剂量为 50mg/L；在葡萄汁中，由于部分 SO_2 与葡萄汁内容物结合而失去杀菌作用，酵母致死量上升至 $1.2 \sim 1.5g/L$。约 1.5mg/L 浓度的分子 SO_2 可抑制大多数野生酵母和细菌的生长。休眠细胞比代谢活性细胞对 SO_2 更敏感。

抑制微生物生长所需要的分子 SO_2 的浓度与果汁或果酒的 pH、温度、微生物数量与生长阶段、酒精含量及其他因素有关。最常使用的分子 SO_2 的剂量为 0.8mg/L。研究发现，在葡萄酒中发现的不同属的酵母菌和细菌对 SO_2 的敏感性不同。在实际生产中,许多厂家试图将分子 SO_2 浓度维持在 $0.4 \sim 0.6 mg/L$ 以抑制陈酿期间酒香酵母和其他腐败微生物的生长。而抑制毕赤酵母、类酵母、裂殖酵母和接合酵母至少需要 $2 mg/L$ 分子 SO_2,因此在某些情况下,在果浆或果汁发酵前添加 SO_2 可能并不能完全抑制野生酵母和杂菌的生长。

有人研究了在 24h 内把非繁殖期的酵母(或细菌)的活细胞数减少到 $10^4 CFU/mL$ 时需要的 SO_2 的浓度。试验在含 10%乙醇的缓冲液中进行,得到的结果一般适用于含乙醇 12%~14%的果酒。研究表明一种酿酒酵母需要的分子 SO_2 浓度为 $0.825 mg/L$。

二、抗氧化作用

SO_2 可以抑制某些酶促和非酶氧化反应,防止酒出现氧化味、氧化混浊、退色等现象,保持酒的新鲜,防止酒过早褐变,保护酒中芳香物质,降低酒的氧化还原电位。SO_2 具有还原性,可以将氧化产物还原,例如将醌还原成酚,阻止醌参与进一步的氧化反应。SO_2 有助于维生素 C 的抗氧化作用,使后者的反应副产物过氧化氢(H_2O_2)迅速还原成水。添加 SO_2 能够抑制氨基酸与糖引起的非酶褐变,SO_2 与糖的羰基反应,阻止后者与氨基酸发生羰氨反应。

氧化现象可出现在酿造过程的不同阶段,如原料的采收和运输过程中,原料的破碎、压榨时,在未添满的贮藏容器中,在果汁或果酒的倒罐、转罐、泵送等过程中。此外,在酒精发酵触发前的果汁对氧化作用极为敏感。但是,酒对氧化的敏感程度还决定于其氧化酶和铁、铜的含量,含量越高,葡萄酒越易氧化。

二氧化硫及亚硫酸具有极强的嗜氧性,与果汁或果酒的其他成分比较,它们容易与氧发生反应而被氧化为硫酸或硫酸盐,从而抑制或推迟其他成分的氧化。果汁或果酒的很多氧化反应都是氧化酶催化的,正常浆果中的氧化酶为酪氨酸酶,而受霉菌等危害的浆果除酪氨酸酶外还有漆酶,二氧化硫可以破坏酪氨酸酶,抑制漆酶的活性，从而防止果汁或果酒成分的氧化，这就是二氧化硫的抗氧化作用。需要指出的是，虽然二氧化硫可以抑制漆酶的活性，但并不能使之失去活性。因此，对于霉变原料，仅仅提高二氧化硫的使用浓度是不够的，还必须用其他方法（如热浸渍、热处理等）破坏漆酶。

三、稳定作用

二氧化硫具有抗菌特性，可杀死细菌与酵母菌等微生物，或抑制它们的活性。因此，正确使用二氧化硫，不仅可以对酒精发酵与苹果酸乳酸发酵进行控制，而且可以防止醋酸病、乳酸病等细菌性病害以及酒花病、甜酒再发酵等酵母性病害。二氧化硫的抗菌特性，不仅使之具有稳定作用，而且还具有选择作用。微生物种类不同，其抵抗二氧化硫的能力也不一样，细菌的最差，尖端酵母次之，果酒酵母最强。因此，适量使用二氧化硫，可杀死劣质酵母，加强优质酵母的发酵作用，使酒精发酵更为纯正；可推迟发酵的触发，有利于酿造过程中果汁的澄清；在酿造甜型果酒时可中止发酵，保留所需的含糖量；在需要时杀死所有微生物，提高生物稳定性。

四、溶解作用

二氧化硫可加速色素、单宁、矿物质以及有机酸的溶解，因为它可以破坏浆果的细胞。二氧化硫的这一特性可加强果酒酿造过程中的浸渍作用，虽然二氧化硫的溶解作用持续时间很短，因为它很快与果醪中的物质生成结合态二氧化硫。由于二氧化硫具有这一作用，因此在清汁果酒的酿造过程中应尽量避免在取汁分离前直接对破碎或未破碎原料进行二氧化硫处理，因为这样会加强浸渍作用，促进单宁的溶解，影响果酒的质量。

五、对风味的影响

适量使用二氧化硫可明显改善果酒的风味。这主要表现在以下方面：保护芳香物质，促进陈酿香气的形成；使过氧化味消失；减弱霉味等不良风味。但是，如果用量过大，或是发酵结束、温度仍较高时使用二氧化硫，也可形成一些不良风味，如硫味、臭鸡蛋味（H_2S 味）、蒜味（硫醇味）等。

与酒液上方气相达到平衡的是分子态的游离 SO_2。因此对感官性质有影响的游离 SO_2 的浓度与温度和 pH 有关。有报道称，SO_2 的阈值为 10mg/L（空气中）和 15～40mg/L（葡萄酒中），此时从许多酒中可察觉出燃烧火柴味。从感官性质考虑，温度对 SO_2 蒸气压的影响特别重要。这是众所周知的饮酒方法的基本原理，即 pH 较低和 SO_2 浓度较高的酒，应在较低的温度下饮用，以降低 SO_2 在气相挥发物中的浓度。

六、澄清作用

SO_2 的抑菌作用使发酵延迟，有利于果汁中悬浮物的沉淀，果汁很快澄清，对制造白葡萄酒、桃红葡萄酒等清汁发酵的果酒非常有益。

七、增酸作用

SO_2 一方面抑制了 MLF 细菌；另一方面本身呈酸性，溶解与氧化后都会增加果汁的酸度。另外还与苹果酸、酒石酸的钾盐、钙盐结合，使其游离。

八、对果酒色泽的影响

SO_2 的另外一个作用是漂白色素，使酒呈更浅的颜色。SO_2

抑制了颜色稳定的花色苷-单宁聚合物的生成。陈酿期间，与 SO_2 结合的花色苷游离而重新呈色，但无法弥补颜色损失。游离花色苷比聚合物更易于发生不可逆脱色。另外，花色苷-单宁聚合物生成的延滞导致。单宁发生自聚合，渐渐地无法与花色苷结合。

九、对酿造环境的影响

SO_2 还是果酒厂设备的消毒剂，但过多使用 SO_2 是有害的。SO_2 具有腐蚀作用，可以从未加保护层的金属表面溶解金属离子。SO_2 也会与橡木成分发生反应生成木质素磺酸。木质素磺酸释放 H_2S，后者与木材中的吡嗪反应生成具有霉味的硫代吡嗪，浸出后会污染酒。

十、 SO_2 的副作用

果酒发酵过程中使用的 SO_2 会产生一定程度的硫化氢。发酵过程中 H_2S 的产生与 H_2S 的消失同样快，如果对生成 H_2S 不进行处理，它很快与果酒中的其他化学成分形成更复杂的一类含硫化合物——硫醇。硫醇有一种令人不愉快的气味，在 3 种果酒致命缺陷中，含有硫醇是最让人讨厌的一种。

SO_2 普遍应用于果酒工业，大多数国家将 200mg/L 作为最高允许添加量。值得注意的是国际卫生组织规定每人每日允许摄入量为 0～0.7mg/kg。优良纯酿酒酵母可以忍受 100mg/L 浓度的 SO_2，因此少量的 SO_2 不会对正常酒精发酵构成影响，但过量添加 SO_2 将会造成以下不利影响：①延迟发酵，小规模酿酒作坊应尽可能使 SO_2 用量降低到最低限度；②多余的 SO_2 会产生硫醇等化合物，强烈损害酒的风味；③抑制进行苹果酸-乳酸发酵细菌的生长繁殖；④破坏硫胺素。

第三节
二氧化硫的使用

一、二氧化硫的用量

1. 影响二氧化硫用量的因素

影响二氧化硫用量的因素如下。

（1）发酵基质的含糖量　含糖量越高，结合 SO_2 的含量越高，从而降低活性 SO_2 的含量。

（2）含酸量　含酸量越高，pH 越低，活性 SO_2 含量越高。

（3）温度　温度越高，SO_2 越易与糖化合，而降低活性 SO_2 的含量。

（4）微生物的含量和活性　破碎和霉变的原料中，各种微生物的含量高且活性强，加入的 SO_2 含量越高。

（5）所生产的果酒类型　如果生产的葡萄酒将用于蒸馏白兰地，则不对原料进行 SO_2 处理。此外，如果葡萄酒要进行苹果酸-乳酸发酵，对原料的 SO_2 处理就不能高于 60mg/L。

2. 酒精发酵前 SO_2 用量

酿造红葡萄酒时，红葡萄破碎时加入 SO_2，以抑制杂菌的生长、繁殖。发酵结束进行汁渣分离后，一般不添加 SO_2，以防其抑制 MLF 细菌的生长与发酵。但下列情况下应加 SO_2：发酵醪挥发酸过高，有发生氧化病害的危险。酿制的新酒不需要进行 MLF，添加时应兼顾 pH 值与温度。pH 值高，加量多。如 pH3.0 时添加 30mg/L SO_2；pH3.5 时加 100mg/L SO_2；pH3.8 时加 150mg/L SO_2。发酵温度高应增加 SO_2 的用量，发酵温度低可适当减少 SO_2 用量。

酿造白葡萄酒时，破碎取汁后应立刻添加 SO_2 以防葡萄汁氧化。应避免在破碎时添加 SO_2，防止皮渣中物质过多地浸出。

酿造其他果酒时，从原料的物理性质方面考虑，发酵果酒时无非采用果汁发酵或果浆发酵。采用果汁发酵时，SO_2 的用量参考白葡萄酒；采用果浆发酵时，SO_2 的使用量参考红葡萄酒。具体加量的确定还应考虑到果实的 pH 值以及果实的健康状况、果浆或果汁温度等因素。但有一点应该明确，需要进行 MLF 的果酒在酒精发酵前添加的 SO_2 不宜超过 $60mg/L$。

3. 贮酒时 SO_2 用量

红葡萄酒在第一次倒酒时通常不需要添加 SO_2。在后续的倒酒操作中，每次倒酒时检测酒中 SO_2 含量，当游离 SO_2 低于 $10mg/L$ 时，补加 SO_2 使酒中游离 SO_2 浓度控制在 $10\sim20mg/L$ 之间。装瓶时应控制每升酒中含有游离 SO_2 在数毫克至 $10mg$ 之间。

白葡萄酒和桃红葡萄酒在第一次倒酒时一般也不需要添加 SO_2，但若异味严重，有微生物污染的危险时应及时添加 SO_2 $30\sim40mg/L$。在后续的倒酒操作中，每次倒酒时检测酒中 SO_2 含量，当游离 SO_2 低于 $30mg/L$ 时，补加 SO_2 使酒中游离 SO_2 浓度控制在 $30\sim40mg/L$ 之间。装瓶时应控制浓度在 $25mg/L$ 左右。

其他果酒按产品分类，或参考红葡萄酒的加量，或参考白葡萄酒与桃红酒的加量。根据国家相关标准，果酒中总 SO_2 含量不能超过 $250mg/L$。在绝大多数情况下，装瓶时应添加 $5mg/L$ SO_2，以补偿装瓶过程中的氧化损失。装瓶后 SO_2 的损失有以下几种原因：①气体经过软木塞的挥发损失；②SO_2 被瓶中的氧氧化，该反应非常慢，$1mg/L$ 氧需 $4mg/L$ SO_2；③生成以强键结合的磺酸化合物；④SO_2 被已氧化的酚类物质缓慢氧化，这个反应涉及果酒中被氧化和被还原的化合物的重排。SO_2 被已经氧化的酚类物质氧化，其结果是生成硫酸和使总 SO_2 损耗。

4. 果汁保鲜 SO_2 用量

果汁保鲜时用量为 $100 \sim 600 \text{mg/L}$，使用前应进行脱硫处理。

二、二氧化硫处理的时间

1. 发酵以前

二氧化硫处理应在发酵触发以前进行。但对于酿造带皮发酵的原料，应在原料破碎、除梗后泵入发酵罐时立即进行，并且一边装罐一边加入 SO_2，装罐完毕后进行一次倒罐，以使所加的 SO_2 与发酵基质混合均匀。切忌在破碎前或破碎除梗过程中对原料进行 SO_2 处理，原因如下：SO_2 不能与原料混合均匀；由于挥发和被原料固体部分的吸附而损耗部分 SO_2，达不到保护发酵基质的目的；在破碎、除梗时，SO_2 气体会腐蚀金属设备。

对于酿造清汁果酒的原料，SO_2 处理应在取汁以后立即进行，以保护果汁在发酵以前不被氧化。严格避免在破碎除梗后、果汁与皮渣分离以前进行 SO_2 处理。原因如下：部分 SO_2 被皮渣固定，从而降低其保护果汁的效应；SO_2 的溶解作用可加重皮渣浸渍现象，影响果酒的质量。

2. 在陈酿和储藏时

在果酒陈酿和储藏过程中，必须防止氧化作用和微生物的活动，以保护果酒，防止其变质。因此，必须使果酒中的游离 SO_2 含量保持在一定水平上：SO_2 储藏浓度，干型果酒在 $20 \sim 40 \text{mg/L}$，甜型果酒在 $40 \sim 80 \text{mg/L}$；SO_2 装瓶浓度，干型果酒在 10～30mg/L，甜型果酒在 30～50mg/L。

甜型果酒不宜进行原酒运输，最好在生产厂装瓶。在储藏过程中，酒中游离 SO_2 的含量不断地变化。因此，必须定期测定，调整酒中游离 SO_2 的浓度。在进行调整前，应取部分酒在室内观察其抗氧化能力。在加入 SO_2 时，应考虑部分加入的 SO_2，将以结合态的形式存在于酒中。可用以下式粗略计算 SO_2 的加入量：所加入的 SO_2，有 2/3 将以游离状态存在，而 1/3 将以结合状态存在。例如：设葡萄酒中需保持的游离 SO_2 量为 40mg/L（a），葡萄酒中现有的游离 SO_2 量为 16mg/L（b），所以需加入的游离 SO_2 量为 $c=a-b=24$（mg/L），则需加入的 SO_2 总量为 $d=3/2×c=3/2×24=36$（mg/L）。

三、 SO_2 的使用方法

在酿造果酒时添加 SO_2 的方法有固体法、液体法和气体法三种。

1. 固体法

硫化物常用于发酵醪、果酒和各种酿酒工具的防腐、消毒。常用的硫化物是焦亚硫酸钾（$K_2S_2O_5$）。过去也用亚硫酸钠来达到产生 SO_2 的目的，但因果汁中本身不含钠离子，且有研究表明钠离子对酵母有一定毒性，因此一些国家的果酒生产法规规定果酒生产中不得使用亚硫酸钠。

影响焦亚硫酸钾使用量的因素有果汁种类、果酒类型、倒酒的频率及要求的货架寿命等。当使用硫化物时，要同时添加柠檬酸给硫化物造成酸性环境，使 SO_2 尽快释放出来。除此以外，添加硫化物时，不能以固体形式直接加入酿酒大罐，应先用少量果酒将其溶解，然后倒入发酵罐并开动搅拌设备，充分搅匀。

焦亚硫酸钾理论 SO_2 含量为 57％，但在实际使用中，其计算用量为 50％（即 1kg $K_2S_2O_5$ 含有 0.5kg SO_2）。使用时，先将焦亚硫酸钾用水溶解，以获得 12％的溶液，其 SO_2 含量为 6％。欧盟规定焦亚硫酸钾的最高使用浓度不得超过 20g/L。

2. 液体法

气体 SO_2 在一定的加压（30MPa，常温）或冷冻（－15℃，常压）下，可以成为液体。液体 SO_2 一般储藏在高压钢桶（罐）中。其使用最为方便，可有两种方式：一是直接使用，将需要的 SO_2 量直接加入发酵容器中，但这种方法容易使 SO_2 挥发、损耗，而且加入的 SO_2 较难与发酵基质混合均匀；另一种是间接使用，将 SO_2 溶解为亚硫酸后再行使用，SO_2 的水溶液浓度最好为 6％。可用以下两种方法获得：称重法，即在一定体积的水中加入所需的 SO_2 量；相对密度法，6％ SO_2 水溶液的相对密度为 1.0328。

此外，也可使用一定浓度的瓶装亚硫酸溶液。一般市售亚硫酸溶液的 SO_2 含量为 6％～8％，这是使用最为方便和便于混合的 SO_2 形态。但它必须在低温、黑暗和密闭条件下贮藏。此外，在贮藏过程中 SO_2 浓度可能降低，所以在使用时应检查其浓度，应用相对密度法（表 6-1）检验其 SO_2 的浓度。

表 6-1　SO_2 水溶液的相对密度（15℃）

SO_2 含量/％	相对密度	SO_2 含量/％	相对密度
2.5	1.0135	6.5	1.0352
3.0	1.0168	7.0	1.0377
3.5	1.0194	7.5	1.0401
4.0	1.0221	8.0	1.0426
4.5	1.0248	8.5	1.0450
5.0	1.0275	9.0	1.0474
5.5	1.0301	9.5	1.0497
6.0	1.0328	10.0	1.0520

3. 气体法

气体法又称熏硫法，是过去常用于酒桶消毒的一种方法。把硫黄制成硫黄绳后盘成圆盘状，悬挂在酒桶里点燃；或者将压成正方体的硫黄块，用盘盛装或用金属线悬挂在桶内点燃，产生SO_2。在熏硫时硫黄有时会因不完全燃烧而掉落在酒桶底部，熏硫后要注意清除。除以上方法外也可用焦亚硫酸钾与酸反应产生SO_2进行熏蒸。熏硫法须在空气流通环境进行。现在欧洲某些地方仍在使用这种方法。在燃烧硫黄时，生成无色令人窒息的气体，即SO_2，这种方法一般只用于发酵桶和环境的熏硫处理。在熏硫时，从理论上讲，1g硫在燃烧后会形成2g SO_2，但实际上，在225 L的酒桶中燃烧10g硫，只能产生$13\sim14g$的SO_2，只有其理论值的70%左右。

4. 与其他添加剂一起使用

山梨酸是一种短链不饱和脂酸，无毒性，能被人体完全吸收，对酵母等真菌具有抑制作用，在半干至甜白葡萄酒装瓶时使用可防止瓶内再发酵。隔绝空气时抑菌效果更佳。山梨酸用于果汁、甜瓶装果酒中防止酿酒酵母发酵。美国允许山梨酸最大加量为300mg/L，我国《食品安全国家标准　食品添加剂使用标准》（GB 2760—2014）中允许使用上限为600mg/L（均以山梨酸计）。在实际生产中，最常用的使用浓度为$100\sim200mg/L$。有些国家不允许使用山梨酸，因此生产出口产品时，应了解出口目的国相关添加剂的允许使用情况。

SO_2与山梨酸钾间有相互促进作用，因此抑制酵母发酵时，二者共同使用可以降低山梨酸钾的用量，50mg/L游离SO_2加150mg/L山梨酸相当于$80\sim100mg/L$游离SO_2的作用。据报道，将SO_2与山梨酸钾各80mg/L添加到甜佐餐葡萄酒中的抑菌效果高于单独使用时的130mg/L SO_2或480mg/L山梨酸。但也有报道认为二者共同使用时的抑菌效果比分别使用时低。山梨酸钾应等到装瓶前再加入果酒中，先将要求量的山梨酸钾用少量水或果酒溶解，再加入酒中混匀。添加操作应在干净的、杀过菌的不锈钢或其他罐中进行，不能使用橡木桶，因为被木材吸收的残留山梨酸会被木桶中的乳酸菌利用而产生天竺葵味，这种味道会进入在该桶中进行处理的果酒中。

维生素 C 能吸收氧，50mg 维生素 C 能够吸收 3.5mL 氧，可用于防止酒中香气成分的氧化，也能防止铁的氧化，避免铁破败病的发生。葡萄中只有少量维生素 C，发酵后果酒中维生素 C 消失。在装瓶时与 SO_2 配合使用可缩短红葡萄酒瓶内病的持续时间（用量为 20mg/L）；添加到起泡酒原酒中可改善口味，防止氧化，加量为 20～30mg/L SO_2 与 30～50mg/L 维生素 C。应注意的是只有足够的 SO_2 存在时，维生素 C 才有还原作用。我国 GB 2760—2014 中规定葡萄酒中允许添加维生素 C 150mg/L，而《中国葡萄酿酒技术规范》中规定葡萄酒中允许添加维生素 C 100mg/L。

SO_2 可以与苯甲酸及其钠盐配合使用，我国果酒中苯甲酸及其盐的最大使用剂量为 0.8g/kg（以苯甲酸计）。

第四节
减少或替代二氧化硫

在果酒酿造及贮存过程中，SO_2 是主要的杀菌剂及抗氧化剂，其应用具有悠久的历史，目前果酒行业中仍在广泛使用。SO_2 能够抑制野生酵母、乳酸菌和醋酸菌等微生物的生长，并控制酒体氧化变质。近年来研究表明，过量的 SO_2 不但影响果酒的质量，而且也危害人类的健康，所以在果酒酿造及贮存中的应用就受到了限制。世界卫生组织（WHO）一直要求降低食品中 SO_2 的浓度，国际葡萄与葡萄酒组织（OIV）和各国都规定了果酒中 SO_2 的最高限量。美国 FDA（美国食品药品监督管理局）把 SO_2 从食品添加剂"GRAS"（一般认为安全）一类中去除，并规定如果产品中游离 SO_2 含量超过 10mg/L，必须在标签上注明 SO_2 的含量。在我国，按照 GB 2758—2012 规定，果酒中总二氧化硫≤250mg/L。

为此，找到替代 SO_2 的抗氧化及抗菌作用的物质或其他方法，已经成为果酒行业的研究热点。研究者已经做了大量的工作来寻找减少或取代 SO_2 用量的方法，并取得了一定的成绩。比如在果酒中加入 SO_2 替代品或用射线等方法来减少 SO_2 的用量。

下面介绍近年来在减少或替代 SO_2 过程中所应用的方法。

一、从抗氧化角度来减少或替代 SO_2

许多物质及方法可以减少或防止果酒的氧化，根据作用机理可以归结为 5 个方面：果酒中易被氧化底物的预处理；酒中溶解氧浓度的控制；减少氧化诱导物；加热灭酶以及添加抗氧化剂。

1. 果酒中易被氧化底物的预处理

为了防止果酒在酿造过程中被氧化，可以采取添加澄清剂去除多酚等易被氧化的底物，果汁的预先氧化，以及多酚酶的固定化技术等措施来防止果酒的氧化褐变，从而减少二氧化硫的用量。Macheix 和 Gomez 等人研究表明，明胶、蛋清、活性炭、多聚糖、酪蛋白等常用的澄清剂均可以吸附多酚类物质，从而降低酒被氧化的潜在问题，很大程度上能起到抗氧化的作用。但是加入澄清剂的缺点就是吸附了很多酒的风味物质，从而破坏酒体的口感及营养价值，所以生产过程中未能广泛使用。在果酒生产过程中，通入氧气对果汁进行预先氧化形成酚类聚合物沉淀，后续通过过滤等措施去除，可以防止酿造过程中酒体的氧化。这样可以减少或不用 SO_2。但是对酒的香气组成产生较大的影响。Brenna 等人应用固定化酶技术处理果汁，发现不仅能选择性地去除对后续生产有破坏作用的多酚类物质，而且能有效地改善酒的风味，此种方法对于减少或取代 SO_2 的作用具有很广阔的应用前景。

2. 溶解氧浓度的控制

可以通过填充惰性气体，选择不同的放置方法，选用瓶塞的类型以及微氧化技术等方法来调节酒中溶解氧的浓度。常用的惰性气体有 CO_2、N_2 及 He 等，通过惰性气体的填充可以有效地防止果汁和酒与氧气的接触。果酒的装瓶、换桶等操作可在惰性气体保护的环境中进行，是与氧隔绝的有效措施，但是在贮存的过程中酚类物质开始聚合，影响酒的品质。Ribéreau-Gayon 等人于 20 世纪 30 年代在实验中发现，在葡萄酒贮存过程中，氧气能透过橡木塞而进入酒中，从此以后科研工作者对瓶塞及贮存位置进行了大量的研究，结果得到共同的结论，即采用水平放置并选择螺旋塞能更有效地防止氧气进入酒中，进而减少酒体氧化的发生。

3. 减少氧化诱导物

通过离子交换法及膜过滤法除去铁离子等诱导物，可以在一定程度上减少 SO_2 的用量。铁、铜等金属离子在果酒中能起到诱导酶促反应的发生，加速酒体的氧化，故从氧化诱导物含量的角度来减少果酒的氧化是一个有效的措施。

古时生产技术落后，人们的许多生产工具只能来源于自然材料，选用橡木桶贮存葡萄酒便是如此，这形成了葡萄酒独特的橡木风味。橡木桶具有一定的透气性，初期有利于葡萄酒老熟，但长时间的贮存便出现过氧化现象（过度老熟）及酒精和香味成分的挥发损耗，导致葡萄酒变质。不锈钢贮罐加橡木片微氧技术陈酿就是在不锈钢贮罐中加入适量的橡木片（以保证葡萄酒的橡木风味），在陈酿过程中人工控制氧的消耗量，使葡萄酒达到最佳老熟。不锈钢贮罐加橡木片微氧技术陈酿能使葡萄酒生产技术得到极大提升，实现陈酿过程需氧量的可控性。葡萄酒老熟之后便能控制酒液为无氧状态，从而保护了葡萄酒还原态酚类物质的减少，控制了酒液为无氧状态，这就不需要添加 SO_2 作抗氧化剂了。

4. 加热灭酶

水果表面存在大量的酶、金属离子及蛋白质，在加工过程中轻微的破碎和低温可以减少上述物质的浸出，果香更加浓郁，同时有助于果汁的澄清。但是在破碎的过程中，上述物质与底物相接触，加速了酶促反应的发生，由于多酚氧化酶对热较敏感，所以，可以通过加热的方式来钝化酶，从而减少或防止氧化褐变的发生。近年来，也有利用微波的热效应来杀灭果酒中酶类的报道，通过控制微波的剂量等方法来处理样品，取得了较好的效果。

5. 添加抗氧化剂

在果酒中添加抗氧化剂是一种简单、经济而又理想的方法，可以保护酒体的主要成分不被或少被氧化，选择一些安全、高效、无毒的抗氧化剂，在保障食品品质和提高食品稳定性及贮存期方面都起着十分重要的作用。近年来，对果酒中添加的非二氧化硫抗氧化剂的报道很多，主要有维生素 C（抗坏血酸）、EDTA、巯基化合物、酶制剂、酚类物质以及天然抗氧化剂等。

二、从抗菌角度来减少或替代 SO_2

微生物腐败发生在果酒酿造的各个阶段，其主要的腐败微生物是野生酵母及乳酸菌，添加防腐剂是抑制或杀死腐败微生物的有效手段。SO_2 在果酒酿造过程中，除了抗氧化作用外，另一个重要作用就是抗菌、防腐的作用，但由于其对人类的健康产生危害，法律规定了 SO_2 的最大添加量。因此，找到

能替代 SO_2 抗菌作用的其他防腐剂也是研究者面临的重要课题，在寻找能够替代 SO_2 抗菌作用的物质方面做了大量的研究，所应用的防腐剂主要包括化学防腐剂和天然防腐剂两大类。

1. 化学防腐剂

除了 SO_2 以外的其他化学防腐剂在果酒工业中的研究也在进行，是取代或减少 SO_2 的重要方法。近年来所应用的化学防腐剂主要包括山梨酸、香兰素、焦碳酸二乙酯、二甲基二碳酸盐（DMDC）及其他有机酸等。

（1）山梨酸 山梨酸是常见的用于果酒工业中的防腐剂，对多种腐败微生物的细胞具有显著的破坏作用，是目前广泛应用的化学防腐剂之一，其作用机理主要是通过干扰微生物生长环境的 pH 值来控制微生物的生长。但是它会受到某些乳酸菌产生的 2-乙氧羰基-3,5-己二烯的影响而降低作用效果，故其应用前景受到了限制。

（2）香兰素 香兰素可以应用在果酒及乳品行业中，主要用于控制酵母腐败菌，是通过阻断腐败菌细胞的能量代谢而达到抑制腐败菌生长的作用。有研究表明：香兰素通过中断腐败菌细胞膜对营养物质的吸收，进而干扰其代谢来达到抑制生长的目的。然而，有些腐败菌可以把香兰素转化成乙醇和酸的衍生物，从而起到抵抗的作用。在果酒工业应用的过程中，报道的香兰素有效添加量相差很大，其范围在 $30 \sim 100 mg/L$ 之间。由于香兰素的香气比较突出，所以若果酒中添加过量，将会严重破坏酒体的香气结构，对品质造成很大的影响。

（3）焦碳酸二乙酯及二甲基二碳酸盐 焦碳酸二乙酯具有很强的杀菌作用，曾广泛地应用于饮料行业中，可有效防止果酒腐败菌。但是在应用过程中发现，它将被某些微生物代谢生成氨基甲酸乙酯，会对人体健康产生不利的影响，所以已经被禁止使用。研究表明，二甲基二碳酸盐由于应用过程中产生甲醇和氨基甲酸乙酯的量较少，所以可以作为防腐剂用于果酒行业中。DMDC 作为果酒的防腐剂，其合法的最大添加量为200mg/L，可以大大降低 SO_2 的用量，具有很好的应用前景。

（4）其他有机酸　在寻找替代 SO_2 抗菌作用的过程中，发现一些有机酸如辛酸、月桂酸、癸酸和羟基肉桂酸等也具有抑制果酒腐败菌的作用。我国著名葡萄酒专家李华教授利用辛酸、癸酸、月桂酸和无水乙醇按照一定比例混合，对葡萄酒发酵过程中的一些细菌及酵母菌具有很好的抑制作用，在果酒、饮料生产中，可提高产品的微生物的稳定性，减少了 SO_2 使用量。

2. 天然防腐剂

长期的研究表明，化学合成的防腐剂存在致癌性、致畸性和容易引起食物中毒等问题，而天然防腐剂不但对人体健康无害，还具有一定的营养价值，有些天然防腐剂已经达到甚至超过人工合成的防腐剂的效果，故天然防腐剂的研究和开发成为当今食品工业的一个热点。近年来，科研工作者在天然防腐剂的开发方面已经做了大量的工作，在一定程度上减少了二氧化硫的用量，主要包括壳聚糖、乳酸链球菌素（Nisin）、纳他霉素以及一些蛋白质及多肽等。

（1）壳聚糖　壳聚糖是一种天然氨基多糖，具有良好的生物降解性、生物相容性，且无毒副作用，具有优越的生物活性和较强的抗菌保鲜能力，已经广泛应用于果汁处理和果酒发酵过程中，且取得了很好的效果。壳聚糖对引起腐败的 8 种酵母菌和 7 种真菌有较强的抵抗能力，野生酵母在含有 0.1～5g/L 壳聚糖的苹果汁中都受到了抑制。

（2）乳酸链球菌素　Nisin 是由多种氨基酸组成的多肽类化合物，可以作为营养物质被人体吸收。它能有效抑制引起食品腐败的许多革兰阳性细菌，如肉毒梭菌、金黄色葡萄球菌、溶血链球菌、李斯特菌、嗜热脂肪芽孢杆菌的生长和繁殖。它是一种无毒的天然防腐剂，对食品的色、香、味、口感等无不良影响，现已广泛应用于乳制品、罐头制品、鱼类制品和酒精饮料中。但是，经研究表明：Nisin 对大多数革兰阴性细菌和酵母都不能起到抑制作用，存在着抗菌谱窄的缺点，所以在果酒等食品中应用时必须与其他防腐剂配合才能起到好的效果。

（3）纳他霉素 纳他霉素是由纳他链霉菌产生的一种多烯烃大环内酯类抗真菌剂，能有效抑制和杀死霉菌、酵母菌和丝状真菌的天然生物防腐剂。多项研究认为，可以用在果酒生产过程中来抑制腐败酵母菌以及其他真菌的活性，可大大减少 SO_2 的用量。但是，由于该种防腐剂只能对真菌起作用，不能抑制腐败细菌的生长，故应用过程中必须与其他抑制细菌的防腐剂配合使用才能起到替代 SO_2 的作用。

（4）蛋白质及多肽类 目前也有一些蛋白质及其多肽类物质应用于果酒中，并取得了较好的效果。乳铁传递蛋白是哺乳动物乳汁里的重要成分之一，该种蛋白质是一种具有广谱抗菌作用和抗氧化作用的多功能糖蛋白，对于抵抗果酒腐败菌具有很大的潜力。

近年来，研究者对乳铁传递蛋白的胃蛋白酶降解物也进行了抗菌实验，发现了一种含有 25 个氨基酸残基命名为牛乳铁多肽 B 的抗菌肽，具有很强的抗菌作用，不仅可以有效地抑制多种细菌的增长，而且还能控制果酒常见的野生酵母的生长，被认为是一种极具潜力的抗菌肽。目前，与牛乳铁蛋白相关的其他多肽类水解产物的抗菌活动也有很多报道。在对这些抗菌肽研究的过程中，主要针对易引起果酒腐败的假丝酵母以及植物病原菌都取得了令人满意的成果，具有进一步开发为果酒防腐剂的潜力。

三、减少或替代二氧化硫的发酵方法

1. 利用发酵来降低乙醛含量

由于果酒中的一部分 SO_2 是以与乙醛相结合的方式存在的。可以通过减少酒中乙醛的含量来达到减少 SO_2 添加量的目的，目前已有一些相关报道。Osborne J. P 等人通过同时进行酒精发酵和苹果酸-乳酸发酵可以减少甚至避免乙醛在葡萄酒制造中的产生。通过发酵来降低乙醛含量能被用作替代或减少在果汁中 SO_2 添加的一种可选择性方法。

2. 选择降解乙醛能力较强的乳酸菌

从葡萄酒中分离出来的一些乳杆菌和酒类酒球菌能够代谢游离乙醛和与 SO_2 结合的乙醛。一些牛乳中含的乳酸菌能够代谢乙醛，产生酒精和醋酸作为终产物。另外，在其他文献中也显示乙醛可能被苹果酸-乳酸发酵中的乳酸菌代谢，造成 SO_2 的释放，这样可以避免 SO_2 的过多加入。

3. 使用酵母接种和加强卫生管理

在果酒酿造中，可以使用高产 SO_2 的酵母和有降解乙醛能力的乳酸菌进行合适的混合，这项技术也为不添加 SO_2 来生产果酒提供可能。Monica Herrero 等人（2003）报道，浓缩苹果汁的广泛使用和在工业化苹果酒生产中使用酵母接种，以及在加工厂里采用更好的卫生措施，已经使得自然的微生物降低。这对一些传统处理过程如果汁的二氧化硫处理的应用将会带来便利。

4. 提高酒精含量

酒精是酵母菌的代谢产物，对微生物及酶的活性有抑制作用。当酒精度大于 15%vol 时绝大多数微生物受到抑制，果酒中的菌体及酶基本上失去活性，从而保证了酒能长期保存。那如何提高果酒酒精度？现阶段可以采用的方法有浓缩果汁法或加高度蒸馏酒（酒度越高越好，这样加的量少不影响酒色度；为保证果酒的纯度，不提倡加酒精）等。果酒酵母菌耐酒精度一般为 13%vol，也就是说发酵醪中酒精度达 13%vol 时，酵母菌被酒精抑制，这就需要筛选耐酒精度高的果酒酵母菌，使其达到这一耐酒度。

四、减少或替代二氧化硫的物理方法

近年来，除了利用上述化学、发酵的方法之外，还有很多物理方法也用于减少果酒中二氧化硫的添加量，为减少或替代二氧化硫提供了新的思路。应用的物理方法主要有利用放射性元素产生的射线、紫外线、脉冲电场技术（PEF）、高压以及低电流等方法来处理果酒，以达到抗氧化、抗菌的目的，从而减少 SO_2 在果酒中的添加量。

Kyle Wilson 等人用放射性元素钴-60 放出的 γ-射线处理葡萄酒样品，发现 γ-射线能起到抗氧化及杀菌的作用，可以减少 SO_2 用量的 40%～70%。2008 年南非法兰舒克酒庄总酿酒师 Neil Patterson 介绍，一款新葡萄酒经过紫外线光照射器处理，杀灭了酒中有害微生物及酵母菌，在酿酒过程中减少了 SO_2 的添加量。

Lòpez 等人报道，葡萄酒经过 PEF 处理后，多酚类化合物显著增加，抑制了葡萄酒的氧化，从而减少 SO_2 的用量。大量研究表明：PEF 可以杀灭或抑制橘汁、草莓汁以及苹果汁中的腐败微生物，且对果汁质量没有显著的破坏。这就为该技术在果酒中的应用奠定了基础。E. Puértolas 等人报道，利用 PEF 能减少 99.9% 的葡萄酒腐败菌，其最佳电场强度为 29 kV/cm，大大减少了 SO_2 的用量。

另外，利用高压和弱电流处理果酒也能起到杀死或抑制腐败菌的作用，这些常见的物理手段为果酒酿造过程中减少或替代

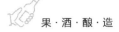

SO_2 提供新的思路。在不引入外源物质的前提下能够减少对果酒品质的影响，将有广阔的前景。Mok 等人报道，利用高压或弱电流可以抑制或杀死引起果酒腐败的野生酵母以及一些乳酸菌。

虽然研究者在取代和减少 SO_2 方面已经做了大量的工作，但是到目前为止，还没有发现能用于大规模生产的完全取代 SO_2 的方法。找到一种天然、高效、无毒的既能起到抗氧化作用又能起到抗菌作用的物质将是今后科研工作者努力的方向，也是以后研究的重点课题。

第七章
葡萄酒

第一节
红葡萄酒

一、红葡萄酒酿造工艺流程

红葡萄酒的酿造工艺见图7-1。

二、红葡萄酒酿造中浸渍的管理

源于葡萄固体部分的化学成分使红葡萄酒具有区别于白葡萄酒的颜色、口感和香气。这些化学成分是由于葡萄汁对果皮、种子、果梗的浸渍作用而被浸提出来的。果皮、种子、果梗等组织中含有构成红葡萄酒质量特征的物质，同时也含有构成生青味、植物味以及苦味的物质；但在浸渍过程中，正是那些具有良好的香气和口感的物质最先被浸出。优质红葡萄酒原料的特征就是富含红葡萄酒的有用成分，特别是富含"优质单宁"。这些优质单宁使红葡萄酒具有特色，利于陈酿，而无过强的苦涩感和生青味。但只有优良品种在成熟良好的年份才具有这类"优质单宁"。

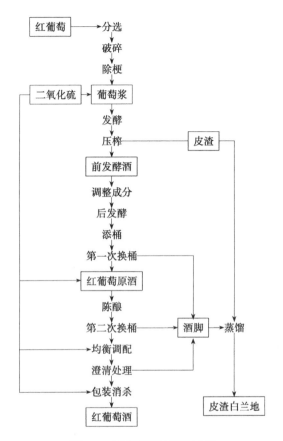

图 7-1　红葡萄酒的酿造工艺

　　正因为如此，要生产优质红葡萄酒就必须具有优质的品种，并且要保证其良好的成熟度，同时必须加强浸渍作用，使其优质单宁充分进入葡萄酒。而对于一般的葡萄原料则应缩短浸渍时间，防止"劣质单宁"进入葡萄酒。如果必须提高葡萄酒的酒度，则应在发酵开始（即发酵刚刚启动）后，尽早将所需的糖加入发酵中。在传统的红葡萄酒的酿造过程中，浸渍和发酵同时进行，决定浸渍强度的因素不仅包括浸渍时间，同时还有酒度和温度的升高。

1. 浸渍时间

研究表明，浸渍时间对葡萄酒单宁含量和色度有影响。随时间的增长，单宁浸出量持续增加，颜色在 5 天内持续加深，以后则变浅。这一现象可作为决定浸渍时间长短的依据。为了获得在短期内色深、果香浓、低单宁的葡萄酒（即新鲜葡萄酒），就必须缩短浸渍时间；相反，为了获得需长期陈酿的葡萄酒，就应使之富含单宁，因而应延长浸渍时间。这样，虽然其新酒的颜色较浅，但在陈酿过程中其颜色会逐渐变深，因为单宁是决定陈年葡萄酒颜色的主要成分。

显然，要酿造陈酿型红葡萄酒，延长浸渍时间，就必须具有品种优良、成熟度和卫生度良好的原料。因为普通品种不能承受长时间的浸渍，所以，对于普通品种的原料，应缩短浸渍时间，而对于成熟度低和霉变原料，最好用作酿造桃红葡萄酒，因为桃红葡萄酒仅仅浸渍 24h，甚至更短的时间。

此外，如果需要酿造以果香和清爽感为特征的新鲜红葡萄酒（即在酿造当年或次年可被饮用的红葡萄酒），则应缩短浸渍时间，降低单宁含量，保留足够的酸度；相反，如果需要酿造需长期在橡木桶中成熟，然后在瓶内成熟的陈酿红葡萄酒，则应加强浸渍作用，提高单宁含量。因为优良葡萄品种的单宁，是红葡萄酒陈酿特性的保障；而降低酸度，则可以保证味感的平衡。

2. SO_2 处理

SO_2 可以破坏葡萄浆果果皮细胞，从而有利于浸提果皮中的色素，但 SO_2 处理的这一作用决定于游离 SO_2 的含量。SO_2 的这一特性被用于葡萄色素的提取。在红葡萄酒的酿造过程中，SO_2 用量太小，达不到明显提取色素的目的；但在桃红葡萄酒的酿造过程中，SO_2 的这一作用则较为明显。对于霉变原料，SO_2 处理可以改善葡萄酒的颜色，但这主要是由于 SO_2 可以破坏氧化酶或抑制其活性,使色素不被其氧化分解,而不是由于 SO_2 的溶解作用。

3. 倒罐(打循环)

倒罐又叫打循环,指把葡萄汁从发酵罐下部泵送到上部,喷淋酒帽。在浸渍过程中,与皮渣接触的液体部分很快被浸出物单宁、色素所饱和,如果不破坏这层饱和液,皮渣与葡萄汁之间的物质交换速度就会很快减慢。而倒罐则可以破坏该饱和层,达到加强浸渍和防止皮渣干裂的作用。但是,要使倒罐获得满意的效果,就必须在倒罐过程中,使葡萄汁淋洗整个皮渣表面,否则就可能形成对流,达不到倒罐的目的。倒罐的次数决定于很多因素,如葡萄酒的种类、原料质量以及浸渍时间等。目前常采用每天倒罐 2~3 次,每次倒罐 0.5~1 个罐容。

在倒罐过程中,由淋洗作用浸出的单宁比压榨酒的单宁质量要高;压榨酒的单宁更苦、更涩。在浸渍过程中,影响固体与液体两部分之间物质交换的因素还包括浸渍容器的体积、固体/液体接触面的比例。水泥发酵池的缺点是固体/液体的接触面太大,很难在倒罐浸渍过程中淋洗整个皮渣表面,如果发酵池的顶部出口不在中间,更会增加倒罐的困难。而金属容器的缺陷则正好相反,与其表面相比,其高度则太高。

4. 温度

温度是影响浸渍的重要因素之一。例如,在30℃浸渍酿造的葡萄酒与在20℃时浸渍比较,其单宁含量要高25%~50%。因此,提高温度可加强浸渍作用。在红葡萄酒的酿造过程中,浸渍与发酵是同时进行的。因此,在这一过程中对温度的控制,必须保证两个方面的需要:即温度不能过高,以免影响酵母菌的活动,导致发酵中止,引起细菌性病害和挥发酸含量的升高;同时温度又不能过低,以保证良好的浸渍效果。25~

30℃的温度范围则可保证以上两方面的要求。在这一温度范围内，28～30℃有利于酿造单宁含量高、较长时间陈酿的葡萄酒，而25～27℃则适于酿造果香味浓、单宁含量相对较低的新鲜葡萄酒。

由于浸渍温度可选择性地浸出不同的花色素，因而将会影响葡萄酒颜色深浅。此外，温度还影响颜色的稳定性，因为温度越高，色素和单宁的浸出率越大，而且稳定性色素，即单宁与色素的复合物越容易形成。为了利用高温的这一作用，Pascal Ribereau-Gayon（1980）提出了"发酵后热浸"工艺。根据这一工艺，在酿造过程中，首先按传统工艺进行浸渍和倒罐；然后在酒精发酵结束后，将葡萄酒加热到60℃并倒回发酵罐，以使整个罐内容物的温度升至40～45℃，浸渍25～46h后，再分离。这样获得的葡萄酒，颜色更深，单宁含量更高，结构感强。但是，过高的浸渍温度，也会使葡萄酒更为粗糙。除此之外，使用发酵后热浸工艺未解决的问题是，热浸与微生物的相互作用问题。现有的实验结果表明，在一些条件下，加热可促进乳酸菌的活动，从而促进苹果酸-乳酸发酵，这是有利的；而在另一些条件下，加热则可杀死细菌，从而抑制苹果酸-乳酸发酵。

三、出罐和压榨

通过一定时间的浸渍后，应将液体即自流酒放出，使之与皮渣分离。由于皮渣中还含有相当一部分葡萄酒，皮渣将运往压榨机进行压榨，以获得压榨酒。

1. 自流酒的分离

如果生产的葡萄酒为优质葡萄酒，浸渍时间较长，发酵季节温度较低，自流酒的分离应在相对密度降至0.996时进行。在决定出罐以前，最好先测定葡萄酒的含糖量，如果低于2g/L，就

可出罐。

如果生产的葡萄酒为普通葡萄酒,发酵季节的温度又较高,则应在相对密度为1.000时分离出自流酒,以避免高温的不良影响。而且,如果浸渍时间过长,葡萄酒的柔和性则降低。在分离后,为了保证酒精发酵的顺利进行,应将自流酒的发酵温度控制在18~20℃。

为了促进苹果酸-乳酸发酵的进行,在分离时应避免葡萄酒降温,将自流酒直接泵送进干净的储藏罐(封闭式)中。

2. 皮渣的压榨

在自流酒分离完毕以后,应将发酵容器中的皮渣取出。由于发酵容器中存在着大量 CO_2,所以应等 2~3h,当发酵容器中不再有 CO_2 后进行除渣。为了加速 CO_2 的逸出,可用风扇对发酵容器进行通风。

从发酵容器中取出的皮渣经压榨后获得压榨酒,与自流酒比较,其中的干物质、单宁以及挥发酸含量都要高些。对压榨酒的处理,可以有各种可能性:直接与自流酒混合,这样有利于苹果酸-乳酸发酵的触发;在通过下胶、过滤等澄清处理后与自流酒混合;单独储藏并作其他用途,如蒸馏;如果压榨酒中果胶含量较高,最好在葡萄酒温度较高时进行果胶酶处理,以便于澄清。

3. 苹果酸-乳酸发酵

苹果酸-乳酸发酵是提高红葡萄酒质量的必需工序。只有在苹果酸-乳酸发酵结束,并进行 50~80mg/L 的 SO_2 处理后,红葡萄酒才具有生物稳定性。因此,应尽量使苹果酸-乳酸发酵在出罐以后立即进行。应该注意的是,这一发酵有时在浸渍过程中就已经开始。在这种情况下,应尽量避免在出酒时使之中断。

四、贮藏和陈酿

红葡萄原酒苹果酸-乳酸发酵完成后，要立即添加足够量的SO_2。一方面能杀死乳酸细菌，抑制酵母菌的活动，有利于原酒的沉淀和澄清。另一方面，SO_2能防止原酒的氧化，使原酒安全地进入贮藏陈酿期。

根据酿酒葡萄的品种不同，特别是市场消费者对红葡萄酒产品的要求不同，决定红葡萄酒贮藏陈酿的时间长短。每一种葡萄酒，发酵刚结束时，口味比较酸涩、生硬，为新酒。新酒经过贮藏陈酿，逐渐成熟，口味变得柔和、协调、顺口，达到最佳饮用质量。再延长贮藏陈酿时间，饮用质量反而越来越差，进入葡萄酒的衰老过程。从贮藏管理操作上讲，一般应该在苹果酸-乳酸发酵结束后，即当年的 11 月份到 12 月份，进行一次分离倒桶。把沉淀的酵母和乳酸细菌（酒脚、酒泥）分离掉，清酒倒入另一个干净容器里满桶贮藏。第二次倒桶要等到来年的三月份到四月份。经过一个冬天的自然冷冻，原酒中存在酒石酸盐沉淀，把结晶沉淀的酒石酸盐分离掉，有利于提高酒的稳定性。第三次倒桶要等到第二年的 11 月份。在以后的贮藏管理中，每年的 11 月份倒一次桶即可。

红葡萄酒的贮藏陈酿容器各种各样，大致可分成两点。一类是不对葡萄酒的风味和口味造成影响的贮藏容器，如不锈钢桶、防腐涂料的碳钢桶、防腐涂料的水泥池等。这类贮藏容器，多数是大型容器，小的容器也有几十吨，大的容器每个几百吨上千吨。这类容器的特点是不渗漏，不与酒反应，结实耐用，易清洗，使用方便，价格低廉。红葡萄酒贮藏在这种大型的容器里，自然要发生一系列的化学反应和物理化学反应，使葡萄酒逐渐成熟。另一类的贮酒容器，其有效成分要浸溶到红葡萄酒里，影响红葡萄酒的风味和口味，直接参与葡萄酒质量的形成，如橡木桶。用橡木桶贮藏葡萄酒，橡木的芳香成分和单宁物质浸溶到葡萄酒中，构成葡萄酒陈酿的橡木香和醇厚丰满的口味。特别是用赤霞珠、蛇龙珠、品丽珠、西拉等品种，酿造高档次的陈酿红葡萄酒，必须经过橡木桶或长或短时间的贮藏，才能获得最好的质量。

橡木桶不仅是红葡萄原酒贮藏陈酿容器，更主要的是它能赋予高档红葡萄酒所必需的橡木的芳香和口味，是酿造高档红葡萄酒必不可少的容器。一个新的橡木桶，使用 4～5 年，可浸取的物质已经很少，失去使用价值，需要更换新桶。而橡木桶的造价又是很高的，这样就极大地提高了红葡萄酒的成本。

最近几年，国内外兴起用橡木片浸泡红葡萄酒，代替橡木桶的作用，取得很好的效果。经过特殊工艺处理的橡木片，就相当于把橡木桶内与葡萄酒接触的内表层刮成片。凡是橡木桶能赋予葡萄酒的芳香物质和口味物质，橡木片也能赋予。橡木片可按葡萄酒质量的 2/1000～4/1000 进行添加，加入大型贮藏红葡萄酒的容器里，不仅使用方便，生产成本很低，而且能极大地改善和提高产品质量，获得极佳的效果。

五、澄清与过滤

葡萄酒的澄清，分自然澄清和人工澄清两种方法。

1. 自然澄清

新酿成的红葡萄酒里，悬浮着许多细小的微粒，如死亡的酵母菌体和乳酸细菌体、葡萄皮、果肉的纤细微粒等。在贮藏陈酿的过程中，这些悬浮的微粒，靠重心的吸引力会不断沉降，最后沉淀在罐底形成酒脚（酒泥）。罐里的葡萄酒变得越来越清。通过一次次转罐、倒桶，把酒脚（酒泥）分离掉，这就是葡萄酒的自然澄清过程。

2. 人工澄清（过滤）

红葡萄酒单纯靠自然澄清过程，是达不到商品葡萄酒装瓶要求的。必须采用人为的澄清手段，才能保证商品葡萄酒对澄清的要求。

用于过滤的葡萄酒必须无病，具有一定的稳定性，含有足够量的游离 SO_2。在每次过滤前，都必须检查葡萄酒中游离 SO_2 的含量，以免氧化。此外，最好在过滤机的出口处，安装一自动电子浊度计，并根据要求设定过滤后葡萄酒的浊度。这样，当过滤达不到要求时，过滤后的葡萄酒就会自动地回到待过滤葡萄酒中。

对葡萄酒的过滤，可以在以下三个时期进行。

（1）粗滤　一般在第一次转罐后进行。这次过滤的目的是为了除去一些酵母、细菌、胶体和杂质。粗滤多用层积过滤。在过滤前下胶，效果更好。

（2）贮藏用葡萄酒的澄清　这次过滤的目的是使葡萄酒稳定，其效果在很大程度上取决于过滤前的准备，如预滤、下胶等。这次过滤可用层积过滤或板框过滤。葡萄酒的澄清度越好，所选用的过滤介质应越"紧实"。在选择纸板时，应先做过滤试验，以免过早堵塞或澄清不完全。

（3）装瓶前的过滤　这次过滤必须保证葡萄酒良好的澄清度和稳定性，以免在瓶内出现沉淀、浑浊和微生物病害。因此，首先必须保证良好的卫生条件。这次过滤可选用除菌板或膜过滤。如果选择适当，这次过滤还可除去在其他处理中带来的硅藻土和石棉纤维等物质。

六、稳定性处理

澄清的红葡萄酒装瓶以后，经过或长或短时间的存放，会发生浑浊和沉淀。葡萄酒生产者的任务，就是要通过合理的工艺处理，使装瓶的红葡萄酒，在尽量长的时间里，保持澄清和色素稳定。但这些仅仅是可能的处理方法，并不是所有的葡萄酒都必须经过这些处理。因为，首先，某一处理只有在必须进行时，才有益于葡萄酒的稳定；其次，对葡萄酒的处理越多，对其质量的影响越大。最理想的是在葡萄酒的酿造过程中，尽量采取各种合理的措施，以减少对葡萄酒的处理。可用于葡萄酒处理的各种方法有以下几种。

1. 澄清处理

沉淀性处理的方法有下胶和离心；过滤性处理的方法有筛分和吸附。

2. 澄清度稳定处理

物理处理的方法有加热、冷冻、电渗析；进行处理的化学试剂有抗坏血酸、柠檬酸、二氧化硅、单宁、偏酒石酸、外消旋酒石酸、酒石酸钙、甘露糖蛋白、膨润土、亚铁氰化钾、阿拉伯树胶、植酸钙、交联聚乙烯吡咯烷酮（PVPP）、葡聚糖酶等。

3. 微生物稳定处理

物理处理的方法有加热（包括瓶内巴氏灭菌）、除菌过滤；进行处理的化学试剂有二氧化硫、山梨酸和二甲基二碳酸盐（DMDC）。

4. 降（脱）色处理

着色白葡萄酒的活性炭处理和氧化葡萄酒的酪蛋白处理。

七、装瓶与包装

葡萄酒的装瓶与包装，是葡萄酒生产的最后一道工序，也是最重要的一道工序。红葡萄酒装瓶前，首先检验装瓶酒的质量。经过理化分析、微生物检验和感官品尝，各项指标都合格，才能进入装瓶过程。

为了延长瓶装红葡萄酒的稳定期，防止棕色破败病，红葡萄酒装瓶以前，要加入 30～50mg/L 的维生素 C。加维生素 C 的红葡萄酒必须当天装完。装红葡萄酒的玻璃瓶，国内外通用波尔多瓶，即草绿色有肩玻璃瓶，容量为 750mL。新瓶必须经过清洗才能装酒。回收的旧瓶，必须经过灭菌和清洗处理，才能装酒。葡萄酒的灌装，小型的葡萄酒厂可采用手工灌装；中型或大型的葡萄酒厂都采用果酒灌装机进行灌装。

对于装瓶后立即投入市场，短时间里就能消费的红葡萄酒，可采用防盗盖封口，这样成本低。国内外大多数红葡萄酒，都是采用软木塞封口，软木塞封口比较严密，可以延长瓶装红葡萄酒的保存期限。所谓葡萄酒的包装，就是对装瓶、压塞的葡萄酒，进行包装，使其成为对顾客有吸引力的商品。葡萄酒的包装，主要是加热缩帽、贴大标、贴背标、装盒、装箱等。

八、无二氧化硫浓甜红葡萄酒的酿造

传统冰葡萄酒（冰酒）生产工艺要求将葡萄采收期延迟至自然温度在 −7℃ 以下的冬季，虽然我国北方地区可以达到这一温度条件，但是由于葡萄树的冻伤严重影响来年葡萄的产量，使得本就昂贵的冰酒成本被再次增加。下面介绍一种新的生产工艺，具有冰酒绝大部分特征但成本较低的浓甜红葡萄酒，并尝试降低浓甜红葡萄酒中二氧化硫的含量。

我国葡萄酒产品类型多为干型是不争的事实，虽然近些年冰酒产业有所发展，但由于受地理环境的制约而产量甚微。目前浓甜型红葡萄酒主要是采用提前终止酒精发酵或者用干型葡萄酒加糖调配而成，但都表现出二氧化硫含量高和装瓶后微生物破败率高的特性，因为无论是提前终止酒精发酵还是加糖调配都造就了利于葡萄酒中微生物生长的物质条件。在一个不能进行物质交换和补给的封闭环境中，各种微生物的自由生长会表现出明显的种群更替。在葡萄汁中，随着酒精发酵即酵母菌群生长繁殖的进行，某些特定物质将消耗殆尽，酵母菌群必将逐渐消亡退出。若能提高葡萄汁中本身的糖含量，即经酵母菌彻底发酵至酵母菌群自己消亡后仍然含有 125g/L 以上的糖，同时依靠高浓度的酚类物质对微生物的抑制，葡萄酒发生二次发酵或者瓶内微生物破败的可能性将大大降低。

下面介绍一个案例，从此案例可以较为全面地了解整个过程。葡萄酒原料的采收期确定在日均气温不超过 20℃ 的九月下旬至十月上旬，同时要求葡萄的糖度在 230g/L 以上。葡萄采收后主要经以下流程进行酿造：葡萄成分浓缩，破碎加酵母，酒精发酵，加果胶酶澄清，原酒陈酿等步骤。

1. 葡萄成分浓缩

葡萄经人工分选去除霉烂果和生青果后，放入通风冷凉的场所，将葡萄摊铺在离地 1m 以上的筛网上让葡萄自然阴干，葡萄串尽量不要重叠，气温高时可采取空调降温，使整个阴干过程室内温度不得超过 17℃。阴干处理时间不得超过 15 天，否则会使原酒挥发酸含量较高。

2. 破碎加酵母

对成分浓缩达到要求的葡萄直接进行破碎处理，不除梗也不添加二氧化硫。破碎后的果浆装入发酵罐内，装填量不超过 80%。将 B0213 活性干酵母按说明书活化后加入葡萄浆中并搅拌均匀，将酵母添加量提高至 0.3～0.5g/L，以保证发酵快速启动。

3. 酒精发酵

酒精发酵过程温度控制在 18～20℃，每天进行一次压帽搅拌，大约 10 天后发酵罐内气泡开始减少。当酒精发酵进行到 15

天时对发酵醪进行压榨，将压榨汁倒入发酵罐内，装填量控制在空隙不超过2cm，再次加入0.2～0.3g/L的B0213活性干酵母，16～18℃维持1周或者发酵罐没有气泡产生时酒精发酵结束。

4. 加果胶酶澄清

对酒精发酵结束的葡萄酒进行换罐去酒泥。往清液中加入0.25～0.55g/L的Laffort果胶酶，仍然维持满罐于16～18℃，两周后进行换罐去酒泥。

5. 原酒陈酿

经澄清换罐后的葡萄酒即进入原酒的陈酿阶段。陈酿过程温度必须控制在16～18℃，必须满瓶贮存，陈酿期不少于6个月。若在陈酿1个月以后发现有气泡产生即发酵的现象，在换罐时需用焦亚硫酸钾将葡萄酒中游离态二氧化硫的含量调整到40～55mg/L，在以后的陈酿和贮存中该葡萄酒中的游离态二氧化硫含量需始终控制在40～55mg/L。该葡萄酒发酵过程中没有添加二氧化硫。经陈酿后的原酒后处理按照常规工艺进行。

6. 葡萄原料糖度和酸度变化规律

从表7-1可以看出，葡萄在阴干过程中糖酸含量随着葡萄水分的蒸发而逐渐升高。

表7-1 葡萄阴干过程中成分变化

成分	第1天	第5天	第10天	第13天	第14天	第15天
糖度/(g/L)	232	268	309	351	357	365
酸度/(g/L)	6.2	6.8	7.5	8.9	9.2	9.4

7. 原酒成分分析

酒精发酵结束后依照GB/T 15038—2006《葡萄酒、果酒通用分析方法》对原酒成分进行分析。从表 7-2 可以看出，各主要成分指标均符合冰酒的国标要求，尤其是干浸出物含量为 71.4g/L 远高于国标对冰酒的要求。

表 7-2　原酒成分

酒精度/%	糖度/(g/L)	酸度/(g/L)	挥发酸/(g/L)	干浸出物/(g/L)	总酚/(g/L)
13.4	136.3	9.3	1.6	71.4	3.2

8. 原酒陈酿后成分分析

原酒陈酿后成分见表 7-3。

表 7-3　原酒陈酿后成分

酒精度/%	糖度/(g/L)	酸度/(g/L)	挥发酸/(g/L)	干浸出物/(g/L)	总酚/(g/L)
13.4	135.6	9.2	1.7	68.3	3.1

目前浓甜型红葡萄酒包括冰葡萄酒主要依靠较高的二氧化硫来抑制微生物。新工艺采取葡萄皮、籽和葡萄果梗一起进行酒精发酵，提高了葡萄酒中单宁的含量，依靠高浓度单宁对微生物的抑制作用，可以减少二氧化硫的用量，整个实验过程中没有添加二氧化硫，而葡萄酒经 6 个月的陈酿后挥发酸含量只有 1.7g/L（表 7-3），远低于国标对挥发酸含量的要求（≤2.1g/L）。同时葡萄酒中干浸出物含量远高于其他工艺酿制的浓甜葡萄酒，提高了葡萄酒的营养物质含量。由于葡萄阴干过程中葡萄果实生理代谢受到干预，产生特殊的物质，最终得到具有独特香气和口感的浓甜红葡萄酒。

对于葡萄在阴干过程中果实成分的变化还有待进一步的研究，尤其是阴干过程中酒石酸、挥发酸含量的变化。另外，研究酒精度、单宁、总酚、酒石酸、二氧化硫等物质对挥发酸的影响也很有必要。总之，采用阴干浓缩法酿造浓甜型红葡萄酒，提高了产品的营养物质浓度，降低了二氧化硫的用量，使得生产更加容易，降低了生产成本。该酿造方法目前还停留在实验室阶段，若要工业化生产还需要更多的研究和实践。

第二节
白葡萄酒

白葡萄酒是用白葡萄汁经过酒精发酵后获得的酒精饮料，在发酵过程中不存在葡萄汁对葡萄固体部分的浸渍现象。白葡萄酒的质量决定于口感和香气的平衡。此外，干白葡萄酒的质量，主要由源于葡萄品种的一类香气和源于酒精发酵的二类香气以及酚类物质的含量所决定。所以，在葡萄品种一定的条件下，葡萄汁的取汁速度及其质量，影响二类香气形成的因素和葡萄汁以及葡萄酒的氧化现象，即成为影响干白葡萄酒质量的重要工艺条件。

一、干白葡萄酒的工艺流程

具体流程见图 7-2。

二、原料

酿造优质干白葡萄酒原料应满足三点：适应本地生态条件的芳香型品种；应尽量保证原料品种的成熟度及卫生状况；选用名牌酿酒品种，比如霞多丽、赛美容等。

香气是干白葡萄酒感官质量的重要指标之一。发酵时产生的酒香即二类香气虽然是葡萄酒香气的重要构成部分，但干白葡萄酒更需要源于葡萄浆果的优雅的一类香气。因此，各产区应该选

果·酒·酿·造

择发展那些适应本地生态条件的芳香型品种。

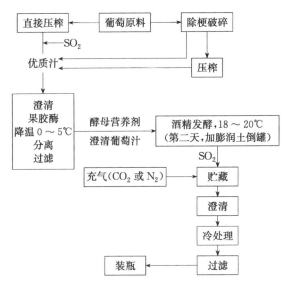

图 7-2　干白葡萄酒的工艺流程

过去人们认为白色葡萄品种的香气在葡萄完全成熟以前最浓，从而导致过早采收。但新近的对比研究结果表明，原料的成熟度好，则其葡萄酒的香气复杂、浓郁，而且更为优雅，感官质量当然更好。所以，在生态条件（特别是气候条件）允许的情况下，为提高干白葡萄酒的质量，应尽量保证原料品种的成熟度及卫生状况。

提高原料成熟度，还能防止酸度过高的问题。近年来，消费者越来越趋向于追求酸度较低的干白葡萄酒，而化学降酸如果超过 2g（H_2SO_4）/L，则会严重降低产品的质量；对干白葡萄酒的苹果酸-乳酸发酵所做的研究虽然取得一定进展，但更多的结果表明，对于大多数干白葡萄酒，该发酵只能影响其感官质量。

三、葡萄汁的选择

在压榨过程中，随着压力的增大，葡萄汁质量下降，最后一次压榨汁根本不适于酿造优质干白葡萄酒。所以，必须进行葡萄汁的选择。此外，在澄清处理后留下的含有大量沉淀物的葡萄汁，也不能用于酿造优质干白葡萄酒。除其他因素外，优质葡萄汁的比例取决于设备条件。最好的工艺措施是直接压榨，它可使优质葡萄汁的比例高达83％～90％，同时也能最大限度地限制浸渍、氧化和悬浮物的比例。而最差的则是在通过螺旋输送后强烈破碎、机械分离、连续压榨，这一方式只能获得50％甚至更少的优质葡萄汁。

四、葡萄汁悬浮物

在发酵葡萄汁中，如果含有由果皮、种子和果梗残屑构成的悬浮物，会使干白葡萄酒香气粗糙。这一方面是由于浸渍作用使其中具植物和生青气味的物质溶解在葡萄酒中，另一方面它们还会改变发酵过程，影响二类香气物质的构成。所以，在酒精发酵开始前，应通过澄清处理将这些物质除去，但更重要的是在取汁过程中防止产生过多的悬浮物质。悬浮物质的量取决于葡萄品种、原料成熟度及其卫生状况，但主要取决于取汁条件，因此，悬浮物含量的多少，可以作为衡量取汁工艺条件（设备）和工艺措施好坏的标准。

应避免任何对原料过于强烈的机械处理，因为会提高葡萄汁中悬浮物的比例。原料机械采收，原料的泵送和螺旋输送，过长的输送距离，离心式破碎除梗等，都会提高悬浮物比例而降低白葡萄酒质量。同样，为了保证取汁的质量，所有带有输送或分离螺旋的设备都必须低速运转。如果要提高运输量，则应加大螺旋的直径。此外，取汁设备的能力最好能明显高于实际工作能力，以保证设备能在低速运转下完成正常的工艺处理。

最后，在澄清处理结束时，要将沉淀物全部除去，以防止已沉淀的悬浮物重新进入澄清葡萄汁，影响澄清效果，但值得注意的是不可过度澄清。虽然对葡萄汁的澄清处理是保证白葡萄酒感官质量所必需的，但如果葡萄汁过度澄清，就会影响酒精发酵的正常进行，使酒精发酵时间延长，甚至导致酒精发酵的中止。如果葡萄汁的浊度低于 60 NTU，酒精发酵就会比较困难，但浊度高于 200 NTU，则会降低葡萄酒的感官质量。

对于需要进行苹果酸-乳酸发酵的白葡萄酒，与未澄清的葡萄汁比较，由于澄清葡萄汁酒精发酵结束时，乳酸菌的群体数量更大，会使苹果酸-乳酸发酵启动更快，时间缩短。在将澄清葡萄汁与沉淀物（葡萄泥）分离后，葡萄泥中还含有部分葡萄汁。可用滚筒式过滤机或压滤机对葡萄泥进行过滤，过滤出的葡萄汁的浊度一般低于20NTU，可与澄清葡萄汁混合后发酵。

五、成分调整

品质优良的酿酒葡萄糖度为 $180\sim240g/L$，滴定酸为 $6\sim8g/L$，而且小粒多汁的葡萄酿造出的白葡萄酒品种香气最佳。当葡萄的糖、酸达不到酿酒要求时，应做适当的成分调整。

六、添加剂与营养物的使用

1. 酶制剂

在葡萄浆中添加果胶酶可提高葡萄出酒率，有利于果皮中香气成分的浸出，有利于葡萄酒的净化、澄清；必要时可在发酵过程中添加 β-葡萄糖苷酶以水解糖苷键，释放萜烯。

2. 添加 SO_2

健康葡萄汁中，添加 $50\sim100mg/L$ 的 SO_2。过夜后添加酵母。贮酒与装瓶葡萄酒中 SO_2 浓度保持在 $20\sim30mg/L$。

3. 添加营养物

澄清后白葡萄汁的营养状态对酵母发酵尤为重要。自然澄清的白葡萄汁含 $3\%\sim4\%$ 固形物，不会影响发酵。采用强化澄清措施（如机械澄清）后，若固形物含量在 1％以下，就有可能导致葡萄汁起发困难、发酵异常，产生异常水平的副产物，如乙酸、丙酸与 H_2S。此时，应考虑添加营养物。

（1）铵盐　酵母对无机氮有良好的吸收能力，在酿造葡萄酒时，允许使用以酒石酸盐、氯化物、硫酸盐或磷酸盐等形式与铵离子结合的盐类。硫酸铵的用量不应超过 0.3g/L。

（2）维生素　葡萄汁缺乏泛酸，乙酸与甘油生成多；缺乏生物素、吡哆醛或肌醇，琥珀酸生成多；缺乏硫胺素，丙酮酸生成多，乙醛、羟基磺酸生成也多。在葡萄酒生产中，常使用的维生素有硫胺素与泛酸。我国允许使用硫胺素，用量不应超过 0.6mg/L。在葡萄汁中加入硫胺素、铵盐等都能加速乙醇发酵，防止发酵过程中形成能与 SO_2 结合的物质，从而达到维持 SO_2 含量的目的。

（3）酵母菌皮与各种市售酵母营养剂　在葡萄汁中添加酵母菌皮可防止乙醇发酵停止。所用剂量不应超过 0.4g/L。使用市售酵母营养剂也能够保障乙醇发酵的顺利进行。在选用这些添加剂时，应符合国家有关法律法规的相关规定。

七、白葡萄汁发酵

发酵容器洗净灭菌，将调整成分后的清汁输入罐中，装量为 85％。由于用于发酵的葡萄汁经过澄清，汁中的酵母较少，因此白葡萄酒一般采用添加酵母发酵。白葡萄酒发酵温度较红葡萄酒低，多为 18～20℃，这就给酒精发酵的顺利进行带来了一定的困难。下列技术措施可以解决这一问题，防止酒精发酵中止：①应防止酿造酒度过高的干白葡萄酒，因为如果酒度高于 11.5％～12.0％（体积分数），则酒精发酵困难程度就会显著提高；②添加优选酵母，且其添加量应达 10^6CFU/mL，这一处理应在分离澄清葡萄汁装入发酵罐后立即进行；③在发酵开始后第二天结合加糖或添加膨润土进行一次开放式倒罐；④如果葡萄汁中的铵态氮低于 25mg/L 或可吸收氮低于 160mg/L，则应在加入酵母的同时，加入硫酸铵（＜300mg/L）。

白葡萄汁乙醇发酵过程中每天测温度与糖度 1～2 次，做好记录或绘制温度、糖度曲线，保证发酵温度恒定。发酵周期为 15 天左右或更长。与发酵红葡萄酒不同，在白葡萄酒发酵过程中应尽量避免过多地接触空气。采用终止发酵法生产白葡萄酒时，发酵液迅速冷却、过滤或离心除去酵母都可以使发酵停止，保留发酵液中的糖分。当然，冷却和除酵母后别忘了添加 SO_2。

白葡萄酒酒精发酵结束时，发酵液液面平静，有少量 CO_2 溢出，酒液呈淡黄色或淡黄带绿或黄白色。酒液浑浊，有悬浮酵母，有明显的果实香、酒香、CO_2 味及酵母味，口尝有刺舌感，口味纯正。残糖＜4g/L；相对密度 1.01～1.02；挥发酸（以乙酸计）≤0.4g/L。

在酒精发酵结束时，应立即对葡萄酒进行分离。如果葡萄酒不需要进行苹果酸-乳酸发酵，则应在分离的同时进行 SO_2 处理。在发酵结束后，一方面应尽量防止葡萄酒的氧化，另一方面应防止葡萄汁的贮藏温度过高。因此，应将葡萄酒的游离 SO_2 保持在 20～30mg/L 范围内，在 10～12℃ 的温度条件下密闭贮藏，或充入惰性气体（N_2＋CO_2）贮藏。对需要进行苹果酸-乳酸发酵的白葡萄酒则不降温。苹果酸-乳酸发酵就是在乳酸菌的作用下将苹果酸分解为乳酸和 CO_2 的过程。使酸涩、粗糙的酒变得柔顺、丰满，提高酒的质量。苹果酸-乳酸发酵对酒质的影响受乳酸菌发酵特性、生态条件、葡萄品种、葡萄酒类型以及工艺条件等多种因素的制约。如果苹果酸-乳酸发酵进行得纯正，对提高酒质有重要意义，但乳酸菌也可能引起葡萄酒病害，使之败坏。只有少数白葡萄酿造的酒，经过苹果酸-乳酸发酵后会改善质量，使酒的感官特征更为复杂。用果香突出的白葡萄酿造的白葡萄酒，进行苹果酸-乳酸发酵只会降低酒的品质。

八、陈酿

陈酿时应满罐贮存，减少酒与空气的接触面积。此时酒中 CO_2 缓慢溢出，酒液减少，应每周用同质量的酒满罐一次或补充少量的 SO_2。安装好发酵栓或水封。陈酿期间应定期抽查原酒的澄清情况与总糖、总酸、挥发酸的变化，做好陈酿管理记录。另外陈酿期间应保持好环境卫生。

果香型白葡萄酒或其他不需要桶贮的白葡萄酒一般在不锈钢罐或其他惰性容器中陈酿，且陈酿时间不宜过长，以保持酒新鲜的果香。在木桶中陈酿的可以是澄清的新酒，也可以是带酒脚的混酒。混酒木桶陈酿时酒与酵母接触，并定期搅起已经沉淀的酵母，使酒带有坚果香气与柔滑或丰满的口感。另外，酒脚的存在影响酒的氧化还原电势，使酒更抗氧化。在酒脚上陈酿的另一个优点是白葡萄酒不会过度地吸收橡木味，而后者更好地融入酒的特征中。

不同的酒种对贮酒温度的要求不同。温度高，酒成熟快，但酒质粗糙，香气易损失；温度低，成熟慢，酒质细腻，澄清快，香气易保留。陈酿温度一般控制在 $15℃$ 以下，温度过高不利于新酒的澄清。果香型干白葡萄酒于 $8\sim11℃$ 贮存。不同的葡萄酒贮存期也不同。白葡萄酒一般为 $1\sim3$ 年，果香型干白为 $6\sim10$ 个月。

九、白葡萄酒酿造过程中的隔氧

在果香型白葡萄酒的整个生产过程中应积极采取隔氧措施，避免酒与氧过多接触。白葡萄浆、汁、酒中含有许多易氧化成分，如香气成分、单宁、色素。若在酿造期间不注意管理，易引起香气损失、酒液褐变，甚至出现氧化味。为了防止此现象，应采取如下措施：在果香味最浓的时候采摘葡萄，防止过熟引起果实霉变，分泌出氧化酶，引起汁、酒褐变；$18\sim20℃$ 低温发酵；

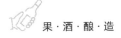

果·酒·酿·造

避免与铜、铁器具接触等。

第三节
桃红葡萄酒

桃红葡萄酒为含有少量红色素略带红色色调的葡萄酒。桃红葡萄酒的颜色因葡萄品种、酿造方法和陈酿方式不同而有很大的差别，介于黄色和浅红色之间，最常见的有黄玫瑰红、橙玫瑰红、玫瑰红、橙红、洋葱皮红、紫玫瑰红等。桃红葡萄酒是用红色品种经压榨后的纯汁发酵酿成，其花色素苷含量一般为 10～50mg/L。用短期浸渍方法酿造的桃红葡萄酒（如"一夜葡萄酒""24 小时葡萄酒"等），含有 80mg/L 以上的花色素苷。如果花色素苷含量大于 100mg/L，则颜色就接近于红葡萄酒的颜色。

一、桃红葡萄酒的工艺流程

具体流程见图 7-3。

二、桃红葡萄酒的特点

虽然桃红葡萄酒的颜色介于白葡萄酒与红葡萄酒之间，但是，与红葡萄酒和白葡萄酒一样，优质桃红葡萄酒也必须具有自己独特的风格和个性，而且其感官特性更接近于白葡萄酒。优质桃红葡萄酒必须具有以下特点：①果香，即类似新鲜水果的香气；②清爽，应具备足够高的酸度；③柔和，其酒度应与其他成分相平衡。除以上三方面的特点外，桃红葡萄酒还必须用红葡萄酒的原料品种，以获得所需的单宁和颜色。另外，在品尝过程中，桃红葡萄酒的外观比红葡萄酒和白葡萄酒的外观所起的作用更为重要。因此，有两大类桃红酒：一大类色浅、雅致而味短，

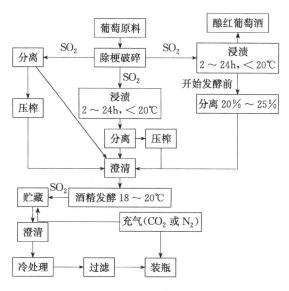

图 7-3　桃红葡萄酒的工艺流程

类似白葡萄酒；另一大类色较深，果香浓，味厚到肥硕，类似红葡萄酒。但无论是哪一类桃红葡萄酒，一般都需要在它年轻时即1年左右饮用，不宜陈酿，防止氧化，以鉴赏其纯正的外观和香气质量。当桃红葡萄酒达到一定的年龄以后，由于在陈酿过程中颜色和香气的变化，就很难鉴定其质量了。

三、桃红葡萄酒的酿造技术

由于多酚类物质（包括色素和单宁）对桃红葡萄酒质量的重要作用，所以桃红葡萄酒的酿造技术应能充分保证获得适量的酚类物质，保证新酒清爽，并且有略带紫色调的玫瑰红色。

1. 直接压榨

如果原料的色素含量高，则可采用白葡萄酒的酿造方法酿造桃红葡萄酒，即：原料分选→除梗破碎→SO_2处理→分离出自流汁→压榨→澄清→发酵（不需要打循环）→过滤。

但用这种方法酿成的桃红葡萄酒，往往颜色过浅。因此，使用这种方法必须满足以下两方面的条件：色素含量高的葡萄品种或染色品种；能在破碎以后立即进行均匀的 SO_2 处理，以防止氧化。在原料成熟良好的情况下，使用这种方法酿成的桃红葡萄酒，佳丽酿色最深，穆尔维德次之，歌海娜最浅。

2. 短期浸渍分离（放血法或血色法）

这种方法适用于具有红葡萄酒设备的葡萄酒厂。在葡萄原料装罐浸渍数小时后，在酒精发酵开始以前，分离出 $20\%\sim25\%$ 的葡萄汁，然后用白葡萄酒的酿造方法酿造桃红葡萄酒。剩余的部分则用于酿造红葡萄酒，但要用新的原料添足被分离的部分。而且由于固体部分体积增加，应适当缩短浸渍时间，防止所酿成的红葡萄酒过于粗硬。桃红葡萄酒的工艺流程则变为：原料分选→除梗破碎→SO_2 处理→装罐→浸渍 $2\sim24h$→开始发酵前分离 $20\%\sim25\%$ 葡萄汁→澄清→发酵→过滤。

短期浸渍分离法酿成的桃红葡萄酒，颜色纯正，香气浓郁。质量最好的桃红葡萄酒，通常是用这种方法酿成的。但唯一的缺点是桃红葡萄酒的产量受到限制。需要指出的是，如果在酒精发酵开始后不久进行分离，所酿成的酒会失去传统桃红葡萄酒的芳香特征，而成为所谓"咖啡葡萄酒"或"一夜葡萄酒"。

3. 低温短期浸渍

这种方法是将原料装罐浸渍，在酒精发酵开始前分离自流汁；皮渣则经过压榨，取开始压榨的汁加入自流汁中，而除去后来的压榨汁。其工艺流程如下：原料分选→除梗破碎→SO_2 处理→装罐浸渍 $2\sim24h$→发酵开始前分离自流汁→压榨→澄清→发酵→过滤。

在以上三种方法中，一些机械设备的使用也会影响桃红葡萄酒的质量：果汁分离机的使用，会降低桃红葡萄酒的质量；压榨机种类虽然对颜色的影响较小，但是连续压榨机会显著提高单宁的含量，而葡萄酒工艺师则应在颜色允许的范围内，尽量提高花色素苷/单宁的比例；机械自动除渣发酵罐能更好地提取芳香物质和色素，从而有利于提高桃红葡萄酒的质量。

除上述三种方法外，二氧化碳浸渍法也适用于酿造桃红葡萄酒。但无论采用哪种方法酿造桃红葡萄酒，都必须遵循以下原则：①葡萄原料应完好无损地到达酒厂；②尽量减少对原料不必要的机械处理；③对于佳丽酿和染色葡萄品种避免浸渍；④如果需要浸渍，则浸渍温度最高不能超过 20℃；⑤发酵温度严格控制在 18～20℃的范围内；⑥防止葡萄汁和葡萄酒的氧化。

4. 生产操作要点

① 将分选好的葡萄进行除梗破碎，并一边装罐一边对葡萄浆进行 120mg/L 的 SO_2 处理。在装罐结束后再进行一次倒罐，以使 SO_2 分布均匀，添加的 SO_2 能够降低葡萄浆的 pH 值，提高其酸度，促进果皮中的色素和芳香物质的浸出。同时，SO_2 也能破坏葡萄果浆中的氧化酶，避免果汁的氧化；此外，SO_2 还能有效地抑制杂菌在葡萄浆中的繁殖活动。

② 在葡萄汁装罐以后，应尽快在其中加入葡萄酒用活性干酵母，以触发酒精发酵。活性干酵母的加法是：取 50％的软化水、50％的葡萄汁相混合，干酵母与此种混合汁之比为 1∶10，搅拌 12h，加入发酵罐里再循环 1h，这样酵母的迅速活动可阻止抑制野生微生物的代谢繁殖，避免桃红葡萄酒的挥发酸含量过高。

③ 如果葡萄本身的含糖量难以满足生成桃红葡萄酒酒精含量的要求，需补充少量蔗糖，其添加量可按 17g/L 的糖生成 1％（体积分数）的酒精进行计算。当发酵醪液糖度降至初始葡萄汁糖度的 1/2 时，可将需添加的蔗糖一次性全部加进。在添加时，应先用少量发酵葡萄醪将糖溶解，然后再转入发酵罐中，加完后应倒罐一次，使糖与发酵醪混合均匀。

④ 葡萄醪发酵过程中会产生热量，导致品温逐渐上升，此时需采取降温措施；如利用冷媒进行热交换，或将葡萄醪在封闭条件下转入低温容器，整个发酵阶段需保持温度在 $18\sim20℃$。在此温度下，生成的桃红葡萄酒挥发酸低，酒中芳香风味物质损失少，酒质细腻、协调。若温度过高，香味成分挥发多，口味粗糙。当然，发酵温度也不能过低，否则发酵活动也不能正常进行，并且在低温下酵母的代谢会使桃红葡萄酒的高级醇、乙酯的含量偏高，其强烈的气味并不很受欢迎。

⑤ 当发酵醪的相对密度稳定在 $0.990\sim0.996$ 之间，含糖量低于 $4g/L$ 时，表明主发酵已结束（通常 7 天左右），此时酵母等已经聚沉。在此情况下，需将葡萄醪及时进行转罐分离，并补加 $60mg/L$ 的 SO_2 以抑制乳酸菌的活动，避免苹果酸-乳酸发酵的进行，保持桃红葡萄酒的果香。

⑥ 在桃红葡萄酒 $2\sim3$ 个月的低温贮存过程中，必须保证贮藏容器处于添满状态或充氮贮存，防止原酒过多接触空气中的氧和醋酸菌等微生物，使酒的质量下降。

⑦ 将桃红葡萄原酒进行 $80\sim120mg/L$ 的明胶处理，其使用方法是先将明胶在冷水中浸泡 24h，除去杂菌，再将其在 $10\sim15$ 倍的 $55℃$ 的热水中充分溶解，然后均匀加入桃红葡萄原酒中。它能与酒液中带负电荷的单宁进行相互作用，发生聚合现象，并在沉淀过程中吸附桃红葡萄原酒中的杂质，从而保证酒的澄清透明。

⑧ 在 $-5\sim-4℃$ 的温度条件下对桃红葡萄原酒进行冷冻，保温 7 天，然后趁冷过滤。处理时空气中的氧在酒中的溶解度适当增加，强化了氧化作用，加速了新酒的陈酿，使酒的生青酸涩感减少，口味协调适口，改善了桃红葡萄酒的质量。同时，冷冻可以加速果胶、蛋白质、酒石酸盐、铁化合物等物质的凝聚沉淀，这样通过过滤即可除去，从而起到了稳定成品桃红葡萄酒质量的作用。

⑨ 因为加热会严重破坏桃红葡萄酒的香气，所以对其不宜采用传统的巴氏杀菌方式进行杀菌，而只能通过无菌灌装来确保桃红葡萄酒的稳定性，这样经过检验、贴标、包装后即可成为成品。

四、葡萄品种的质量要求

桃红葡萄酒的最终品质如何，70％取决于葡萄品种的质量，而只有30％决定于工艺，因此，桃红葡萄酒的酿造应特别注意葡萄的品质问题。

1. 品种

不同品种的葡萄酿造出的葡萄酒具有不同的风味和特征，桃红葡萄酒的酿造宜采用的优良葡萄品种有法国蓝（Blue French）、黑比诺（Pinot Noir）、佳丽酿（Carignane）等颜色较深的欧洲葡萄品种。

2. 成熟度

成熟度好的葡萄糖度高，酸度适合，糖酸较理想，葡萄芳香物质含量高。用这种葡萄酿造的桃红葡萄酒才能具有丰满新鲜的葡萄果香。一般情况下，当葡萄的含糖量为160～180g/L，含酸量为7～8g/L，呈现出该品种的标准色泽时，即标志着用于桃红葡萄酒酿造的葡萄已成熟。

3. 新鲜度

用新鲜度好的葡萄才能酿造出清新浓郁、口味爽净的葡萄酒。所以酿造桃红葡萄酒的葡萄应具有较好的新鲜度。这就要求采摘葡萄时应在气温凉爽、湿度较小的晴天早晨或傍晚时采收为宜，避免在高温、高湿的条件下采收，要保持果实完整，防止破裂和脱粒现象。为了确保葡萄果实的新鲜度，采收后应尽快运送至酒厂，否则将严重影响酒质，致使优质原料也不能酿造出高质

量的桃红葡萄酒。

近期的研究结果表明，由美乐、赤霞珠、品丽珠、西拉、歌海娜、神索和穆尔维德等品种酿造的桃红葡萄酒的特征果香物质为挥发性硫醇化合物，这些化合物以与半胱氨酸结合的形态主要存在于果皮当中。在酒精发酵过程中，在酵母菌的碳-硫裂解酶的作用下，这类结合态的物质释放出游离态的挥发性硫醇化合物，从而产生特殊的果香。挥发性硫醇化合物在桃红葡萄酒中很不稳定，而桃红葡萄酒中的花色素苷具有抗氧化和（或）螯合作用，可保持其稳定性。因此，在温度小于 20℃ 时，良好的浸渍，不仅可提高桃红葡萄酒中的花色素苷和挥发性硫醇化合物的含量，从而提高其果香，还能保持其果香的稳定性。此外，虽然挥发性硫醇化合物可能对氧不敏感，但如果葡萄汁与氧的接触时间过长，由于酪氨酸酶的作用，葡萄汁的氧化可形成醌，后者可氧化刚释放出的挥发性硫醇。因此，应对葡萄汁进行防氧化处理，以提高桃红葡萄酒的果香。桃红葡萄酒的合理工艺应能保证：①通过合理的浸渍，获得所需的色调和果香，并且在此范围内尽量提高花色素苷/单宁的比值；②对佳丽酿和染色品种避免浸渍；③如果需要浸渍，温度小于 20℃；④降低单宁的含量；⑤酒精发酵在 18～20℃ 条件下顺利完成；⑥防止酒精发酵前葡萄汁以及葡萄酒在贮藏和装瓶过程中的氧化；⑦葡萄酒澄清稳定。

第四节
起泡葡萄酒

起泡葡萄酒富含二氧化碳，具有起泡特性和清凉感，越来越受到各国消费者的欢迎。有的学者认为，最早的起泡葡萄酒于14 世纪出现在法国南部地区，但那时的起泡葡萄酒是一次发酵而成的，且产量很少。直到 18 世纪初，法国香槟省（Champagne）的本笃会修士 Don Perignon 发明了瓶内第二次发酵以后，起泡葡萄酒的生产才有了很大的发展。此法沿用至今，并且把它称为香槟法（Methode Champenoise）。

随着起泡葡萄酒生产的发展，其他生产技术和方法也不断被采用，例如密封罐法、加气法等。甚至出现了用其他水果酿造的"起泡葡萄酒"。这就需要制定各种产品的标准，以保证各生产厂家的合法竞争和在众多的质量各异的产品面前保护消费者的利益。

一、起泡葡萄酒的标准

目前，各国的起泡葡萄酒的标准都有很多相似之处，但大都借鉴了起泡葡萄酒传统生产国的标准和立法，因为他们的标准相对最为完善。由于这些国家都是欧盟的成员国，所以，欧盟在起泡葡萄酒的生产和商品化方面都有很清楚的规定。

我国的起泡葡萄酒是指由葡萄酒加工获得的产品，在 20℃的条件下，其二氧化碳的气压不能低于 0.05MPa；起泡葡萄酒的酒度不低于 8.5%（体积分数）。

二、起泡葡萄酒的原料及其生态条件

1. 起泡葡萄酒对葡萄原料的要求

为了保证起泡葡萄酒的质量，用于酿造起泡葡萄酒的葡萄原料的最佳成熟度应满足以下条件：含糖量不能过高，一般为161.5～187.0g/L，保证自然酒度在 9.5%～11%（体积分数）之间；含酸量应相对较高，因它是构成起泡葡萄酒"清爽"感的主要因素，也是保证起泡葡萄酒稳定性的重要因素；应严格避免葡萄的过熟。在气温较低的地区，这种成熟度所要求的酸度较易达到，而自然酒度却较难达到，因此常常需要加糖。

在法国，起泡葡萄酒的产区主要在气候凉爽和葡萄栽培的北界地区，而且在各产区，通过对修剪、种植密度和最高产量的限制，以保证获得最佳成熟度。酿造起泡葡萄酒的原料的成熟系数（糖/酸）一般为 $15\sim20$，总酸为 $8\sim12g$（H_2SO_4）/L，其中 $50\%\sim60\%$ 为苹果酸。在气温较高的地区则相反，一般葡萄含酸量较低。因此常常用加入酒石酸的方式进行增酸。阿根廷是这方面最典型的国家。其用于生产起泡葡萄酒的原料含糖量为 $190\sim210g/L$，用于生产芳香型起泡葡萄酒的原料含糖量为 $220\sim230g/L$；相反，原料的含酸量则较低，一般需用酒石酸将葡萄原酒的总酸调至 $7g$（H_2SO_4）/L 左右。对于以上两个极端类型之间的地区，则可通过小气候条件的选择，使葡萄原料从酸度和糖度两方面都达到技术成熟度。

2. 品种选择

瓶内发酵法起泡葡萄酒的原料品种有黑比诺、霞多丽、白山坡、白比诺、灰比诺、雷司令等。密封罐法起泡葡萄酒对原料品种的要求不如瓶内法起泡葡萄酒的要求那么严格。例如，目前意大利有 45 种原产地命名（AOC）起泡葡萄酒。用于这些起泡葡萄酒生产的品种非常多，但最主要的品种如下：生产干型起泡葡萄酒的雷司令、索维农和一些意大利品种；生产芳香型甜起泡葡萄酒的玫瑰香（麝香）型品种、Malvoisies、Albana 等。当然，用于瓶内法起泡葡萄酒的品种也可用于封密罐法起泡葡萄酒的生产。如果在准备第二次发酵的原酒时，加入少部分（如 20%）第一类品种的葡萄原酒，会明显改善密封罐法起泡葡萄酒的质量和成熟特性。很显然，最好的起泡葡萄酒（包括瓶内法和密封罐法）常常是用不同品种的原料勾兑后再行第二次发酵获得的（如香槟酒），因为这些品种可以相互"取长补短"。但这并不排除用单品种酿造起泡葡萄酒的可能。总之，瓶内法起泡葡萄酒对原料品种的要求最为严格，密封罐法起泡葡萄酒次之。

3. 气候条件

起泡葡萄酒所要求的最佳气候条件是温度较低的地区。因为低温地区能使葡萄有更好的酸度和果香。一般认为，瓶内法起泡葡萄酒的原料在采收时，其苹果酸与酒石酸比例应为 1∶1，pH 应小于或等于 3。

4. 土壤条件

土壤条件的重要性远远不如品种和气候条件。但一般情况下，最好的起泡葡萄酒的原料的土壤为钙质灰泥土，土壤必须为葡萄提供良好的氮素营养，其次土壤中钾的含量不能过高。

5. 葡萄栽培技术

保证葡萄的最佳技术成熟度是获得高质量起泡葡萄酒的第一步。起泡葡萄酒的原酒的质量指标主要包括：最低自然酒度 9.5%（体积分数）、总酸和苹果酸含量高、pH 低等。在起泡葡萄酒的最佳产区，葡萄栽培技术与传统葡萄栽培技术没有多大差异。但是，在温度较高的地区，特别是在葡萄成熟期间温度较高的地区，除选择温度较低的小气候条件外，在栽培技术上还应降低种植密度，提高主干高度，以提高结果部位和产量。

三、起泡葡萄酒原酒的酿造

起泡葡萄酒的酿造分两个阶段：第一阶段是葡萄原酒的酿造；第二阶段是葡萄原酒在密闭容器中的酒精发酵，以产生所需要的 CO_2 气体。很显然，在葡萄原酒浪酿造过程中出现的任何错误，都会增加第二阶段的困难，并最终降低产品的质量。当然，保证葡萄原料的最佳技术成熟度是获得起泡葡萄酒质量的第一步。

原酒酿造的工艺流程：原料分选→压榨→SO_2 处理→澄清（→加糖）→酒精发酵→干型原酒（→MLF）或甜型原酒→贮藏→澄清→冷处理→防止氧化处理→勾兑（不同品种、不同年份）→加糖浆或不加。

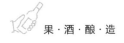

1. 压榨

在进行压榨以前，应先将破损、霉烂、变质的葡萄选出，以免影响葡萄原酒的质量。如果利用红皮品种酿造葡萄酒，则压榨就是决定葡萄酒质量的最重要的因素之一。在这种情况下，香槟酒酿造过程中的压榨技术值得借鉴：利用整粒葡萄直接压榨，以避免存在于果皮中的色素溶解；小于66％的出汁率；分次压榨，分次取汁，而且只用自流汁和一次压榨汁酿造原酒。

2. 对葡萄汁的处理

可以通过不同的处理改良经压榨获得的葡萄汁的质量。这些处理包括 SO_2 处理，澄清，加糖，酸度和颜色的调整等。有时还需对葡萄汁进行冷冻贮藏。在决定对葡萄汁的处理时，应考虑以下两种不同的情况：一是葡萄原酒的酒精发酵很彻底，基本上不含残糖；二是葡萄原酒的酒精发酵不完全，当酒度达到6％（体积分数）时就中止发酵。

3. SO_2 处理

在压榨取汁以后，应尽快对葡萄汁进行 SO_2 处理，一般在压榨出汁的同时进行，以使 SO_2 与葡萄汁充分混合。SO_2 的使用浓度一般为 30～100mg/L。各国对葡萄汁的 SO_2 处理浓度不同，法国 SO_2 的使用浓度为 30～80mg/L，西班牙 SO_2 的使用浓度为 60～100mg/L，德国 SO_2 的使用浓度为 50～100mg/L，阿根廷 SO_2 的使用浓度为 50～80mg/L，匈牙利 SO_2 的使用浓度为 50mg/L。

4. 澄清

葡萄汁的澄清处理，一方面能避免呈悬浮状态的大颗粒物质使葡萄酒具不良风味，另一方面能除去部分氧化酶，降低含铁量。葡萄汁的澄清处理方式如下：将葡萄汁静置澄清 12～15h；用 1.5g/L 的膨润土处理；在压榨结束后立即对葡萄汁进行离心处理，并 0℃ 左右处理数天（在低温处理的同时加入单宁和明胶），处理结束后，取澄清葡萄汁用硅藻土过滤机进行过滤。一般地讲，如果采收季节气温较低，葡萄汁中悬浮物含量较少，采用静置澄清可取得良好的效果；相反，如果采收季节气温较高，葡萄汁中杂质含量较高，则应进行低温和过滤处理。果胶酶处理和离心处理的效果都不如静置澄清好。

5. 加糖

在酿造起泡葡萄酒时，为了获得 CO_2 气体，一般都需要在葡萄原酒中加入糖浆。另外，如果原料的含糖量过低，也可在葡萄汁中进行糖分的调整，需要指出的是，起泡葡萄酒的酒精含量一般为 10%～12%（体积分数）。

6. 酒精发酵

（1）干型葡萄原酒的发酵　在法国香槟地区，葡萄原酒的发酵过去一般是在橡木桶中进行的，发酵温度 15～20℃，而现在，发酵多在带冷却设备的大容量（>100t）的不锈钢发酵罐中进行，其发酵温度控制在 16～20℃。葡萄汁一般先预冷至 10～12℃，并且在发酵过程中将温度控制在 12～14℃。这一发酵温度可使葡萄品种的香气得到良好的发展。在酿造葡萄原酒时所添加的优选酵母菌系即使在较低的温度条件下，也必须保证发酵迅速、彻底，不影响葡萄品种香气的发展，而且由它们活动所形成的醋酸和乳酸量较少。在香槟地区，有的厂家在发酵过程中添加 0.25～0.50g/L 的膨润土或 1.00～2.00g/L 的膨润土-酪蛋白复合物。但在法国这一处理并不普遍，在澳大利亚，发酵过程中的膨润土处理较为普遍。

（2）芳香甜型葡萄原酒的发酵　阿根廷和意大利的芳香型起泡甜葡萄酒产量较高，其葡萄原酒的发酵特点是在发酵过程中不断地进行膨润土处理（1g/L），每次处理以后都要进行过滤和（或）离心处理。其目的是逐渐地使基质中营养物质含量下降，以使最终的含糖量较高的起泡葡萄酒具有良好的生物稳定性。这一处理的次数决定于年份、葡萄汁中含氮化合物的含量以及发酵情况等。一般情况下进行四次澄清，前三次分别在酒度达到2%、3%和4%（体积分数）时进行。最后一次处理则在酒度在5%～6%（体积分数）之间时进行，膨润土和酪蛋白同时使用。然后将正在发酵的葡萄汁冷却至5℃或以下，再进行离心处理。酿成的葡萄原酒在保温罐中进行0℃贮藏，以防止再发酵。在贮藏过程中，隔一定时间进行转罐，如果需要，还需进行过滤或离心处理。葡萄原酒在进入第二次发酵前，有时要贮藏几个月。

7. 苹果酸-乳酸发酵

在香槟地区，现在都对葡萄原酒进行苹果酸-乳酸发酵，以避免这一发酵过程在瓶内发生。如果控制良好，在其结束以后能完全控制细菌的活动。苹果酸-乳酸发酵对含酸量高的葡萄原酒是很有利的；但在另一些情况下，它也可使产品缺乏"清爽"感，造成澄清困难、易于氧化等问题。而在奥地利、西班牙、意大利等国，一般都避免葡萄原酒的苹果酸-乳酸发酵。因此，采用及时分离、过滤、离心、添加 SO_2 等技术，避免苹果酸-乳酸发酵的进行。

四、原酒的处理

1. 澄清

在不需要进行苹果酸-乳酸发酵的地区，应该在酒精发酵结束以后马上进行转罐，以将葡萄酒与酒脚分开。而在需要进行苹果酸-乳酸发酵的地区，酒精发酵结束以后，应将温度控制在18～20℃，以有利于乳酸菌的活动。各酒厂根据习惯和葡萄的卫生状况进行不同方式的处理：或将葡萄酒与酒泥一起贮藏在酒精发酵罐中，等到苹果酸-乳酸发酵结束后再行分离、转罐；或将葡萄酒先分离、转罐，然后在苹果酸-乳酸发酵结束后再行第二次分离、转罐。对于葡萄酒的澄清处理，现在多用过滤和离心的方法，但使用单宁、蛋白胶进行澄清处理的仍然很普遍。常用的蛋白胶主要是明胶和酪蛋白。单宁-蛋白胶用于贮藏在较小容器中的葡萄酒。因为在这种情况下，葡萄酒自然澄清，下胶可获得良好的效果。但在大容器中贮藏的葡萄酒，下胶的效果较差，常用过滤和离心处理进行澄清。用膨润土进行澄清处理可防止蛋白质破败和铜破败病。因此，尽管膨润土处理影响气泡的形成，在很多国家仍然使用这一技术，但其用量一般不超过 $100 \sim 200 mg/L$。

2. 冷处理

为了防止在第二次酒精发酵过程中的酒石沉淀，必须对原酒进行酒石稳定处理。一般将原酒在 $0 \sim 4.5℃$ 下处理 $6 \sim 8$ 天。

3. 防止氧化处理

为了使葡萄原酒在加入糖浆以后能进行第二次酒精发酵，产生 CO_2，在葡萄原酒中 SO_2 的使用浓度一般较低，通常将其游离浓度保持在 $15 mg/L$ 以下，难以防止葡萄酒的氧化。因此，应添满、密闭，在 $10 \sim 15℃$ 的条件下贮藏。此外，使用 CO_2 或 N_2 对葡萄酒进行充气并在 $10 \sim 15℃$ 低温贮藏。

4. 勾兑

为了使起泡葡萄酒具最佳质量特点，所有生产起泡葡萄酒的厂家在加糖浆进行第二次发酵以前都进行不同葡萄品种间的勾兑。勾兑的标准主要是通过品尝确定。但一些分析指标，如pH 和总酸，也可作为葡萄酒质量和贮藏性的参考指标。在香槟地区，要求勾兑酒体的总酸为 $4.5 \sim 5.0 g (H_2SO_4)/L$，pH $3.00 \sim 3.15$，以保证起泡葡萄酒具有清爽感。

五、第二次发酵

第二次发酵的方式有两大类，一是瓶内发酵，另一个是密封罐内发酵。其中瓶内发酵又分"传统法"和"转移法"两种。

1. 传统法瓶内发酵

传统法瓶内发酵工艺流程：装瓶（糖浆、添加酵母、酵母营养剂、澄清物质）→封盖→瓶内发酵（水平放置，发酵温度12～18℃）→贮藏→瓶口倒放和摇瓶（沉淀集中与瓶口）→去塞（集中瓶塞的沉淀利用酒压冲出，避免酒与气体损失）→成分调整→压塞扎网→包装→成品。

选择第二次发酵的酵母菌系的主要标准如下：进行再发酵的能力；进行低温（10℃）发酵的能力；发酵彻底；对摇瓶的适应。将优选酵母制成酒母（发酵旺盛的含糖葡萄酒），直接添加到葡萄原酒中。所添加的酵母群体数量应达到 10^6 CFU/mL。阿斯蒂起泡酒的原酒为甜型，可不加糖浆，干型原酒需要添加。糖浆是将蔗糖溶解于葡萄酒中而获得的，其含糖量为500～625g/L。一般情况下4g/L糖经发酵可产生0.1MPa的气压。因此，在装瓶时，一般加入24g/L糖，以使起泡葡萄酒在去塞以前达到0.6MPa的气压。但这一比例只适用于酒度为10%（体积分数）的葡萄酒。为使起泡葡萄酒在去塞以前达到0.6MPa的气压，酒度为9%、11%、12%（体积分数）的葡萄酒，在装瓶时，一般加入23g/L、25g/L、26g/L的糖。

在装瓶时加入有利于酒精发酵的物质，主要是铵态氢（15mg/L磷酸氢铵等），有时也用维生素 B_1；有利于葡萄酒澄清和去塞的物质，主要是膨润土（0.1～0.5g/L），有时也用藻朊酸盐（20～50mg/L）。在装瓶结束以后，现在一般用皇冠盖进行封盖。与木塞比较，皇冠盖密封性更强，更易去除，且葡萄酒成熟更为缓慢。将装瓶后的葡萄酒水平地堆放在横木条上，进行瓶内发酵。窖内的温度为 12~18℃。一般认为，在 10℃ 条件下进行的缓慢发酵有利于起泡葡萄酒的质量，因为在这种情况下产生的气泡小，持续时间长，还有利于香味的发展。瓶内发酵一般持续 4~6 周。有时为了触发酒精发酵，先将装瓶后的葡萄酒置于 18~20℃ 的温度条件下，待发酵触发后再转入 12~18℃ 温度条件下。发酵结束后，储藏一年以上，以利于葡萄酒的成熟。

将贮藏后的葡萄酒，瓶口向下插在倾斜、带孔的木架上，并隔一定时间转动酒瓶，进行摇动处理。木架上的孔从上至下，使酒瓶越来越接近倒立状态。这样逐渐使瓶内的沉淀集中到瓶口。

去塞的目的是将集中于瓶塞处的沉淀利用瓶内气压冲出，并尽量避免酒与气泡的损失。在去塞时，现在一般先将瓶颈倒放－12~0℃ 的冰液中，将瓶口处的沉淀冻结于软木塞或瓶盖上。去塞的同时将沉淀去除。

在去塞后，用调味糖浆将瓶内的葡萄酒调整到标定的高度。调味糖浆含有 600g/L 左右的糖，以便调整不同种类起泡葡萄酒的含糖量。在调味糖浆中，还可含有柠檬酸，以补偿由于稀释作用引起的葡萄酒总酸的降低。虽然冷冻可限制 CO_2 的逸出，但在去塞时仍会损失 0.1MPa 左右的压力。而且去塞时引起的最大的问题是氧化，影响起泡葡萄酒的香气。为解决这一问题，可在调味糖浆中加入 15mg/L 的 SO_2 或（和）50mg/L 维生素 C。

2. 转移法瓶内发酵

转移法从葡萄酒原酒酿造至瓶内发酵结束，与传统法差异不大。但在瓶内发酵结束以后，将酒瓶转入分离车间。先将酒瓶在冰水中冷却，通过自动等压倒瓶装置，将葡萄酒倒入预先冷却的小金属罐中，并且不损失 CO_2 气体和葡萄酒。接收罐为双层，具有搅拌器，且事先充入了 N_2 或 CO_2，最好是 CO_2，其气压最好略低于酒瓶内的气压，以便将葡萄酒完全倒出。然后加入调味糖浆，根据葡萄原酒的种类不同，接收罐的温度也不相同：如果葡萄原酒已经过酒石稳定处理，则将温度降至 0℃；相反，如果葡萄原酒未经酒石稳定处理，则将温度降至－4℃，在这样的温度条件下进行搅拌。8～12 天后，起泡葡萄酒在等气压条件进行无菌过滤、装瓶。

3. 密封罐内发酵

利用传统法进行第二次发酵不仅劳动强度大，技术要求高，而且需要较长的时间和占用地方，只适用于贮藏时间长、质量高、价格高的起泡葡萄酒（如香槟酒）。为了降低成本，缩短酿造时间，简化酿造工序，更适应工业化大生产的要求，很多国家采用了在密封罐内进行第二次发酵的方法。意大利的密封罐内发酵很有代表性。这一方法包括以下几个步骤。起泡干葡萄酒：葡萄原酒的酿造（干葡萄酒），加入糖浆；转入密封罐内并添加酵母；在 12～15℃的条件下发酵，时间一般为 1 个月；结束后通过搅拌使葡萄酒与酵母接触一段时间，促进酵母的自溶；用明胶和膨润土进行澄清处理；在等气压条件下进行离心和无菌过滤处理；加入调味糖浆并在等压条件下装瓶。芳香型起泡甜葡萄酒：准备葡萄汁并发酵至酒度 6％（体积分数）左右；添加酵母，有时还需加入糖浆；第二次发酵，温度 12～15℃；冷冻处理以停止发酵；澄清和等气压离心；等气压过滤、装瓶；在瓶内进行巴氏杀菌。

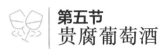

第五节
贵腐葡萄酒

贵腐葡萄酒是利用感染灰腐菌（也叫贵腐霉菌或灰葡萄孢）的白葡萄，经特殊工艺酿造而成的甜白葡萄酒。贵腐葡萄酒是一种高端葡萄酒，由于原料极少，产量有限且品质优良，售价极高。被灰腐菌侵染的葡萄，它的发生需要特定的环境条件。贵腐酒是甜白葡萄酒中最为高贵的一种，含糖量高，闻起来常有蜂蜜、水果干的香气。由于酿制贵腐葡萄酒的原料需要特定的条件才能形成，不是每年都有生产，来之不易。它的产量极低，一家酒庄每年产量只有几百瓶，甚至几十瓶而已，所以非常昂贵，一瓶动辄要上万元不足为奇。

一、原料

1. 原料特点

灰腐菌是一种自然存在的微生物，经常寄生在葡萄皮上。这种微生物对人体无害。大家知道，能附着于葡萄皮上的霉菌及酵母、细菌等各种微生物的种类很多，而贵腐霉菌的特殊之处在于：若附着在尚未成熟的葡萄皮上，则会导致葡萄的腐烂，故果农很讨厌它。但它若附着于已经成熟的葡萄皮上，则会繁殖而穿透葡萄皮，使葡萄皮表面布满肉眼看不见的小孔，促使葡萄中的水分80％～90％得以挥发，葡萄中的糖分、有机酸等成分呈高度浓缩的状态。

2. 灰腐菌对原料成分的改变

灰腐菌的代谢引起原料成分的一系列变化：①柠檬酸、葡萄糖酸含量升高；②酒石酸含量下降，苹果酸含量升高；③多元醇含量升高，特别是甘油、丁四醇、阿拉伯糖醇和甘露醇含量的升高；④矿质元素含量升高，特别是钾、钙、镁含量的升高，从而影响葡萄酒的酒石稳定性；⑤灰腐菌还分泌大量具有胶体性质的葡聚糖，从而影响葡萄汁和葡萄酒的澄清；⑥灰腐菌消耗氮源，并形成多糖。因此，由这类原料获得的葡萄汁含糖量高，稠度大，难于澄清。

3. 原料生长条件

贵腐霉菌很娇贵，不是在任何葡萄园都能出现和传播的，它需要一种独特的微型气候才能产生，早上阴冷富水汽，下午干燥炎热。早上潮湿的气候有利于这种霉菌的滋生蔓延，中午过后的干热天气才能使葡萄果粒里的水分从感染处蒸发，脱水提高了葡萄的甜度。说起来简单，但目前全世界拥有这种独特地理环境，造就如此苛刻气候条件的葡萄园产区被认可的就几个。像波尔多地区和匈牙利的产区都有条河，早上河两岸经常弥漫着雾气，之后太阳的照射和风使雾气渐渐散去，到了中午，阳光普照又抑制了霉菌的生长。法国的苏玳（Sauternes）和巴尔萨克（Barsac）地区生产的最为著名，其主要葡萄品种有赛美容（Semillon）、索维农（Sauvignon）和密斯卡岱（Muscadelle），其他的产区，如法国的 Loupiac、Sainte-Croix-du-Mont、Monbazillac、An-jou，德国的 Rheingau 和匈牙利的 Tokaji 等，也生产贵腐葡萄酒。

4. 葡萄采摘

采摘也是件麻烦事，需要逐粒逐串挑选。因为不是每一颗葡萄都同时受到感染，并且萎蔫程度也不一样。小心一粒一粒采收，既要避免灰霉变黑，也要将果穗内部没有产生"贵腐"的果实保留，等待"贵腐"的发生。而感染上贵腐霉菌的葡萄园往往香气冲天，容易吸引鸟兽。这些都直接影响了贵腐酒的产量，有时一棵葡萄树或许只能出产一杯贵腐美酒。

二、酿造工艺

葡萄采收分选→除梗→压榨→SO_2 处理→澄清→橡木桶中酒精发酵（酵母助剂，20～24℃）→封闭式分离→SO_2 处理→热处理→橡木桶陈酿→澄清稳定→装瓶。

以最快的速度取汁，原料经破碎后直接压榨，并将最后一次的压榨汁分开；压榨后立即进行 SO_2 处理，用量为 40～70mg/L；自然澄清 24h 或在 0℃下澄清 3～4 天，使葡萄汁的浊度达到 500～600NTU；在发酵液中加入 100～150mg/L 硫酸铵（即 25～40mg/L NH_4^+）、50mg/L 左右的维生素 B_1，以促进发酵，并在发酵液中接入 2% 的 24h 酵母母液；将发酵温度控制在 20～24℃；当生成的酒度与残糖达到平衡时，即残糖的潜在酒度与酒度的尾数相等，如 13%＋3% 或 14%＋4% 时，进行封闭式分离，并在分离时进行 200～350mg/L 的 SO_2 处理；当然可结合 SO_2 处理，用抑菌剂和二甲基二碳酸盐（DMDC）中止发酵；数天后，应分析游离 SO_2 的含量，并进行分离，将游离 SO_2 的量调整至 60mg/L 左右；为了防止葡萄酒的再发酵，提高二氧化硫的使用效果，可使用抑菌剂和 DMDC 等二氧化硫替代品；为了保证葡萄酒的贮藏性，最好进行热处理，以杀死酵母菌，并且避免葡萄酒的氧化和再发酵；在装瓶前几个月，根据蛋白稳定试验结果，对葡萄酒进行膨润土处理（400～800mg/L）；新酒陈酿 2～3 年后再装瓶。

三、人工贵腐葡萄酒

葡萄在接近成熟期感染灰葡萄孢以后发生贵腐作用，以贵腐葡萄为原料可以酿制贵腐葡萄酒。但是，灰葡萄孢感染对于葡萄来说，一般是有害的，称为"灰霉病"。只有在感染之后天气晴朗干燥，才能发生有效的贵腐作用。这种天然贵腐作用对气候条件的要求十分苛刻，从而天然贵腐葡萄酒的产量很少，生产贵腐葡萄酒的风险也大。即使是有名的贵腐葡萄酒产区，平均 10 年中也只有 2～3 年能获得成功。因此，贵腐葡萄酒物稀价高，只有富豪贵族才能享用得起，所以又称为"贵府葡萄酒"。

由于天然贵腐葡萄酒的来源有限，为了扩大产量，世界一些国家的酿酒工作者研究过用人工方法来生产贵腐葡萄酒，其中包括贵腐室法、添加菌体法、深层发酵法等，但至今尚未见在工业规模上生产人工贵腐葡萄酒的报道。金其荣系统地探讨了人工贵腐葡萄酒的有关生产工艺。为了克服贵腐发酵速度慢、周期长和易于感染杂菌等缺点，在研究中采用了固定化菌体快速发酵和半连续发酵等现代生物工程方法。

1. 灰葡萄孢固定细胞发酵

（1）孢子固定方法　采用海藻酸钙包埋法。

（2）固定化细胞培养条件　采用马铃薯葡萄糖琼脂（PDA）和麦芽汁琼脂（MEA）等培养基混合，并在 121℃ 下灭菌 20min。250mL 三角瓶装液 80mL，接入固定化孢子凝胶珠，在 20℃ 下摇瓶，进行种子培养，待凝胶珠表面长出约 1mm 的菌丝，用无菌纱布滤去培养液，加入发酵培养基摇瓶发酵。

（3）发酵条件　采用温度 20℃，不加 SO_2，不调节糖浓度和酸度，直接用白羽葡萄汁灭菌后发酵，250mL 瓶装液 80mL，在半连续发酵中，每隔 24～48h 更换一次发酵液。

（4）酵母发酵　灰葡萄孢固定化细胞发酵后，用无菌纱布滤去菌体，滤液直接接种酵母发酵，或提高糖浓度进行发酵。当酵母发酵结束后，为了终止发酵，将原酒降温至 4℃。

2. 灰葡萄孢游离细胞的发酵条件

（1）温度　灰葡萄孢的适宜生长温度在 20℃ 左右，采用 20℃ 发酵时，酸和糖的消耗最多，菌体生成量也多，香味较浓。灰葡萄孢发酵采用 20℃ 的温度是适宜的，在 15℃ 的发酵时长菌不良，效果较差，也有人认为这种发酵在 15℃ 最好。灰葡萄孢的降酸作用对葡萄酒的口味和酒石酸盐稳定性都有良好影响。经灰葡萄孢发酵后的葡萄汁，酸味轻，而且柔和得多。

（2）pH　初始 pH 值在 3.0（即不加碱调节）时，滴定酸度下降较多，而其他指标与初始 pH3.5 及 4.0 相差不大。从工业应用考虑，不加碱调节是最为方便的。

（3）SO_2 浓度　$K_2S_2O_5$ 浓度达 100mg/L（相当于 SO_2 50mg/L）时，灰葡萄孢已不能生长，而 50mg/ 的 $K_2S_2O_5$ 已有轻微的抑制作用。因此，常规白葡萄酒酿造中，榨汁后立即加入

50～100mg/L SO$_2$ 进行静置澄清后的葡萄汁，已不能适应灰葡萄孢发酵。不加 SO$_2$ 最好。

（4）接种量　接种量以浓度为 10^6 个/mL 的孢子悬浮液为宜，这样的接种量已经足够。虽然增加接种量可以更好地降低酸度和产生甘油，但接种量增多导致发酵液黏度增大，菌体难以分离。这种现象可能是产生了灰葡萄孢多糖，而且多糖的生成量与菌体的生长量成正比。更不利的是增加接种量后产香水平反而降低，这可能是因为香味物质的合成需要好氧条件，而菌体多和黏度大的情况下溶氧不足，影响了香味物质的合成。因此贵腐发酵中菌体的浓度是有限的。

（5）糖浓度　用加果葡糖浆（含糖 80％）的方法调节糖浓度，在为原汁浓度 13.8％～15％ 的范围内，发酵结果无大的变化；而糖浓度提高至 20％ 时，菌体的生长已受到不利影响，降酸和产香味能力略有降低，因此灰葡萄孢的发酵直接用糖度为 15％ 左右的原汁为好。

3. 灰葡萄孢固定化细胞的制备培养和发酵方法

灰葡萄孢游离细胞发酵存在贵腐香味太淡，发酵速度慢而周期长，发酵过程易受杂菌污染，增加菌体浓度和容易产生多糖等问题。从现代生物工程的观点看，固定化菌体发酵具有菌体密度大，发酵速率高，不易感染杂菌，菌体可以反复利用和便于连续操作等优点，因而从理论上说可以避免上述游离细胞发酵时存在的很多缺陷。

（1）关于固定化凝胶珠的制备　海藻酸钙包埋法是本发酵适用的方法，它具有来源广、价廉、操作方便、发酵稳定、安全无毒等优点。关于凝胶珠内孢子的最佳浓度：未与海藻酸钙溶液混合前，孢子悬浮液的浓度以 10^5 个/mL 为好。浓度过低，凝胶珠表面菌丝长不满，不均匀，过浓则造成浪费。孢子悬浮液与海藻酸钙溶液等体积混合后，其中的孢子浓度为 $5×10^4$ 个/mL，这种混合液每毫升约可以制成 100 粒凝胶珠，因此每粒凝胶珠中的孢子数约为 500 个。

（2）关于固定化细胞的培养方法　灰葡萄孢在 BC 培养基上生长最快，因此可以考虑用 BC 培养基代替葡萄汁进行固定化菌体的预培养，即种子培养。但是直接用 BC 液体培养基，菌体生长过于旺盛，培养时间稍长（40h 以上）则造成菌丝过长而发散生长，培养液黏度很高，与菌体分离困难。因此，有必要降低培养基浓度和确定最佳培养时间。采用稀释 5 倍的 $4°Bx$ 液体培养基营养已足够，长出的菌丝长度适中，培养液黏度低，容易分离。

（3）关于固定化菌体的发酵方法　固定化菌体按上述方法培养好后，用无菌纱布滤去培养液，并用无菌水洗涤一次，接入灭过菌的白羽葡萄原汁发酵，发酵条件参照游离细胞的最适发酵条件。接种量 5mL 已经足够，产贵腐香味的最好水平在发酵的第 24h 左右。但是，用增加接种量或延长发酵时间的方法来加快产香速度和提高产香浓度是不行的，因为这些做法都会使发酵液黏度明显升高，而产生的香味并不更浓。另外需要说明的是，固定化菌体需要反复利用，在产多糖的情况下，会给发酵液的分离带来困难。

固定化菌体发酵也能使葡萄汁的酸度有所下降，其降酸能力与游离细胞发酵大致相同。在提高接种量的情况下，降酸程度也有所提高，这说明贵腐发酵确实具有降酸作用。纸色谱的分析表明，被分解的主要是酒石酸。这种降酸作用对葡萄酒的酿造有重要意义。

灰葡萄孢发酵可以产生大量的甘油，甘油含量高是贵腐葡萄酒的一大特征。甘油对葡萄酒的酿造也具有重要意义，因为甘油能赋予酒甘美、醇厚的感觉。

（4）利用固定化菌体的半连续发酵　从间歇发酵的结果看，贵腐香味在 24h 时已达到最好水平，而且发酵液的黏度明显升高。置换发酵液的半连续发酵，以 24h 置换一次发酵液为好。固定化菌体的发酵是相当稳定的，所产香味可以保持在几乎最好的水平上。这种发酵的另一个优点是抗染菌力强，在整个发酵过程中未见杂菌污染，即使发酵液不经过灭菌也是如此。

从最后一批延长时间的发酵分析，所出现的情况与间歇发酵的结果类似，即随着时间的延长，菌体增多，残糖和总酸继续下降，黏度升高，贵腐香味减弱而出现霉味。这时取出一粒凝胶珠放在平板上培养，仍能长出正常的菌落和产生孢子。这些现象表明，固定化菌体活性仍然存在，发酵能力也一直是存在的。

4. 酵母发酵

高糖浓度发酵是天然贵腐葡萄酒的特征之一，天然贵腐葡萄汁的糖度在 26%～50% 之间，而人工贵腐葡萄汁只有 15% 左右。为了提高糖浓度，可以采用加葡萄干的方法。这种方法不仅可以将糖浓度提高到 30% 左右，而且还能赋予贵腐酒必须具有的干果香味。葡萄酒酵母 1450 能在接近 30% 的高糖浓度下正常发酵，旺盛发酵期在 2～15 天范围内。这种发酵原酒具有浓郁的葡萄干果香味，而灰葡萄孢发酵产生的贵腐香味依然存在，基本没有损失。到 19 天时，发酵速度已明显减慢，为了保留残糖和终止发酵，去除葡萄干的残渣后，酒液降温至 4℃ 贮藏。

5. 促进陈酿的方法

天然贵腐葡萄酒的陈酿期很长，一般要 3 年以上，甚至长达 30～40 年。为了加速陈酿可以采用冷热处理方法。先将葡萄酒瓶在 -6℃ 下保存 10 天，会有酒石酸盐等物质沉淀，除去酒脚。然后在较高温度下静置 3 天。热处理后，酒的外观都没有变化。经过较高温度（50℃ 以上）处理后的酒有煮熟味，而 45℃ 处理后的酒风味较好，而且比未经热处理的酒风味还要好。处理后的酒干果香味更浓，贵腐香味也没有明显损失，酒的口味也柔和得多，从而更接近于天然贵腐风味。因此，冷热处理是可以促进人

工贵腐葡萄酒的陈酿的。

6. 酒的澄清方法

与一般葡萄酒相比，贵腐葡萄酒的澄清是比较困难的，这是由于贵腐葡萄酒的浸出物含量高，保留有很多残糖及灰葡萄孢产生的多糖。其中，灰葡萄孢多糖的存在是天然贵腐葡萄酒澄清困难的主要原因。可以利用明胶下胶、离心和硅藻土过滤法对酒进行澄清。但是，明胶下胶对这种酒的风味有较大影响，口味变得平淡，当明胶用量达到澄清要求时，酒中已出现胶味。所以，用明胶下胶不是理想的澄清方法。用硅藻土过滤法澄清是有效的，过滤后酒澄清透明，呈淡金黄色，香味也损失很小。因此在工业上采用硅藻土过滤机过滤，是一种有希望的、可行的澄清方法。

7. 酒的稳定性预测

用郭其昌推荐的方法对人工贵腐酒进行了稳定性预测。实验表明，人工贵腐葡萄酒是很稳定的。在 2 天的观察过程中，酒未出现浑浊现象。从色度看，加 H_2O_2 处理的酒严重退色，一个月后完全无色。但是，人工贵腐葡萄酒在室温下敞口放置一个月，也未见有浑浊和色变现象，这说明人工快速酿制的贵腐葡萄酒具有良好的稳定性。

第六节
冰葡萄酒

冰葡萄酒，又称为冰酒，在英文中称为"icewine"，德文称为"eiswein"。冰酒属于高档的甜酒类，因其酿造工艺独特而被长期保密，充满神秘感，而且风味、口感奇佳，经过二百多年的发展，已经成为葡萄酒中的一朵奇葩，被誉为葡萄酒中的极品。

一、冰葡萄酒概述

1. 冰酒起源

在中国，听到"冰酒"这个词的时间并不很长，但冰酒的历史已经有大约 200 年了。冰葡萄酒的出现最早可追溯到 1794 年冬季德国弗兰克地区。1794 年冬季，德国弗兰克地区突然遭到一场早霜，当年的葡萄看来要毁于一旦，酒农们硬着头皮把半结冰的葡萄榨制酿酒，居然酿出了一种异于其他葡萄酒的独特风味葡萄酒，于是，他们把这种酒叫作冰葡萄酒。自那以后，冰葡萄酒就成为德国的特产。另一种说法也称冰酒起源于 1858 年莱因高地（Rheingau）地区的 Schioss Johannisberg 酒庄。在德国和奥地利的许多酒庄还广泛流传着一个冰酒诞生的传说：大约 200 年前的一个深秋时节，酒庄主人外出，没能及时回来，挂在枝头的成熟葡萄错过了通常的采摘时间，并被一场突如其来的大雪袭击。庄园主人不得已，尝试用已被冻成冰的葡萄酿酒，却发现酿出的酒风味独特，芬芳异常，从此发现了冰酒的酿制方法，并传承至今。

2. 冰酒的生产市场现状

目前，能够在自然条件下生产出冰冻在葡萄藤上的冰葡萄，并加工酿造成为天然冰葡萄酒的国家主要是加拿大、德国和奥地利。由于冰酒正在被越来越多的消费者关注，吸引了更多的生产者加入冰酒的酿制行列。除了传统冰酒生产国德国和奥地利以外，一些新世界的产地也纷纷投入生产，成为冰酒的新兴产区，如美国和加拿大。特别是加拿大，拥有生产冰酒的绝佳气候条件，甚至比传统冰酒生产地德国和奥地利的气候条件还要适宜，目前加拿大的冰酒产量约有 600 吨，占世界产量的三分之二。加拿大尼亚加拉半岛的气候特别适合冰酒的生产，那里的气温、土壤的化学成分和周围的地理环境，形成了一个适于冰葡萄生长的极佳组合，因而加拿大的冰酒在国际上也一直享有很高的声誉。为了维护这种国际信誉，加拿大对冰酒的生产进行了严格的限制和规定，其中最著名的是加拿大 VQA（Vintners Quality Alliance，酒商质量联盟）协会对冰酒酿造质量的严格的限制性要求，该标准目前已经成为国际普遍认可的冰酒主要标准之一。在加拿大，真正的冰酒都必须符合 VQA 的规定。典型的加拿大冰酒一般用威代尔（Vidal）和雷司令（Riesling）葡萄酿造。

3. 冰酒的名称

按照加拿大酒商质量联盟（VQA）和国际葡萄与葡萄酒组织（OIV）的标准，冰酒必须是葡萄在葡萄藤上自然结冰。因此，特定的低温并持续一定时间，葡萄在枝蔓上自然结冰是生产冰葡萄酒的必要条件。

为了规范冰酒产品，建议采用迟采酒（late-harvested wine）、类冰酒（icewine type）、冰酒（icewine）的名称。迟采酒是指将葡萄果实推迟采收，其糖度能够达到生产甜型葡萄酒的糖度标准；类冰酒是指葡萄在低温（高于冰酒要求的温度）或人工冷冻下结冰、压榨，发酵得到的酒；而冰酒则采用国际通行的定义。上述三种产品的糖度和酒度必须来源于葡萄本身，而不能添加外源糖。

4. 冰葡萄产区

按照 VQA 的定义：冰葡萄酒的原料必须在 $-8℃$ 下持续 6h 以上，并在此温度下采收、压榨、发酵而成。在我国，冬季能够满足上述温度条件的地区很多，辽宁、吉林、甘肃、宁夏、新疆、陕北等地均能在冬季达到 $-8℃$ 的持续低温。但是，在上述地区，葡萄冬季均需要埋土防寒，而解决葡萄在树上结冰和埋土防寒的矛盾是种植冰葡萄的关键。选择冰葡萄酒产区的标准应该是生长期能够满足冰葡萄的种植和成熟，冬季有 $-8℃$ 的持续低温天气，气候湿润而不干燥，能够使果实在树体上保持新鲜状态，自然结冰而不干缩。满足上述条件的不是很多，因此，在选择时，一定要将大产区与小气候结合，进行严格的区域化试验。

我国地域辽阔，不同气候特征差异极显著，葡萄种植从南到北绵延不断，很多酿酒葡萄产地都具有一定优势，特色鲜明。目前，虽然冰葡萄酒在我国仅仅是起步阶段，但是随着葡萄酒界专家的不断探索，已经先后有多家企业在不同产地成功地推出了冰葡萄酒，其中包括甘肃莫高实业发展股份有限公司推出的"莫高冰酒"，甘肃祁连葡萄酒业有限责任公司推出的"祁连美乐冰红"和"祁连赛美容冰白"。

5. 冰葡萄酒品种

生产冰酒可以使用红葡萄或白葡萄。德国通常使用的葡萄品种是雷司令和琼瑶浆（又名塔明娜），加拿大主要使用威代尔；而奥地利，许多本地的葡萄品种均可用来生产冰酒，如白葡萄施埃博（Scheurebe）和塔明娜（Traminer）等。在世界范围内，酿造冰酒的品种有茵伦芬瑟（Ehrenfelser）、白诗南、灰比诺、佳美、美乐、品丽珠、赛伯拉（Seyval Blanc）、肯纳（Kerner）、霞多丽、赛美容和黑比诺。

由于冰葡萄酒品种要求皮厚，能抵抗刺骨的寒风和冰冻的温度，因此，在我国发展冰葡萄建议采用下列品种：威代尔、雷司令、比诺系等。同时，需要采用山葡萄、贝达等抗寒砧木，并结合相应的防寒栽培技术。

6. 葡萄结冰温度和采收糖度

按照 VQA 的标准：葡萄必须在葡萄树上于−8℃或更低的温度下结冰，而且整个压榨过程中必须保持这一温度，而不能进行人工冷冻；葡萄醪最终平均糖度最少 35Brix，单次压榨的糖度不能低于 32Brix。OIV 规定：冰葡萄的结冰、采收、压榨必须在−7℃或以下进行，葡萄的潜在酒度不低于 15%。压榨后葡萄汁的含糖量与冷冻温度密切相关。因此，我国在制定冰酒标准时，既要参考国际相关标准，又要结合我国的实际，尤其是要考虑冰酒产品的含糖量和酒度。李记明认为：冰葡萄的结冰温度宜确定在－7℃，葡萄压榨汁的平均含糖量不低于30Brix。

由于我国能够生产冰葡萄酒的区域基本上都是埋土防寒区，而葡萄枝蔓埋土时，气温已经低于生物学零度，葡萄树体与果实之间基本上没有物质交换，为了保证葡萄枝蔓不受冻害，对葡萄结冰的定义是只要在自然状态下葡萄在蔓上完成结冰即可，但应绝对禁止对葡萄汁进行人工冷冻浓缩。

虽然压榨葡萄汁最终的糖度主要取决于结冰温度，但是葡萄采收前糖度的高低会影响到酒的风味成分，例如酚类物质、香气成分及贵腐菌的生长情况。另外，由于葡萄冷冻前糖度与冷冻后的葡萄汁糖度、葡萄酒的质量有密切的关系。因此，应该研究葡萄成熟期及结冰前的糖度变化，并根据糖度对葡萄原料进行质量等级划分，依次对冰葡萄酒质量进行等级划分。

7. 冰酒的酒度、糖度与酸度问题

加拿大VQA规定：冰酒的酒度为7.0%～14.9%，糖度不低于125g/L，总酸不低于6.5g/L。OIV规定冰酒的酒度不低于5.5%。为了保证冰酒产品糖、酒精、酸的平衡性，并考虑到消费者的饮食习惯。我国冰酒标准制定时应该适当降低酒含糖量、含酸量的指标值，即酒度7.0%～14%，糖度不低于120g/L，酸度不低于6.5g/L。

8. 冰酒挥发酸和SO_2

在VQA和OIV标准中，对挥发酸和SO_2指标都做了有别于其他葡萄酒的特殊限制，挥发酸分别确定在1.3g/L和2.1g/L，总SO_2确定在400mg/L。由于冰葡萄汁的高糖浓度作用于酵母细胞壁后，会形成过高的渗透压，使酵母代谢异常，形成大量的乙酸；同时，由于发酵缓慢，难以避免一些野生菌的繁殖。另一方面，由于冰酒的特殊性，高糖汁的保藏、长期的低温

发酵、含糖酒的贮藏、装瓶后稳定性的保持等使得 SO_2 含量要高于普通葡萄酒的限量，而我国发酵酒卫生标准规定：发酵酒（含葡萄酒）总 SO_2 含量不应超过 250mg/L，因此，我国的冰酒标准宜确定挥发酸含量不高于 1.8g/L，总 SO_2 不超过 350mg/L。

9. 其他指标

冰葡萄酒作为一种特殊的葡萄酒，除了具有葡萄酒的共性外，应该有一些特殊的指标与其他的葡萄酒区分开来。这些指标既可以从量上，也可以从质上显示冰葡萄酒的特点，例如挥发酸、干浸出物、甘油、多酚等。加拿大、德国等在研究冰酒样品时，分析了吸光度、黏度以及醇、酯、酸、萜烯、呋喃等化合物。我国学者也研究了冰酒酚类物质的特性，例如，龙胆酸可以作为某些冰酒的特征成分。因此，在制定标准时，应该借鉴和参考这些指标。

葡萄的品种、产地、年份是影响冰葡萄酒质量的重要因素。在冰酒标准中，应该参照葡萄酒的相关标准对品种、产地、年份的具体含义和标准做出具体的规定。

10. 关于监督与监控问题

冰葡萄酒是一种特殊的葡萄酒，为了保证其健康稳定的发展，除了制定科学合理的标准与工艺规范外，过程监督检查也是必需的。例如，进行产区气候评价，采收与压榨时温度和结冰状态的检查，冰葡萄产量统计，压榨后葡萄汁的含糖量检查，产品酒度、糖度等指标的检查。

二、冰葡萄酒生产

1. 工艺流程

采摘自然冰冻的葡萄→低温榨汁→回温处理→澄清→分离取清汁→接种→控温发酵（低温）→终止发酵→陈酿→下胶→过

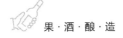

滤→冷冻→过滤→杀菌→灌装→冰葡萄酒→贮存。

2. 冰葡萄的采摘和分选

冰葡萄的采收温度必须保证在-8℃以下，最理想的采摘温度为-13～-10℃。采摘分选时间最好在夜间进行，次日日出前结束。采摘分选时工人需要戴上橡胶手套，小心仔细采摘在葡萄树枝上已经自然冰冻的葡萄。葡萄采收后，除梗破碎前要对葡萄进行分选，剔除烂果、异物等。分选过程应尽快进行，以保证葡萄在冰冻条件下榨汁。

3. 低温榨汁

由于取汁困难，冰葡萄取汁一般采用栏框式气动螺旋压榨机压榨完成。压榨全过程保持环境温度低于-8℃。取汁后应当及时进行品质分析、检验，检验指标包括含糖量、总酸等项目。为了获得更高的出汁率，压榨一般进行两次，第一次压榨获得的冰葡萄汁可溶性固形物含量可达到45％以上，出汁率在5％以上；第二次压榨获得的冰葡萄汁的可溶性固形物含量应达到35％以上，出汁率在10％以上。一般在压榨后得到的冰葡萄汁主要指标应当达到以下标准，含糖350g/L以上（以葡萄糖计），含酸8.0～12.0g/L（以酒石酸计）。同一品种葡萄集中处理，避免品种混杂。破碎过程中，避免压碎葡萄籽。榨汁机应尽快装足葡萄果浆，以避免葡萄汁与皮渣接触时间过长，榨汁机下部的集汁槽内的葡萄汁应尽快泵入澄清罐，以免被氧化。根据采摘葡萄的状况调整二氧化硫添加量在40～60mg/L之间。除梗破碎操作过程中确保葡萄不与铁、铜等金属接触。

4. 澄清

冰葡萄汁澄清主要采取酶处理、硅藻土过滤和膜过滤等三种方式。酶处理主要是依靠果胶酶、纤维素酶为主的复合酶制剂对果汁中的大颗粒、果肉等混浊物进行分解，从而达到澄清目的。硅藻土过滤是借助澄清助剂硅藻土的吸附和拦截作用，除去上述混浊物。膜过滤是近年来发展起来的先进的分离澄清技术，它通过人工合成的、孔径细微一致的分离膜，在强大的外力推动下实现混浊物的有效分离。膜分离技术可以有效地提高果汁澄清度，对果汁主要营养素、香气、色泽影响较少，而且可以高效地除去果汁中的杂菌，更有利于后续接种的酵母菌发酵。

5. 分离取清汁

① 葡萄汁澄清至浊度＜250NTU 即可进行分离。抽出上清液转入发酵罐进行发酵，混浊的汁底与其他罐的汁底合并，用酒泥机过滤后单独存放，发酵。

② 葡萄汁入发酵罐前应充氮气排氧气，防止氧化。

③ 发酵罐进汁量控制在其罐容量的 80％左右。

④ 葡萄汁澄清时间已达 36h 仍未澄清的，加入酵母活化液单独发酵处理。

6. 控温发酵

为了获得较高甜度和丰富的香气，冰葡萄酒的发酵必须在保糖、低温条件下进行，因此其工艺重点在于适宜的酵母筛选以及发酵工艺的控制。葡萄被压榨澄清后，葡萄汁要尽快（12小时内）放入发酵罐中，接种筛选出来的人工酵母菌，进入发酵阶段。在接入酵母培养液后需要进行控温发酵。冰葡萄酒中的酒精完全来自葡萄汁中糖分发酵，甜度来自葡萄汁中发酵后剩余的糖分。因此，冰酒具有优雅浓馥的芳香、醇柔爽净的口味。为了获得绝佳的品质，冰酒一般发酵温度控制在 10～12℃，不得高于15℃。由于发酵温度低，酿造冰酒的过程是非常缓慢的，经常要花费几个月才能达到想要的酒精含量，在如此长时间发酵期内，保持其发酵安全性和品质的优异、口感的协调至关重要，因此冰酒发酵工艺中包含着一系列不同于一般葡萄酒的独特环节。

（1）挥发酸控制　在发酵的过程中，由于高糖引起的高渗胁迫会产生副产物——乙酸，因此冰酒的挥发性酸水平经常超过标准。

（2）适宜的酵母菌选择　酵母种类对乙酸和甘油的形成、发酵速度和感觉特性有显著的影响，因此酵母对冰酒的品质影响很显著。加拿大科学家在七个商品酵母品种中选择了三种酵母（ST、N96 和 EC1118）适合酿造冰酒，一般按 1.5%～2.0%接入已经活化好的酵母培养液，并在接种酵母后，进行封闭式循环 15min。

（3）发酵温度的控制　在冰酒酿造过程中，控温缓慢发酵是一个关键工艺环节。有研究报道，不同发酵温度影响着冰酒的品质。研究表明，发酵温度为 5℃时，酵母活性受到很大抑制，发酵原酒糖度高、酸度高、酒低，酒体不协调。当发酵温度高于 12℃时，随着温度的升高，发酵原酒的酒度和挥发酸明显增高，总糖、干浸出物和氨基酸含量减少，削弱了冰酒甜润醇厚的典型性。综合考虑，冰酒发酵温度控制在 10～12℃为宜。发酵时间控制在 80～90 天。

（4）回温处理　葡萄汁装罐后，立即进行回温处理，回温时温度过高，容易导致发酵速度加快，使冰葡萄酒的酿造风味过于寡淡；回温时温度过低，接入的酵母菌株因为温度太低而休眠，不利于酵母起酵，导致酒体挥发酸升高。适宜的回温温度为 12℃。

7. 终止发酵

在发酵后期，酿酒师会根据预先设计的发酵方案，控制冰葡萄酒中的酒精含量，当酒精度数达到 9%～13%时，及时终止发酵，以获得不同口感和风味的冰葡萄酒。终止发酵的方法很多，包括低温、添加二氧化硫和除菌过滤等方式。低温和除菌过滤不会更多地影响冰酒的风味，总体效果要优于添加二氧化硫的方法。

终止发酵是生产冰葡萄酒的关键技术措施，要适时采取有效的终止发酵技术，严格保证产品的成分标准，确保贮存期间不会出现再发酵现象。经过试验研究，在糖度降至 18% 左右，密度在 $1.041g/cm^3$ 左右时，添加 120mL/100L 亚硫酸进行终止发酵。并将发酵原汁温度降至 0℃ 低温贮藏。将终止发酵后的冰葡萄酒进行理化指标检测，并调整游离二氧化硫含量至 30～40mg/L。将同品种、同质量的酒合并，打入另一罐且尽可能保持酒满罐存放，不满罐酒做好充氮气防氧化工作。

8. 陈酿

陈酿温度不超过 4℃，特别避免急速而频繁的温度改变而影响酒的品质，避免室内过度的气温变化和阳光直射陈酿罐；避免震动；避免酒窖内外有异味物质污染酒窖内空气。定期对冰葡萄酒的品质进行抽样检验。新酒每星期抽检 1 次，酒龄达到 3 个月以上的每个月抽检 1 次。建立贮酒桶卡片，注明时间、酒的成分、选用的葡萄品种、换桶及添桶等工艺操作状况，并将卡片收集、整理统计，保管，把统计的信息输入电脑保存。发酵原酒一般经 180 天的低温陈酿。

9. 下胶

原酒经数月保藏、陈酿后，需要进行澄清处理。在冰葡萄酒澄清中通常采用添加皂土、明胶、蛋清粉、酪蛋白等澄清剂的方法，不同方法具有不同的作用和特点。用皂土下胶澄清时，澄清温度不超过 8℃，同时调整游离 SO_2 至 40～50mg/L，以保证澄清过程中冰葡萄酒的品质。

10. 过滤

过滤是为了更好地保持冰葡萄酒灌装后的澄清度和稳定性。过滤的主要技术有纸板过滤、硅藻土过滤和膜过滤，一般为了获

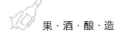

得、保持冰葡萄酒良好的品质，在过滤澄清中通常采用孔径为0.2～0.45μm 的错流膜过滤技术，以最大限度地保持冰酒特有的香气、迷人的色泽和丰富的口感。

11. 冷冻

为了平衡冰葡萄酒口感，增加其稳定性，澄清过滤后还需要对冰葡萄酒进行冷冻处理。冷冻处理需要将澄清后冰葡萄酒降温到−4℃，并维持 15 天，之后回温至 15℃下保藏，直至灌装。

12. 杀菌

运用板式热交换器，将温度控制在 85℃左右，对冰葡萄酒进行杀菌，杀菌后采用瞬间冷却，将酒温降至室温（20℃左右），进行无菌灌装。

13. 灌装及贮存

冰酒灌装材料采用 375mL 有色玻璃瓶、天然橡木塞。灌装采用无菌灌装，灌装后，酒瓶应卧放使软木塞浸入酒中，以免木塞干燥使酒液挥发。瓶装冰酒贮存的温度控制在 10℃，酒窖的湿度在 70％左右。冰葡萄酒在瓶中的贮存期至少是 180 天。

三、冰葡萄酒质量要求

1. 感官要求

冰葡萄酒的感官要求见表 7-4。

表 7-4　冰葡萄酒感官要求

品评项目	感官要求
色泽	呈金黄色或浅黄色(白冰葡萄酒),棕红色或宝石红色(红冰葡萄酒)
澄清程度	澄清透明,有光泽,无明显悬浮物(使用软木塞封的酒允许有 3 个以下不大于 1mm 的木渣)

品评项目	感官要求
香气	具有纯正、优雅、愉悦、和谐的干果香、蜜香与酒香;品种香气突出,陈酿型的冰葡萄酒还应具有陈酿香或橡木香
滋味	圆润丰满、酸甜适口、柔和协调
典型性	典型性突出、明确

2. 理化要求

冰葡萄酒的理化要求见表7-5。

表7-5　冰葡萄酒的理化要求

检测项目	指标
酒精度(20℃)/%	9~14
总糖(以葡萄糖计)/g/L	≥125
滴定酸(以酒石酸计)/g/L	5.0~8.0
挥发酸(以乙酸计)/g/L	≤2.1
游离二氧化硫/mg/L	≤50
总二氧化硫/mg/L	≤250
干浸出物/g/L	≥30.0
铁/mg/L	≤8.0
铅/mg/L	≤0.2
砷/mg/L	≤0.1
甲醇/mg/L	≤400
苯甲酸或苯甲酸钠(以苯甲酸计)/mg/L	≤50
山梨酸或山梨酸钾(以山梨酸计)/mg/L	≤200
合成色素	不得添加

注:酒精度在表中的范围内,允许偏差为±1.0%(20℃)。

3. 卫生要求

冰葡萄酒的卫生要求见表 7-6。

表 7-6　冰葡萄酒的卫生要求

检验项目	指标
菌落总数/CFU/mL	≤30
大肠菌群/MPN/100mL	≤3
沙门菌	不得检出
志贺菌	不得检出
金黄色葡萄球菌	不得检出

第七节
干化葡萄酒

一、干化葡萄酒简介

在一些国家和地区，以干化葡萄为原料酿造葡萄酒，著名的有西班牙的谐丽葡萄酒、法国的麦秆葡萄酒等，新疆的楼兰古堡酒也属于这一大类。这类葡萄酒由于其原料经过了各种干化处理，葡萄汁的含糖量非常高，可以达到 400～500g/L。干化处理的方法很多，包括将果梗掐断但仍挂在植株上晾干，将葡萄采下后就地晒干，或放在一层禾秆上，或在筛板上（加热或不加热）晾干，也可将葡萄挂起来晾干等。根据方法不同，干化处理的时间也不相同，可为 2～4 个月。当干化处理使糖度达到要求后，先将原料分选，然后进行破碎、压榨、低浓度的 SO_2 处理，最后入桶或发酵罐进行发酵。由于发酵多在冬天进行，而且汁的含糖量很高，所以发酵非常困难，有时可持续几年。

由于高糖分具有抗菌作用，所以在糖不能完全被发酵的葡萄汁中，含糖量越高，发酵所产生的酒度就越低。例如，如果葡萄汁的含糖量低于 350g/L，就很容易获得 17%（体积分数）的酒度；但如果含糖量高于 360g/L，则即使要达到 14%（体积分数）的酒度也很困难。所以，在对原料进行干化处理时，最好使其含糖量保持在 350g/L 左右。此外，为了促进酒精发酵，最好在装罐时只装 2/3，并将罐口打开，以利于酵母的繁殖，并将温度保持在 18℃ 左右。当发酵进入旺盛期（即 2~3 天后）时，分离葡萄汁（开放式），再加酵母进行发酵。当 CO_2 的释放停止、葡萄酒开始澄清时，停止加温，并将葡萄酒分离，于冬季低温条件下贮藏。

西班牙的谐丽葡萄酒的陈酿方式包括"生物性陈酿"和"非生物性陈酿"两种。进行生物性陈酿的葡萄酒酒度为 15.0%~15.5%（体积分数）。在开放式条件下，葡萄酒的表面很快形成一层酵母膜，在这一过程中，葡萄酒的干浸出物被消耗，并形成醛类、缩醛和芳香物质。为了使装瓶葡萄酒的感官特性趋于一致，在这一过程中，对葡萄酒进行多次换桶或部分换桶和混合。Munoz 等（2007）的研究表明，在谐丽葡萄酒的生物陈酿过程中，合理的微氧处理可加速葡萄酒的成熟。非生物性陈酿的酒度为 18%~19%（体积分数）的葡萄酒在未添满的状态下进行缓慢氧化，但表面无酵母膜。在陈酿过程中，同样进行多次换桶或部分换桶和混合。陈酿结束后通常加入蜜甜尔，以提高糖度。

二、干化葡萄酒用品种的选择

与冰葡萄酒一样，干化葡萄酒是"上帝"赐予人类的佳酿，并非每个年份都可以酿造。干化葡萄酒不仅要求葡萄生长季节光照充足，降雨量少，气候干燥，温度适宜，在采摘后的干化过程中更是如此。美乐和赤霞珠谁更适合做干化酒用葡萄品种，下面

予以介绍。

同一产区美乐比赤霞珠的物候期要提前一周以上，干化葡萄酒需要葡萄在采收后自然风干，风干过程需要大量人力、物力及适宜场地。美乐成熟期比赤霞珠早，如果选择美乐做干化葡萄酒原料，对其进行风干的阶段恰好是发酵工作的高峰期，在生产上难以保证有足够的人力、物力支持。

对比赤霞珠和美乐的果实性状及品种特性，赤霞珠的果粉比美乐厚，更耐受外界不良影响。果刷是浆果中的维管束，具有固着果肉和果蒂的作用，果刷大者浆果的耐拉力强，不易脱落，耐运输和贮藏的赤霞珠的果刷比美乐长，在延迟采收时果粒不易脱落，在干化过程中更耐贮藏。酒体结构感决定了葡萄酒的品质，赤霞珠的单宁和花色素苷含量多，对外界不良侵染的抵抗力强，较适宜陈酿。抗病性决定了葡萄浆果的品质和卫生状况，赤霞珠的抗病能力高于美乐，葡萄病害轻，农药施用量少。

通过综合分析赤霞珠和美乐在物候期、果实性状及品种特性等方面的特点，全面考虑干化葡萄酒对原料要求、规模化生产的效益，在高档干化红葡萄酒初期的开发阶段，将赤霞珠作为干化葡萄酒的原料比美乐风险性小。

三、果胶酶和酵母的选择

1. 果胶酶的选择

国产果胶酶、HE、EX、EX-V 果胶酶哪种更适合做干化葡萄酒？4 种果胶酶对果胶和聚糖的分解能力都很强，在 3 天内均能将果浆中果胶和聚糖完全分解；在对葡萄皮色素的提取能力方面，4 种果胶酶相差不大，其中 EX-V 果胶酶略强。通过每天对香气进行对比分析，结果表明：使用 4 种果胶酶的果浆香气的典型性都很强，具有黑浆果香、干果香，相比之下使用 EX-V 果胶酶的果香典型性最强，使用 HE 和 EX 果胶酶的果香典型性也很好，相差不大，使用国产果胶酶的果香典型性稍差。综上考虑，决定选择 EX-V 果胶酶作为干化葡萄酒使用的果胶酶。

2. 酵母的选择

因为干化后葡萄汁的糖度比较高，达到 350g/L，所以要求酵母具有很高的耐糖性和耐酒精性，才可以将发酵进行完全。F15、D254、Zymaflore FX10、RC212 这些酵母中，哪种作为干化葡萄酒发酵酵母最合适呢？经研究发现，四种酵母均有良好的耐酒精性能，均能耐受 16%vol 的酒精；可以耐受 120mg/L 高浓度的 SO_2，具有良好的耐 SO_2 能力；在发酵速度、产酒精率、发酵后残糖含量方面的能力比较相近。相比之下，F15 酵母发酵速度稍慢，残糖稍高，发酵结束后酒精度稍低。由于果浆原始糖度高，所以发酵时间较长，发酵结束原酒酒精度较高，达到 15%vol 以上；发酵结束时残糖含量较高，达到 4g/L 以上；发酵过程前后酸度基本无变化，但 pH 值上升 0.2 以上；在对发酵过程中单宁、色度影响方面，4 种酵母相差不大，因为发酵后酒中单宁、色度含量主要与破碎程度、发酵温度、发酵时间、搅拌强度有关，与酵母关联较小；单宁含量在发酵过程中呈持续升高的趋势。对 4 种酵母发酵结束后的酒进行对比品尝，4 种酒均为深宝石红色，有较好的浆果香、干果香、发酵香，入口圆润，酒体较醇厚，结构感强。相比之下，使用 F15 酵母发酵后的酒果香突出，但苦涩感略重；使用 D254 和 Zymaflore FX10 酵母发酵后的酒，果香和发酵香都比较突出，酒体也比较醇厚，但结构感略显弱；使用 RC212 酵母发酵后的酒果香和发酵香最突出，酒体较醇厚，结构感较强。综上所述，选择 RC212 酵母作为干化葡萄酒使用酵母。

四、干化葡萄酒的生产

干化葡萄酒的工艺特点是葡萄完全成熟后推迟采摘，在自然条件下，经过干化处理，使葡萄穗在离开树体的情况下适度失去水分，增加糖度，积累香气，使葡萄果实物质浓缩。当葡萄浆果的糖度等指标达到工艺要求时，再进行破碎和带皮发酵，原酒需要在地下酒窖经橡木桶陈酿，并在酒窖中经过瓶储后才能生产出风格独特的干化葡萄酒。目前，国内关于干化葡萄酒研究的报道很少，国外相关技术产品也较少，只有少数国家生产少量的该类型葡萄酒。

1. 干化葡萄酒生产工艺

延迟采收→原料的分选和检验→干化处理→除梗破碎→酒精发酵→苹-乳发酵→橡木桶陈酿→澄清处理→装瓶→瓶储。

2. 高档干化葡萄酒的生产

（1）原料的分选和检验 挑选预留优质的酿酒葡萄，完全成熟后采摘。原料进行严格分选，要求果穗整齐成熟，着色率达100%，彻底清除病果、霉烂果和农药污染果，并对葡萄原料进行抽检化验。采摘时葡萄糖度为250g/L。

（2）干化处理 在卫生、空旷、干燥、通风状态良好的室内拉好铁丝，每行铁丝相隔50cm，葡萄采收后，将葡萄悬挂于铁丝上，每串葡萄间隔10cm进行干化处理。每天对葡萄颗粒的品质进行观察，确保每颗葡萄无腐烂、无霉变、无污染，如果有腐烂霉变的果实及时剔除。需要时可适当喷撒亚硫酸（食品级）进行防腐处理，当葡萄含糖的达到350g/L时，准备除梗破碎、发酵。

（3）酒精发酵 对干化后葡萄进行除梗破碎处理，输入发酵罐中，分别均匀加入食品级亚硫酸和果胶酶，食品级亚硫酸的添加量以SO_2计为50mg/L，果胶酶的添加量为0.02g/L。选用陈酿型红葡萄酒酵母进行酒精发酵，酵母添加量为0.2g/L，37℃水浴活化30min，在活化过程中加入少量葡萄汁，使酿酒酵母适应葡萄汁发酵环境。在处理好的发酵罐中，接入活化好的酵母菌，25～28℃条件下进行酒精发酵，期间定时打循环，测定葡萄酒温度、相对密度，并压帽。当相对密度小于0.996，总糖含量在4.00g/L左右时进行皮渣分离，倒罐澄清，接种乳酸菌进行苹果酸-乳酸发酵。

随着发酵的进行，酒中色素、单宁的含量呈增长趋势。发酵进行的前5天，单宁含量上升比较慢，但随着发酵的进行，发酵温度和酒精含量升高，单宁含量快速上升。随着单宁含量的升高，以及单宁与色素的结合，色度增长速度减慢。发酵结束时，干化葡萄酒的色度、单宁含量明显高于普通干红葡萄酒。

（4）苹-乳发酵　将酒精发酵后的干化葡萄酒中，加入乳酸菌进行苹-乳发酵，温度保持在18～20℃。苹-乳发酵时间为1个月左右。当检测确定苹-乳发酵结束时，终止发酵，低温保存。

（5）橡木桶陈酿　将苹-乳发酵后原酒置于法国橡木桶中陈酿，环境温度保持在14～16℃，湿度保持在70%～80%，定期添原酒入桶使木桶内的酒处于满桶状态，游离SO_2含量保持在25～35mg/L，陈酿期为24个月。

（6）装瓶与瓶储　干化葡萄酒在法国橡木桶中陈酿24个月后，经品评后再出桶。出桶后原酒进行澄清处理和稳定性处理后，装瓶瓶储。瓶储期环境温度控制在12～15℃，湿度为70%～80%，且避免光照，瓶储期为24个月以上。

瓶储后进行品评，酒的色、香、味均要达到完美。干化葡萄酒特点：深宝石红色，具有成熟的葡萄浆果香、干果香及橡木香，入口丰满和谐，酒体醇厚、浓重，回味持久。干化葡萄酒品质极佳，长期陈酿可达极优的风味。

五、干化葡萄酒的风味特征分析

香气成分是构成葡萄酒品质的重要因素，葡萄酒香气物质的种类、数量、单个物质的感觉阈值及其之间的相互作用对不同品种果实香气特征具有重要影响。葡萄酒芳香物质主要是醇、酯、有机酸、醛、酮以及萜烯类物质，它们的种类、含量、感官阈值以及相互作用决定着葡萄酒的风味和典型性。目前，已经从葡萄酒香气成分中鉴定出了 800 多种成分，其中，最重要的是醇类、酸类、酯类、醛类、酮类、萜烯类、酚类及含氮、含硫化合物。萜烯类化合物中的单萜烯及其氧化物包括里那醇、橙花醇、香叶醇、α-萜品醇、香茅醇等。玫瑰香葡萄酒萜烯类物质中典型的、重要的香味成分是里那醇和香叶醇，它们具有令人愉快的花香味。吡嗪类化合物具有青草、青椒似的气味，来源于 2-甲氧基-3-异丁基吡嗪，这些芳香成分存在于解百纳红葡萄酒和赛美容、长相思等白葡萄酒中。

随着现代分析技术的发展，色谱法广泛应用于葡萄酒风味物质的分离和鉴定，如气相色谱（GC）、高效液相色谱（HPLC）、气相色谱-质谱联用系统（GC-MS）等。随着顶空固相微萃取技术的出现，用顶空固相微萃取-气相色谱/质谱联用（HS-SPME-GC-MS）技术已成为研究葡萄酒香气成分重要的、有效的手段。采用顶空固相微萃取结合气质联用技术，对高档干化赤霞珠葡萄酒进行风味特征分析，并与普通赤霞珠干红葡萄酒进行对比，同时将干化赤霞珠葡萄酒陈酿前后风味物质含量进行对比，以寻求差异。

1. 干化赤霞珠原酒风味特征分析

干化赤霞珠发酵成葡萄原酒后，利用顶空固相微萃取-气相色谱/质联用技术进行风味特征检测，并且与普通赤霞珠葡萄原酒进行对照。干化赤霞珠葡萄原酒共定性检测出 56 种风味物质，普通赤霞珠葡萄原酒共定性检测出 46 种风味物质。干化赤霞珠葡萄原料与普通赤霞珠葡萄原料均来源于同一葡萄基地，选择 30 种风味物质进行定量检测分析。在选择定量检测分析的 30 种风味物质中，干化赤霞珠葡萄原酒中检出 29 种，而普通赤霞珠葡萄原酒中检出 25 种。在普通赤霞珠原酒中检出了戊醇，在干化赤霞珠原酒中未检出。在干化赤霞珠原酒中检出了庚醇、香茅醇、3-甲基-1-丁醇、3-甲基丁酸乙酯和苯乙酸乙酯，在普通赤霞珠原酒中未检出。另外，在所定量检测的 30 种风味物质中，干化赤霞珠原酒与普通赤霞珠原酒中的含量有较大的差异。干化赤霞珠原酒中风味物质含量较高，总量为 1.52g/L；普通赤霞珠原酒中风味物质含量相对较低，总量为 1.08gL，总量相差近 0.5g/L。

2. 干化赤霞珠葡萄酒陈酿后风味特征分析

将干化赤霞珠葡萄原酒装入橡木桶中陈酿 24 个月，出桶后经过工艺处理，然后装瓶，再进行瓶储陈酿 24 个月。利用顶空固相微萃取-气相色谱/质谱联用技术，对瓶储陈酿后的高档干化赤霞珠葡萄酒进行风味物质分析，并将检测结果与陈酿前原酒进行比较。干化酒陈酿前共定性检出 56 种风味物质，陈酿后共检出 72 种风味物质。与陈酿前相比，陈酿后一些表现为花香、果香特征的风味物质未被检出，但同时检测出了多种表现为橡木桶香气和陈酿风格特点的风味物质，例如糠醛、5-甲基糠醛、糠酸乙酯、反式-橡木内酯、顺式-橡木内酯、4-乙基愈创木酚、丁子香酚、糠醇等物质。选择 32 种风味物质进行定量分析，陈酿后葡萄酒中大量醇类、酯类香气成分含量降低或消失，如丁酸乙酯、乙酸异戊酯、己酸乙酯、己酸异戊酯、癸醇、己醇，这些风味物质沸点低，易挥发，呈现的是果香、花香特征，如草莓、香蕉、青苹果、菠萝、李子、柑橘等水果的香气，以及百合花、玫瑰花、青草气息等。与此同时，一些体现橡木桶陈酿特征的风味物质被大量检出，如 5-甲基糠醛、糠醛、糠醇等，这些物质沸点高，较难挥发，赋予了葡萄酒更浓厚、持久的香气，如奶油、咖啡、香草、椰子、烘烤和焦糖的香气。通过分类汇总计算得出：陈酿后醇类、酯类、酸类、酮类物质总量都明显降低，总含量降低近一半，但是增加了大量陈酿类风味物质。

第八章

黑果腺肋花楸酒

第一节
黑果腺肋花楸功能及应用

　　黑果腺肋花楸果实中富含大量多酚、黄酮、花青素、酚酸、维生素及矿物质等功能成分，其果实具有一定的保健功能，其中抗氧化作用最为显著。但由于果实自身单宁含量较高，生食苦涩，不受消费者喜爱，因此可将果实进行深加工，改善口感。下面就黑果腺肋花楸果实的功能以及食品加工进展进行简单介绍。

　　黑果腺肋花楸〔*Aronia melanocarpa*（Michx.）Elliott〕，又叫不老莓、野樱莓，是蔷薇科腺肋花楸属多年生落叶灌木，树高 1.8～3.0m，耐寒，耐旱，其果实浑圆，成熟后呈紫黑色，原产于北美东部和加拿大，是集食用、药用、园林、生态等价值于一体的经济树种。我国本土并无此树种，自 1989 年起辽宁省干旱地区造林研究所先后从国外引进 8 个品种，发展至今我国已经拥有较丰富的种植资源。

一、营养成分和功效成分

1. 营养成分

黑果腺肋花楸的营养成分包括类胡萝卜素、蛋白质、L-抗坏血酸、黄酮醇葡萄糖苷、维生素 E、叶酸、卵磷脂、脑磷脂、碳水化合物、碘、钾、钙、钼、锰、铜、硼、铁、锌和镁等。

2. 功效成分

黑果腺肋花楸果实中的黄酮（鲜果含量高达到 0.25％～0.35％）、花青素、多酚是已知植物中含量很高的，超过了蓝莓，多糖含量也较高。此外，果实还含有多种其他活性物质，具有较高的药用食用价值，被称作自然界的"抗癌剂"。

二、果实加工的进展

1. 果汁

黑果腺肋花楸属浆果类，出汁率基本为 70％。因此可将黑果腺肋花楸果实制成果汁，以解决其口感问题，还能最大限度保存原料中的营养成分。黑果腺肋花楸果汁的价值也不仅仅体现在高营养方面，它还具有良好的混合性能，能与其他果汁混合，制成混合型果汁，更进一步提高抗氧化能力，例如 Gironés-Vilaplana 等人向柠檬汁中加入 5％（体积分数）的黑果腺肋花楸果汁，比单独柠檬汁或者黑果腺肋花楸果汁的抗氧化能力更强。

目前国内对其果汁研究尚浅，几乎未见商业化，具有很大的发展潜力。

2. 果酒

将黑果腺肋花楸果实进行筛选、清洗处理，然后发酵成低酒精度的果酒，具有非常高的营养价值。在黑果腺肋花楸果酒酿造前期，果汁需要经过 SO_2 处理，以达到抑制杂菌生长、护色、澄清等目的。用 0.4％明胶作为澄清剂，果酒稳定性保持时间约为 1 年。王鹏等人还对黑果腺肋花楸果酒发酵条件进行了优化，加工高度黑果腺肋花楸干红最佳条件为温度 22℃，含糖量 26.2％，pH4.0；加工低度黑果腺肋花楸干红最佳条件为温度 22℃，含糖量 19.4％，pH4.0。黑果腺肋花楸果实可根据不同发酵条件加工成口感柔和、色泽诱人的果酒。Witkowska 等人则对果酒中成分进行分析，将黑加仑、黑果腺肋花楸、接骨木果、醋栗果和红葡萄酿酒进行对比，测定九种酒中的化学成分，其中黑果腺肋花楸有四种指标居于最高，抗氧化性最强，总抗氧化能力（TEAC 法）为 34.0mmol/L，总酚含量为 4.10g/L，总花青素含量为 1.39g/L，维生素 C 含量为 134.4mg/L。由此可见，与其他果酒相比，黑果腺肋花楸果酒的营养价值较高，其果酒系列产品在国内有着可观的开发前景。

3. 果粉

目前，市面上有许多种类果粉，但是营养价值及抗氧化能力大多不如黑果腺肋花楸，色泽也不如黑果腺肋花楸鲜艳。黑果腺肋花楸果实呈天然紫黑色，其果汁呈暗红宝石色，有报道称可将其干燥后的果粉用作食品添加剂。将果实制成果粉有两种方法，第一是将黑果腺肋花楸果汁通过喷雾干燥、冷冻干燥或者 40～80℃真空干燥制成粉末状，制成的粉末中均含有较高含量的多酚，其中通过喷雾干燥处理后，总酚、总黄酮、原花青素及矢车菊素葡萄糖苷含量最高。第二是将黑果腺肋花楸果实榨汁后，留下的果渣干燥后制成果粉，含籽的部分富含 13.9％脂肪、24％蛋白质和无机化合物。无籽部分含有大量的总膳食纤维、原花青素（12000mg/100g）和花青素（1200mg/100g）。这样果汁可用来制成商业果汁，而剩下的果渣也会得到充分利用，使黑果腺肋花楸的价值最大化。制成的果粉可以添加到面包、蛋糕等食品中，健康又营养。也可以独立包装，做成冲剂，随用随冲，携带方便，为忙碌的都市人提供健康方便的营养补充剂。

4. 果冻

果冻是一种市面常见的甜食之一，呈半固体状，外观晶莹，口感柔滑，深受小孩子与大人们的喜爱。可将草莓粉与黑果腺肋花楸浓缩果汁相结合制作果冻，配方为 7％草莓粉、0.05％乳酸钙，再添加 5.2％黑果腺肋花楸浓缩果汁，所得产品品质最高。由黑果腺肋花楸制成的果冻色泽鲜艳，更易吸引小孩子，同时果冻几乎不含蛋白质、脂肪等能量营养素，又适合减肥或想保持身材的爱美人士。果冻与黑果腺肋花楸结合，既能满足大众口味，又能满足爱美者在减肥的同时补充多种维生素、矿物质等。

随着人们生活水平的提高，如何吃得健康营养，逐渐成为消费者们日益关心的问题。人们对各种花样美食无法抗拒，日常饮食中摄入脂类、醇类过多，各种维生素及矿物质摄取不足，易导致心血管疾病。随着社会的进步，人们消费观念的不断加强，营养保健型食品备受青睐。目前黑果腺肋花楸可做成果汁、果酒、果粉等，未来在优化已有果实加工方法的同时，也可以开发新的加工工艺。近年来，市场上的乳酸发酵型饮料深受各年龄段人群喜爱，因此可将黑果腺肋花楸果实经榨汁后，利用乳酸菌对其进行乳酸发酵，制成乳酸发酵型饮料。

第二节
黑果腺肋花楸干酒

本节就黑果腺肋花楸果实酿酒的具体工艺进行了探索与研究，为黑果腺肋花楸资源的进一步开发奠定了基础。

一、工艺流程

原料选择→清洗→去梗→沥干→果胶酶处理→榨汁→SO_2处理→调整成分→接种→主发酵→倒桶→后发酵→降酸→澄清处理→调配→过滤→除菌→灌装→成品。

二、操作要点

1. 原料选择

黑果腺肋花楸果酒的品质好坏与原料的关系十分密切，应选取成熟度高的黑果腺肋花楸果实作为酿酒的原料，此时果实糖含量高，产酒率高，有机酸、单宁含量低，汁液清香、鲜美、口味好。若成熟度过低，榨汁后所得果汁的可溶性固形物含量低，不能达到发酵的要求；若果实过度成熟，果实的表皮和果肉上含有杂菌基数大，很难保证发酵质量。

2. 清洗

用清水充分冲洗，以便去除附着在果实上部分微生物及灰尘等污染物。黑果腺肋花楸果实柔软多汁，清洗时，应降低果实的破碎率。

3. 去梗

黑果腺肋花楸的梗含有单宁等苦味物质，若不去除，在破碎打浆过程中容易浸入果浆液中，影响发酵酒体的风味。

4. 果胶酶处理

果胶酶可以分解果肉组织中的果胶物质，产物为半乳糖醛酸和果胶酸，使浆液中的可溶性固形物含量升高，增强澄清度，提高出汁率。为了提高果实出汁率，将打浆的黑果腺肋花楸汁中添加0.2%果胶酶，并在37℃下保温2h。

5. SO₂ 处理

添加 SO₂ 主要是为了抑制杂菌的生长繁殖，但 SO₂ 的添加量应该适中，过多将抑制发酵酵母菌的生长，影响发酵，过少则无法达到抑制杂菌的目的。

6. 调整成分

黑果腺肋花楸鲜果含糖量较少，因此需要对果汁含糖量进行调节，用绵白糖将醪液含糖量升至 18%，并将 pH 调至 4.5。

三、影响品质的主要因素及控制

1. SO₂ 处理时机及使用量的控制

在黑果腺肋花楸果酒的酿造前期，果汁需要经过 SO₂ 处理，以达到抑制杂菌生长、护色、澄清等目的。榨汁刚刚结束时是 SO₂ 处理的最好时机，这是因为此时果汁中存在的杂菌还没有大量繁殖，抑菌效果最好。在 SO₂ 处理过程中，由于黑果腺肋花楸果汁中含有大量带有羰基的有机物，其分子中的羰基可以与游离态的 SO₂ 结合，从而使 SO₂ 部分丧失抑制杂菌生长的作用。虽然提高 SO₂ 的处理量可以增加果汁中游离态 SO₂ 的浓度，但高浓度的 SO₂ 又会使主发酵的延迟期增长，延缓果酒的发酵启动。试验结果表明：用 100mg/L 的 SO₂ 处理果汁时，游离 SO₂ 的浓度为 66mg/L，当温度为 22℃时，可在 24h 内有效地抑制杂菌生长，主发酵延迟期为 12h，是 SO₂ 的最佳添加量。

2. 糖量的控制

黑果腺肋花楸果汁中含糖量为 16%～19%，如果不加糖，理论上酒精度能达到 9%～10%。但实际酒精度最高能达到 8.5%。如果加工干型红酒，加糖量应控制在 3%～6%，使果汁中总糖含量低于 22%；若加糖量过高，会增加主发酵周期，并且果酒残糖量很难达到干型红酒的标准。如果加工半甜型、甜型红酒，加糖量应大于 6%，使果汁中总糖含量为 25%～30%。也可以在前期将果汁中总糖含量控制在 22%～25%，后期通过调配来增加总糖含量，达到半甜型、甜型红酒的标准。

3. 主发酵温度和通气量的控制

影响主发酵的因素主要有发酵温度、通气量及发酵液的 pH 值。黑果腺肋花楸果汁的 pH 值一般为 3.5～4.0，适合于酵母菌的生长，因此不必调整 pH 值。当果汁的总糖度调整为 22%，发酵温度设为 16～18℃时，以总糖降低到 4g/L 为发酵终点，则发酵时间约为 20 天，最终酒精度为 12%；发酵温度设为 20～22℃时，发酵时间约 12 天，最终酒精度为 10.5%；发酵温度设为 24～26℃时，发酵时间为 6 天，最终酒精度仅为 8%；当温度高于 26℃时，发酵液容易滋生细菌，造成主发酵在数小时后终止，此时酒精度低于 5%。这是因为温度越高，酵母的生长周期越短，传代频率越高。而酵母菌在整个生长周期内并不是把所有的糖源都转化成酒精，在对数生长期，酵母菌的代谢产物以 CO_2 和 H_2O 为主。因此，发酵温度过低，则增加发酵时间；温度过高，则降低酒精的转化率。综合考虑，发酵温度控制在 20～22℃为最佳。

在发酵初期，酵母菌的生长周期处于对数期，以有氧代谢为主，代谢产物为 CO_2 和 H_2O，此时应加大通气量，使酵母菌能够快速繁殖。当酵母菌的生长周期进入稳定期时，则应终止通气，使酵母菌以无氧代谢为主，代谢产物为酒精和 CO_2。当主发酵结束后，应严格限制发酵液的含氧量以抑制醋酸菌的生长。对于简单容器的静置发酵，可采用发酵液与空气比的方式来控制通气量。一般容器内的发酵液占 2/3，空气占 1/3。

4. 降酸处理

在发酵结束后，黑果腺肋花楸果酒总酸一般为 $10\sim12g/L$（以酒石酸计），口感偏酸，这就需要进行降酸处理以改善口感。降酸方法有化学降酸法和生物降酸法。化学降酸法是向酒液中添加 K_2CO_3 中和果酒中的有机酸。优点是能够有效地降低总酸含量，对酒体的稳定性无大影响，降酸时间短，成本较低；缺点是降酸后酒体苦涩味很重，色泽较暗，失去光泽，反应中生成的 CO_2 会带走酒液中的一些风味成分，而且会使酒体变得浑浊，因此，降酸后的酒液要静置 $20\sim30min$。同时，过高的 pH 值也会使酒体失去光泽，因此降酸幅度不宜过大，一般应将 K_2CO_3 的使用量控制在 $3.68g/L$ 以内，降酸幅度控制在 $4g/L$ 以内。生物降酸法是利用乳酸菌将具有 2 个羧基的苹果酸降解成具有 1 个羧基的乳酸。由于乳酸较为柔和、口感较好，因此果酒的风味得以改善。优点是降酸后酒的苦涩味明显降低，酒体风味得到很好的改善，色泽暗红，具有一定光泽；缺点是只能降低苹果酸的含量，对其他有机酸无效，即降酸能力有限，而且降酸时间较长，一般为 $10\sim12$ 天。就改善黑果腺肋花楸果酒品质而言，生物降酸法要优于化学降酸法。

5. 澄清性及稳定性的控制

澄清剂可以选择明胶、壳聚糖、皂土、蛋清、琼脂、高岭土等。在使用澄清剂下胶过程中，最好采用分级、多次下胶的方式，即澄清剂分批次添加，添加量逐级减少，当果酒的涩味、透明度适中时，则停止澄清处理。这样可以使澄清剂与果酒中的内容物充分结合、沉降，减少澄清剂在果酒中的残留，较好地保持了果酒的澄清性和稳定性。

6. 卫生指标的控制

黑果腺肋花楸果酒可采用热杀菌的除菌方式，但灭菌温度越高、加热时间越长，花青素等多酚类物质的损失率就越大，果酒的保健价值就越低。因此，在保证符合卫生指标的情况下，应尽可能降低灭菌温度，缩短灭菌时间。一般杀菌温度不宜超过70℃，时间不宜超过 10min。

四、加工过程中存在的问题

1. 澄清处理过程中酒体感官易发生变化

在澄清过程中，由于酒液的内容物被逐渐沉淀，果酒的口感会趋于柔和，酒体稳定性增强、透明度增加，但酒体色泽及丰度会下降。这是因为被沉淀的内容物中含有多酚及一定量的花青素，花青素等物质的减少，会使酒体变得不丰满，色度降低。如果减少澄清剂的使用量，果酒色度及丰度会得到改善，但口感及透明度会降低，而且果酒在贮藏过程中会出现沉淀。因此，如何在保持良好口感及酒体稳定的基础上，进一步提高果酒的色度及丰度，是目前需要研究的主要课题。

2. 贮藏过程中酒液易发生氧化

在贮藏过程中，黑果腺肋花楸果酒中的多酚类物质容易与溶解在酒液中的氧气发生氧化反应，从而使果酒色泽变暗、失去光泽，并且酒体出现浑浊，甚至形成块状或絮状沉淀。加入抗氧化剂可有效减轻果酒的氧化程度，但并不能完全防止果酒氧化。在灌装时，采用热灌装可以降低酒液中的氧气含量，降低果酒的氧化程度。但酒液温度不能过高，因为高温能够改变果酒中多酚类物质的稳定性，从而发生絮凝，形成沉淀。一般在热灌装时，酒液的温度不宜超过 70℃，并且在贮藏过程中应完全密封，防止进入空气。

第三节
黑果腺肋花楸冰酒

黑果腺肋花楸冰酒是指将黑果腺肋花楸的果实推迟采收，当气温低于－7℃以下，使黑果腺肋花楸在树枝上保持一定时间，使其果实内的水分结冰，然后在冰冻的条件下采收、压榨，用上述黑果腺肋花楸汁酿成的酒即为黑果腺肋花楸冰酒。冰酒的另一个特点是酿造过程中不允许外加糖源，以保证冰酒的天然和纯净。

用黑果腺肋花楸制作冰酒有以下三个优势：一是果实含糖量高于一般浆果，以葡萄糖计黑果腺肋花楸含糖量一般为160～190g/L。由于冰酒的酿造过程中不允许外加糖源，因此，高含糖量有利于酿制冰酒；二是黑果腺肋花楸耐寒，－7℃以下采收时果实内的水分冰冻后可被部分去除，用于酿造的果汁得到了进一步浓缩，其含糖量更高，可以酿造出酒精度相对较高的冰酒；三是经过成熟和冰冻后留在树枝上的黑果腺肋花楸，没有采摘后的贮存过程，采收后立即榨汁，避免了污染，所以，由其酿造的冰酒格外纯净，几乎浓缩了黑果腺肋花楸的全部风味和精华。

一、生产工艺

冰冻黑果腺肋花楸→采摘→挑选→除冰屑→低温榨汁→果汁澄清处理→调整酸度→离心→过滤→调整糖度→接种→发酵→后酵→陈酿→冷冻→过滤→调配→灌装→成品。

二、工艺要点

1. 采摘

延缓黑果腺肋花楸果采收期至 11 月份或 12 月份，在气温低于－7℃条件下,让黑果腺肋花楸果在树枝上保留40～50天,经过日晒及风干,使黑果腺肋花楸经过几次冰冻和解冻的过程。黑果腺肋花楸的冰冻是自然进行的,采收过程温度应保持－7℃以下,以确保黑果腺肋花楸中的水分为冰晶状态。

2. 低温榨汁

在低于－7℃的条件下,先去除黑果腺肋花楸冻果外面的冰屑,再快速清洗,然后立即用压缩空气将附着在黑果腺肋花楸果上的水吹干,在保证黑果腺肋花楸果实内冰晶不融化的前提下开始榨汁,压榨期间加入80mg/L SO_2 溶液。压榨出来的黑果腺肋花楸汁量只相当于正常收获黑果腺肋花楸汁的二分之一左右,含糖量及风味物质却高度浓缩了,其含糖量(以葡萄糖计)应≥280g/L,总酸(以柠檬酸计)为10.0～12.0g/L。

3. 果汁澄清处理

压榨后所得黑果腺肋花楸汁需要采用果胶酶进行澄清处理。采用液体果胶酶处理方便快捷,用量为0.15～0.21mL/L,温度为40～60℃,pH 3～4。澄清处理后,果汁的透光率可达90%以上,且可溶性固形物含量变化不大。

4. 调整酸度

由于黑果腺肋花楸汁总酸(以柠檬酸计)为10.0～12.0g/L,酸度过高,会抑制酵母发酵,需进行降酸处理。用碳酸钙处理黑果腺肋花楸果汁,可以降酸。先将碳酸钙加入少量的冷水中,充分搅拌,得乳液,然后分次添加到黑果腺肋花楸汁中,并充分搅拌,使之完全溶解。碳酸钙加入量≤2kg/1000L,加入碳酸钙后在－3～0℃下冷冻6天,离心分离去除沉淀,即得降酸后的黑果腺肋花楸汁。

5. 接种、发酵

每 1000L 黑果腺肋花楸汁接种果酒活性干酵母 1.8～2.0kg 进行发酵。控温缓慢发酵是一个关键工艺环节，发酵温度过高影响着冰酒的品质，酒体不协调。当发酵温度大于 25℃时，随着温度的升高，发酵原酒的酒度和挥发酸显著增加，总糖含量减少过快，降低了冰酒甜润醇厚的典型性。综合考虑，冰酒发酵温度应控制在 15～18℃为宜。将冰黑果腺肋花楸汁升温至 15℃左右，在 15～18℃下发酵 50～60 天，当发酵液中糖分即将达到成品酒需要的量时，立即终止发酵。

用于冰酒发酵的黑果腺肋花楸汁的含糖量约是正常采收的黑果腺肋花楸汁的 1.5～2.0 倍，所以，冰酒的发酵周期相对较长。采用厌氧低温长时间发酵工艺主要是为了减少糖的损失并保证冰酒的酒精度及品质。当酒精含量达到 15%～16%时，采用降低温度的方式终止发酵。由于整个发酵过程中没有外加糖源，黑果腺肋花楸冰酒中的酒精完全来自黑果腺肋花楸原汁中糖分的发酵，甜度也来自黑果腺肋花楸中发酵后剩余的糖分，保证了冰酒的"原汁原味"。

6. 后酵

主发酵结束后，测定其总酸、糖度、pH、酒精度、挥发酸、感官指标；然后加入乳酸菌进行二次降酸处理；每两天检测发酵进程。当检测到苹果酸-乳酸发酵结束时应立即倒罐和调硫（一般可加 50～60mg/L SO_2 溶液），抽取上部的清酒转入储酒罐，下部的混浊酒过滤后单独存放；转出的酒应尽可能满罐存放，若有不满罐应及时充入氮气隔氧。转罐后，准确计量清酒的数量，同时做好相关工艺记录。转出的清酒满罐后检测全项理化指标，并调整游离二氧化硫的含量在 30～40mg/L。

7. 陈酿、冷冻、过滤

发酵后的黑果腺肋花楸酒须经历一个陈酿期，一般为半年，温度为 10～12℃。成品黑果腺肋花楸冰酒不仅要具有良好的色、香、味，还必须澄清透明，一般通过添加澄清剂的方法进行处理。对于黑果腺肋花楸冰酒中不稳定的有机酸盐类通过冷冻处理可以去除，冷冻温度－4～－3℃，时间 5～6 天，然后过滤。黑果腺肋花楸酒经过冷冻处理，不稳定物质不断析出并沉淀，经过离心除去在低温下不溶解的成分，最后达到澄清的目的，改善和稳定了酒的质量。过滤方式可采用硅藻土过滤机、纸板过滤机相结合的方法。

三、产品指标

1. 感官指标

黑果腺肋花楸冰酒呈紫色至蓝紫色，澄清透明，有光泽，无明显悬浮物及沉淀，具有纯正、优雅、怡悦、和谐的果香与酒香，酸甜适口、柔和协调。

2. 理化指标

酒精度 15.0％vol～16.0％vol；含糖量≥125.0g/L；挥发酸（以乙酸计）≤2.1g/L；干浸出物≥30.0g/L；蔗糖≤10g/L；总酸（以柠檬酸计）≥6.5g/L。

3. 安全指标

应符合 GB 2758—2012《食品安全国家标准　发酵酒及其配制酒》、GB 2762—2017《食品安全国家标准　食品中污染物限量》及有关规定。

第九章

菇娘酒

第一节
菇娘简介

　　菇娘果，学名酸浆，也有菇茑、洋菇娘、菠萝果、锦灯果、灯笼果、挂金灯、马铃草、泡泡果等许多别名，是一年或多年生草本植物茄科酸浆属锦灯果种的栽培种，野生种遍布我国南北各地，但其主产区为我国东北地区，如黑龙江、吉林、内蒙古东北部等地。菇娘果的食用部位为浆果，呈圆球形，多汁，口味酸甜、清脆，成熟时多为金黄色，其外围被囊状花萼包裹，形如灯笼。

　　菇娘果是一种很有开发价值的浆果植物资源，具有极高的营养价值和保健功能，备受食品、保健品和医药等领域的研究人员关注。以菇娘果为原料，现已开发出罐头、饮料、果冻、果酒等产品，且有部分产品已推向市场，深受国内外消费者喜爱。本节主要阐述菇娘果的营养成分及其产品开发。

一、营养成分

　　菇娘果中含有丰富的维生素，其中维生素 C、维生素 E 和维生素 B$_2$ 等含量较高。菇娘果实含有 18 种以上的氨基酸（包括 8 种人体不能合成的必需氨基酸），其中谷氨酸、天冬氨酸和甘氨酸的含量最高，必需氨基酸中缬氨酸、亮氨酸、苏氨酸和赖氨酸等含量较高。菇娘果实中还含有丰富的钾、磷、钠、镁和钙 5 种常量元素（约占矿物质的 95%），以及铁、锌、铜、硒等 20 余种人体所需的微量元素。

此外，菇娘果籽中还含有丰富的脂肪酸，种类达 20 种以上，其中亚油酸、油酸、亚麻酸等 8 种不饱和脂肪酸占到脂肪酸总量的 70% 以上；除此以外，菇娘果籽中还含有十六（烷）酸和十八（烷）酸等饱和脂肪酸。

二、菇娘的加工与副产物利用

1. 菇娘饮料

菇娘果含水量高，酸甜可口，其果汁营养丰富、色泽鲜艳，以其为主要原料制备的菇娘果汁饮料具有工艺简单、营养丰富、滋味甜美等优点。现已开发的菇娘果饮品主要有果汁型、果肉型、复合型和发酵型等。于海杰等人报道，菇娘浆果经洗涤、榨汁、粗滤、澄清、过滤、调配和杀菌等工序，可得到外观为橘红色、具有菇娘风味的乳状液体饮料。黄玉玲确定了菇娘果汁的热处理最佳工艺参数，即加热温度为 75℃，加热时间为 5min，可获得较好的风味与色泽。

菇娘果是一种兼食用、药用的营养保健型水果，将其与其他辅料搭配可开发多种复合饮料，现已开发的菇娘果复合饮料通常为保健型饮料。王治同等通过正交试验开发了枸杞菇娘果复合保健饮料，其最佳配方为枸杞提取液 6%、菇娘果汁 10%、白砂糖 12%、柠檬酸 0.15%。王晓英等也开发了类似产品，即五味子、菇娘果枸杞复合饮料，具有营养全面、风味独特的特点。刘志明等开发了色泽深黄、酸甜适口的山楂、菇娘果复合饮料，并优化了该饮料的最佳配方，即菇娘果汁与山楂果汁配比 1∶3，白砂糖添加量 14％，柠檬酸添加量 0.15％，稳定剂添加量 0.20％。于海杰等利用菇娘果、花生和大豆的营养互补作用，应用超微粉碎技术研发出菇娘果汁花生豆奶复合饮料，其产品外观为白色乳状液体，口感细腻，具有菇娘果、花生、豆奶的特有风味，且稳定性较高。

2. 菇娘罐头

菇娘果若采用传统水果罐头杀菌方法，即杀菌温度 100℃，恒温时间 30min，则菇娘果组织软烂，同时产生难以接受的怪异风味。张庆钢等对糖水菇娘罐头生产技术进行了研究。结果表明，选择菇娘成熟果实，采用抽真空处理和低温短时杀菌生产工艺。其抽真空的最佳条件为糖液浓度 30％，真空罐中压力 0.08MPa，时间 15min；杀菌的最佳条件为杀菌温度 75℃，杀菌时间 20min。以此工艺生产的糖水菇娘罐头，果实色泽黄，口感脆，风味浓，罐头中的维生素 C 含量较高。罐头的胖听率为 1.9％，未胖听罐头中的微生物指标达到国标。

3. 菇娘酒

菇娘果风味独特、营养丰富，是酿制高档发酵果酒的原料。王利文等以新鲜菇娘为原料，取其汁液，采用液态发酵法，研究酵母接种量、初始糖度、初始 pH 值和发酵温度对菇娘酒理化指标和感官评价的影响，最终获得具有菇娘独特风味的菇娘酒。最佳发酵工艺条件为发酵温度 28℃，酵母接种量 0.1％，初始 pH 值 3.5，初始糖度 18°Bx。由于菇娘果甜度高，酿制的果酒缺少酸甜的口感，刘志明等以菇娘果、柠檬、蜂蜜为主要原料，通过酵母菌的发酵作用，酿制菇娘柠檬蜜酒。最佳发酵工艺条件为发酵温度 20℃，发酵时间 7 天，果酒活性干酵母与葡萄酒活性干酵母之比 1∶2.5，酵母添加量 0.08％，发酵糖质量分数 16％，

pH 值 3.2。采用优化的发酵工艺条件酿制的菇娘柠檬蜜酒，酒精体积分数为 8.1％，总糖质量分数为 8.0％，总酸含量为 6.26g/L，色泽金黄，澄清透明，酸甜爽口，既有葡萄果酒的酸爽特点，又无葡萄果酒的涩感缺陷，酒味醇厚，营养丰富。姜晓坤等将菇娘采取去皮过滤果汁、带皮破碎果汁和去皮破碎果汁 3 种不同处理方法，然后进行生物发酵加工成果酒，根据果酒的感官指标和理化指标判断其质量。结果发现，3 种不同的处理对果酒理化指标均有一定的影响，带皮发酵果酒比去皮发酵、汁液发酵的果酒酒精度分别高 7.8％vol 和 28.2％vol；总酸含量高 3.6％ 和 10.3％；干浸物提高 32.8％ 和 21.5％；总糖下降 11.2％ 和 32.8％；带皮发酵具有酒精转化率高、残糖低的特点；酒体呈浅金黄色，澄清透明，酒体完整，典型性强。

4. 菇娘果脯

果脯蜜饯是以水果或蔬菜为原料加工制作而成。以菇娘为原料加工果脯，既可以提高菇娘的综合利用价值，又可以为菇娘的开发利用提供有效途径。姚旭等以鲜菇娘果为原料，确定了菇娘果脯的生产工艺，并重点研究了护色、硬化、烫漂、糖制、保型及干燥过程对菇娘果脯品质的影响，优选出较佳的工艺条件：抗坏血酸与柠檬酸混合溶液护色 5h；1％氯化钙硬化 5h；70℃烫漂 1min；45％糖液糖渍 20h，45％糖液煮制 4min，50％的糖液渗糖 4h；0.4％过胶体磨 2 次的明胶溶液涂胶保型；风热干燥 10～12h。此方法最大程度地保存了菇娘有效营养成分，拓宽了菇娘浆果的食用范围。

5. 菇娘黄色素的提取

菇娘果成熟时为黄色，含有丰富的黄色素，以菇娘果作为黄色素提取的资源可降低天然黄色素的成本，是一种很有开发价值的天然色素资源。黄色素提取的方法是用乙醇作为浸提溶剂。提取菇娘果黄色素的最佳条件为：在体积分数 85％乙醇溶液中，按料液比 1∶14 加入去籽果浆，温度 65℃，时间 4h，在此条件下，黄色素得率 12.9％，黄色素提取率 95.5％。对该色素稳定性研究表明，热稳定性较好；Ca^{2+} 对黄色素稳定性影响较大；所选食品添加剂蔗糖、苯甲酸钠、抗坏血酸对该色素稳定性影响不大；碱性环境（pH 值为 8）中稳定性好于酸性环境（pH 值为 2）。

第二节
菇娘酒

下面介绍一个以新鲜的菇娘果为原料酿制菇娘酒的工艺案例。

一、工艺流程

原料→挑选→清洗→破碎→酶解→调整糖度→酒精发酵→过滤→澄清→调配→精滤→杀菌→灌装→封口→冷却→成品。

二、操作要点

1. 菇娘的预处理

选取粒大饱满、无霉变的菇娘鲜果，先去外层薄膜，用清水洗涤后得颜色鲜艳的菇娘。采用无损伤破碎法，将其破碎，并添加 70mg/L 左右的 SO_2，加入 SO_2 以杀死或抑制杂种细菌，以菇娘原浆作为发酵原料。

2. 酶解

破碎好的菇娘按其质量的 0.1％称取一定量果胶酶，将其置

于35℃活化10min，加入菇娘汁中。

3. 调整糖度

根据酒精发酵基本条件，采用低糖原果汁直接发酵法来调整糖度，使发酵顺利进行。

4. 酒精发酵

采用液态发酵法，首先要活化丹宝利酿酒高活性干酵母，加10倍水在30℃下活化30min。将活化后的菌种加入菇娘汁中发酵，直至酒精度不再上升，菌种消耗殆尽，剩余残糖质量分数少于1%为发酵终点。

5. 澄清

选取明胶和单宁复合澄清，按照标准加入量，得到最佳的果酒状态。

6. 调配

将发酵好的原酒，测得酒精度和残糖量，将之调配到标准的果酒含量。

7. 杀菌

采用在65℃下，进行巴氏杀菌，杀死酒中存在的残留酵母以及其他杂菌。

三、影响菇娘酒发酵的因素

1. 接种量对菇娘酒的影响

以新鲜菇娘为原料，榨汁后分别接种0.05%、0.1%、0.15%、0.20%、0.25%的酵母，温度28℃，初始糖度18 Brix，初始pH值3.5，SO_2量70mg/L，试验不同酵母用量对菇娘酒的影响。结果表明，菇娘酒的酵母菌接种量为0.1%比较合适。

2. 初始糖度对菇娘酒的影响

以新鲜菇娘为原料，测得汁液的糖度为 8.4 Brix，加入白砂糖使发酵的初始糖度分别为 14、16、18、20、22 Brix，温度 28℃，初始 pH 值 3.5，SO_2 添加量 70mg/L，酵母接种量 0.1%，试验不同的初始糖度对菇娘酒发酵和品质的影响。结果表明，发酵菇娘酒的初始糖度控制为 18Brix 比较适宜。

3. 初始 pH 值对菇娘酒的影响

以新鲜菇娘，取得汁液后，调整汁液的 pH 值分别为 3.0、3.5、4.0、4.5、5.0，温度 28℃，初始糖度 18 Brix，酵母接种量 0.1%，SO_2 的添加量 70mg/L，试验不同 pH 值对菇娘酒的影响。结果表明，菇娘酒的发酵 pH 值为 3.5 比较合适。

4. 发酵温度对菇娘酒的影响

以新鲜菇娘为原料，取汁液后分别在 22、25、28、31、34℃下发酵，pH 值 3.5，最佳 SO_2 添加量 70mg/L，最佳酵母接种量 0.1%，最佳糖度 18 Brix，确定最佳发酵温度。结果表明，菇娘酒的最佳发酵温度为 28℃。

5. 发酵时间对菇娘酒的影响

以新鲜菇娘，取得汁液后，调整汁液的 pH 值为 3.5，温度 28℃，初始糖度 18Brix，酵母接种量 0.1%，SO_2 的添加量 70mg/L，菇娘酒的发酵时间分别设为 3、5、7、9、11 天，试验不同发酵时间对菇娘酒的影响。结果表明，菇娘酒的发酵时间为 7 天比较合适。

第三节
果渣发酵生产菇娘酒

本节简述采用液态发酵法，以饮料生产的下脚料果渣为原

料，生产品质优良的菇娘果酒。

一、菇娘酒酿造工艺

新鲜菇娘→原料选择→去宿萼→浸泡清洗→破碎榨汁（添加 SO_2）→过滤→果渣→成分调整→接种→发酵→渣液分离→补加 SO_2→陈酿→澄清→调配→装瓶→杀菌→冷却→成品。

二、工艺要点

1. 原料选择

选取充分成熟的果实作为原料。

2. 浸泡清洗

用流动的水清洗附着在果实上的泥土、杂物及残留的农药和微生物，清洗时应特别注意其破碎率。

3. 添加 SO_2

SO_2 在果酒生产中有抑制杂菌生长繁殖和护色的作用，菇娘榨汁后应立即添加焦亚硫酸钾（以 SO_2 计，浓度为 80mg/L）。

4. 过滤

进行浆渣分离，滤液（清汁）去饮料加工，滤渣加 4 倍水，并用高速匀浆机均质成浓浆，做发酵用"果汁"。

5. 成分调整

果汁含糖量为 4.7%，若仅用果浆（汁）发酵则酒精度较低。因此，应适当添加葡萄糖以提高发酵酒精度。

6. 接种

把活性干酵母用菇娘果汁进行扩大培养，制成酒母，接入调整成分后的果汁中。

7. 发酵

采用密闭式发酵。在发酵过程中，发酵罐装料不宜过满，以罐容量 2/3 为宜。

8. 渣液分离

当酒盖下沉，液面平静，有明显的酒香，无霉臭和酸味，并用相对密度计测定，当酒液相对密度为 0.996 左右时，可视为发酵结束。密封发酵罐，待酒液澄清后，分离出上清液，余下的酒渣离心分离。分离出的酒液应立即补加 SO_2，并密封陈酿。

9. 陈酿

新酒需在贮酒罐中存放老熟。在陈酿过程中，经过氧化还原和酯化等化学反应以及聚合沉淀等物理化学作用，可使芳香物质增加和突出，不良风味物质减少，蛋白质、单宁、果胶物质等沉淀析出，从而改善菇娘酒的风味，使得酒体澄清透明，酒质稳定，口味柔和纯正。

10. 澄清

采用自然沉降后再离心分离的办法进行澄清。

11. 调配

对酒精度、糖度和酸度进行调配，使酒味更加醇和爽口。

12. 装瓶、杀菌、冷却

菇娘酒装瓶后置于 70℃ 热水中杀菌 20min，冷却，即得成品。

三、影响菇娘酒发酵程度及品质的因素

1. 接菌量对果酒发酵程度及品质的影响

接种量对发酵速度有较大影响，接种量越大，发酵速度越

快。接种量低，酵母菌对环境适应能力减弱，迟滞期延长，进而主发酵期延长，同时不利的生长条件也影响了乙醇的产量；接种量过大，酵母菌繁殖数量大，呼吸旺盛，使料液温度升高较快，生成较多的副产物，因而酒精度有所降低。蒋继丰等选择糖度18%，pH 3.4，温度26℃，接菌量4%、6%、8%、10%，发酵7天，用残糖指示发酵程度，观察接菌量对发酵速度的影响。在同等条件下发酵菇娘汁，随接种量的增加，发酵速度越大，但接种量超过8%时，发酵速度不再明显增加。

2. 初始糖度对菇娘果酒发酵效果的影响

葡萄糖和果糖是酵母的主要碳源和能源，酵母利用葡萄糖的速度比果糖快，故添加葡萄糖。当没有糖存在时，酵母菌的生长和繁殖几乎停止；糖浓度适宜时，酵母菌的繁殖和代谢速度都较快；当糖浓度继续增加时，酵母菌的繁殖和代谢速度会变慢。选择接菌量8%，pH 3.4，温度26℃，糖度为10%、15%、20%、25%，发酵7天，用残糖指示发酵程度，糖度<15%或>20%时，发酵效果和风味均不理想；而在15%~20%时发酵效果和风味均较理想。

3. 温度对菇娘果酒发酵的影响

选择接菌量8%，pH 3.4，糖度16%，实验温度选择18℃、22℃、26℃、30℃发酵7天，用残糖指示发酵程度，观察温度对发酵效果的影响。随发酵温度的升高，果酒的发酵程度越来越深；而在22℃时，酒的品质最佳。原因是发酵温度高，加速了酵母的衰老，影响了酵母能够转化的糖量或能生成的酒精量，也有利于醋酸菌及乳酸菌等的生长，产生醋酸或乳酸，影响品质。

4. 菇娘果酒发酵时 pH 值的选择

由于酵母菌比细菌的耐酸性强，为了保证菇娘果酒发酵的正常进行，保持酵母菌在数量上的绝对优势，果酒发酵时，除加大接菌量外，最好把 pH 值控制为 3.3～3.5；在这个酸度条件，杂菌的代谢活动受到了抑制，而果酒酵母能够正常发酵，也有利于甘油和高级醇的形成。故选择 pH 值为 3.4。

5. 菇娘果酒发酵的综合实验

选择了接种量 8%，糖度 18%，温度 22℃，pH 值 3.4，主发酵 7 天的条件进行了发酵，得到发酵原酒，经陈酿 2 个月后，4000r min 离心 25min 得到澄清的酒液。

四、产品检测

按照相应的标准和检验方法对产品进行了检测，感官指标见表 9-1，理化指标见表 9-2。

表 9-1　菇娘酒感官指标

项目	指标
色泽	具有酸浆的特有色泽,呈浅橙黄色
滋气味	甘甜醇厚,酸甜协调,具有浓郁的酸浆香味
口感与体态	酒体丰满,滑润爽口,组织细腻,稍有果肉沉淀
杂质	无肉眼可见的外来杂质

表 9-2　菇娘酒理化指标

项目	指标
酒精度(20℃)/%vol	7.3
总糖(以葡萄糖计)/(g/L)	3.4
滴定酸(以柠檬酸计)/(g/L)	1.5
挥发酸(以醋酸计)/(g/L)	0.9
可溶性固形物/(g/100mL)	12.8
氨基酸态氮(以氮计)/(g/100mL)	0.5

第四节
菇娘冻果酒酿造

目前对菇娘果酒的研究主要集中在菇娘鲜果酿造果酒工艺的优化方面，但对于菇娘冻果进行果酒酿造的工艺少见报道。由于保藏期的限制，目前国内对于菇娘的保存方法主要是冻藏，而冻藏解冻后水果的营养成分等理化指标都会发生相应变化，因此研究冻果果酒的发酵工艺更具有应用意义。以－80℃冻藏菇娘果为发酵原料，经过前期冻果处理并调整相应成分后用适量酵母发酵，得到具有特殊果香的菇娘果酒。

一、工艺流程

菇娘冻果→解冻→清洗破碎→果胶酶处理→加 SO_2→调节成分→发酵→过滤→澄清→调配→杀菌→灌装→封口→冷却→成品。

二、操作要点

1. 解冻

选择发育良好、成熟、颜色鲜艳、颗粒大小趋于一致的果实，同时剔除霉烂和虫害果，剥去外皮，在－80℃下冷冻保存。酿酒时在 10～15℃水浴解冻，直至果实中心能被切开。

2. 清洗破碎

将洗净的果实进行人工破碎，在此期间，添加适量的焦亚硫酸钾（80～100mg/L）。

3. 果胶酶处理

加入 0.1%果胶酶，40℃水浴酶解 30min。

4. 发酵

采用液态发酵法，首先要活化活性干酵母，加 10 倍水在 30℃下活化 30min，将活化后酵母接种到菇娘汁中发酵，直至酒精度不再上升，剩余残糖少于 1% 为发酵终点。

5. 澄清

选取白陶土澄清，按照标准加入量，得到最佳的果酒状态。

6. 杀菌

采用 65℃下进行巴氏杀菌，杀死酒中残留的酵母及其他杂菌。

7. 灌装

将酒灌装在经过杀菌处理的玻璃容器内，封口后自然冷却至常温，在避光条件下贮藏。

三、发酵条件的确定

1. 发酵温度的确定

发酵温度在 24℃时较为适宜。低于 24℃，发酵慢，色泽稍浅，澄清度差，香气稍淡，酒体不完整，回味时间短，具有菇娘味；高于 24℃发酵速度过快，色泽深，香气较重，酒体不协调，酒味较重。

2. 初始糖度的确定

糖度并非越高越有利于果酒发酵及品质的提高，最适宜的初始糖度应控制在 20% 左右。糖度低于 20%，发酵慢，不够澄清，同时颜色较浅，有漂浮物，香气不明显，回味时间短，结构感稍差；糖度高于 20%，发酵速度过快，入口酸味浓重，结构感差。

3. 酵母接种量的确定

酵母接种量为 5% 较为适宜。低于 5%，发酵慢，色泽较浅，

澄清度差，酒香味不明显；高于 5％，发酵速度过快，酒香不协调，结构感差。

4. 最佳发酵条件

影响发酵的三个因素大小顺序为：初始糖度＞酵母接种量＞发酵温度。最佳发酵条件为初始糖度 20％，发酵温度 24℃，酵母添加量 5％。

5. 发酵中基本成分的变化

发酵过程中 pH 缓慢升高，但变化幅度不大，基本维持在 pH3.5 左右；总酸呈阶梯变化，但变化幅度不大；糖度逐渐减小，且变化幅度较大，从发酵开始 20％下降到发酵终点时为 1％，第 1～5 天糖度变化较快，第 5 天到发酵结束，糖度变化慢，趋于平缓。

第十章
钙果酒

第一节
钙果简介

　　钙果，学名欧李，蔷薇科樱属，因其果实含钙量高而得名，是多年生落叶矮生灌木，抗寒耐旱，耐盐碱，耐瘠薄，适应性强，是极其优良的生态树种。果实与大樱桃相似，酸甜可口，风味独特，营养丰富，可鲜食或加工，种仁可入药。钙果植株矮小，果实鲜红，小巧玲珑，集观花、赏叶、品果为一体，亦可作为盆景开发或用于绿化庭院。钙果过去多处于野生状态，开发利用较少。随着市场需要，钙果得到了综合开发，并且人工栽培技术亦逐渐成熟，其价值日益明显，这些都为钙果的大面积推广开辟了广阔的前景。

一、主要特性

　　钙果，属我国特有果树。株高 0.5～1.5m，分枝多，一年生，枝条灰白色，被短柔毛，新梢灰绿色。平均叶长 3.18cm，宽 1.50cm，叶小，椭圆形或倒卵形，叶色较淡，急尖，两面无毛，叶缘钝锯齿，叶柄长 0.2～0.4cm。花 3～5 朵，直径约 0.5cm，花蕾浅红色、花白色或粉色，花柱无毛，花梗明显，长 0.5cm 以上。果实卵圆形或圆形，缝合线浅，果顶平，柱头常残留，梗洼浅，单果重 9g 左右，直径 1.5cm 左右，果肉厚、脆，有红色、黄色、紫红色，汁多，味甜，无涩味，可食比率 93%，可溶性固形物一般为 15.87%，最高可达 17.80%。100g 鲜果钙、铁含量分别达 60mg 和 1.5mg，而苹果只有 9mg 和 0.24mg，果实中 17 种氨基酸，总量高达 338.3～451.37mg/100g，尤其是赖氨酸、缬氨酸、亮氨酸、异亮氨酸含量十分高，此外还含有糖、B 族维生素、维生素 D 及磷等多种营养物质。

二、开发利用价值

1. 结果早、产量高、收益快

钙果结果早，是一般果树无法比的。一般经过培育的大苗，当年均可以形成花芽，如果移栽得当，当年就有部分苗木开花结果，每 $667m^2$ 产 100kg。第二年，95% 以上的植株均能开花结果，每 $667m^2$ 产 300～500kg。第三年达到丰产，单株产量可达到 1～1.5kg，每 $667m^2$ 产 700～1000kg。

2. 营养价值高

钙果是一种天然的、无副作用、非常容易吸收的补钙水果，鲜果中钙含量可达 60mg/100g（苹果为 9mg/100g）。目前市场上，钙产品中钙的来源主要有海产品的壳、动物骨头、各种钙盐，还有从奶制品中提取的钙，叫作"乳钙"。钙果中的钙是能够直接利用的钙，是牛奶中可直接利用钙的 1 倍多。除了钙之外，钙果果实中含有 17 种氨基酸，其中儿童生长必需氨基酸含量高达 102.7～126.6mg/100g，尤其是赖氨酸、缬氨酸、亮氨酸、异亮氨酸含量十分高。果实中含总糖为 5.20%，还原糖 3.38%，有机酸 1.31%，维生素 C 6.17mg/100g。

3. 药用价值

钙果的种仁可入药，具有消肿、利尿、通便的功能，能治疗消化不良、肠胃停滞、便秘、水肿等疾病，是一种很好的药材。钙果的根还可治疗龋齿。

4. 观赏价值

钙果可以作观赏花卉，主要有盆栽、小灌木造景和旅游采果三大方面，其观赏和美化环境的价值很高。钙果植株矮小，开花多，结果强，盆栽后株丛紧凑，有花、有叶、有果，绿叶、白花、红果，形态十分美观，是十分优良的盆景果树。春季钙果一般是先开花，后长叶，由于没有叶片的遮挡，以及钙果的每一个枝条均能开花形成花束，当其新梢刚长出时，幼叶呈紫红色，在阳光的照耀下，十分漂亮；而且钙果形似樱桃，果面光亮，有红色、黄色、黄绿色、紫红色等，色彩艳丽。所以，对大面积的空地，可利用钙果的叶、花、果的不同色彩，运用小灌木密集栽植法组合成寓意不同的曲线、字体、色块小花形等图案，以点缀绿地；对一些形状各异的花坛，可以形成花镜、花台，以产生不同的视觉效果；对庭院、街道，可形成绿篱，春天观花，夏季赏叶，秋季观果与食用，冬季形成屏障；对高速公路、桥墩的坡面，可形成浓密的坡面覆盖，景色十分优美。

5. 优良牧草

欧李实际上是叫"牛李"，这是因为欧李的茎叶均是牛的好饲草。而且钙果贴近地面处的茎较硬，不怕牛的过度啃食；钙果生长旺，被啃食后可立即大量复生。在灌木树种中，沙棘、酸枣、树莓等树种也可放牧，但浑身是刺，给放牧带来不便。而钙果茎细柔软，叶量大，茎叶均无刺，啃食方便。钙果茎叶中不仅含有牛羊所需的糖、蛋白质等一般营养物质，而且含钙量极高，是牛羊骨骼发育的重要补钙来源，因而，在利用钙果对荒山荒坡

水土保持、果用的过程中，可结合放牧提高其种植的综合经济效益。

6. 优良加工树种

钙果做果树利用，具有易加工的特点。钙果果实可加工成罐头、果汁、果酒、蜜饯、果奶、冰激凌、果冻等产品。不仅营养价值高，而且风味好。钙果是果汁加工企业的一个非常理想的新型品种。

第二节
钙果酒生产

一、工艺流程和操作要点

1. 发酵钙果酒的工艺流程

原料→检果→清洗→破碎→打浆→脱核→酶解→榨汁→成分调整→酵母→活化→接种→发酵→倒酒→苹果酸-乳酸发酵→贮存→二次倒酒→下胶→陈酿→调配→冷处理→粗过滤→精过滤→除菌→灌装→成品。

2. 工艺操作要点

（1）检果　选成熟度好的新鲜果，剔除霉烂果、生青果。

（2）清洗　进行二次清洗，一次用自来水，二次用去离子无菌水。

（3）破碎　用锤片式破碎机破碎钙果，不能将籽打碎。

（4）脱核　由于钙果的果实很小，而核又较大，所以通常的脱核机不适合钙果脱核，可利用打浆机边打边加少量去离子水，就可以较好地将钙果的果肉和核分开。

（5）酶解　将"向阳花"牌果胶酶和 Lallzyme C 果胶酶两

种果胶酶复合使用，效果较好。"向阳花"牌果胶酶的添加量为0.3‰，Lallzyme C 果胶酶的添加量为 10mL/t，酶解时间为 24h。

（6）成分调整　根据发酵后成品的酒度要求，进行成分的调整。由于原料的酸度较高，主要是糖分的调整，理论上 17g 糖产生 1%vol 酒精。

（7）活化　将含糖量 4% 的去离子水烧开，再凉至 30℃左右，加入酵母 EC1118 搅拌，活化 30min 即可。

（8）发酵　控制发酵温度 18～20℃，每天测定相对密度，当相对密度在 1.0 左右时停止发酵。此时进行第一次倒酒，倒酒后不添加亚硫酸。

（9）苹果酸-乳酸发酵　倒酒后的原酒酸度较高，需加入乳酸菌控温在 22℃进行苹果酸-乳酸发酵，每天进行纸色谱观察，同时进行总酸的测定，当总酸降至 5.5g/L 左右时停止发酵。

（10）贮存　苹果酸-乳酸发酵结束后倒酒除酒脚，但此时的原酒还很浑浊，需要添加亚硫酸，使酒中游离 SO_2 含量为 40mg/L，之后进行短期贮存，通常半个月左右。

（11）二次倒酒　短期贮存后的原酒逐渐变得清亮，酒脚沉淀于罐底，将清酒倒入另一罐中。

（12）下胶　钙果酒由于原料中的单宁含量较高，所以酒的涩感较重，需用明胶结合皂土下胶。下胶前做小试，根据小试结果确定明胶的添加量为 1.2 g/L，皂土的添加量是 0.8%。

（13）陈酿　保证温度在 20℃左右，每隔 1 个月测定挥发酸1 次。酒要满罐贮存，若不满，需用二氧化碳气体保护，防止酒的氧化。

（14）调配　将不同批次的原酒根据成品的指标要求进行混合，需要加糖加酸的必须将糖、酸溶液用夹层锅烧开 10min，冷却后加入原酒中。

（15）冷处理　钙果酒通过冷处理工艺可提高酒的稳定性，冷处理的温度在其冰点以上 0.5℃，处理时间 6 天。

（16）粗过滤　冷处理结束后，应立即用硅藻土过滤机过滤，除去不稳定性的胶体物质。

（17）精过滤　粗过滤后用澄清板过滤，提高酒的澄清度和稳定性。

（18）除菌　用两道串联的 $0.45\mu m$ 膜做最后的除菌过滤。

二、成品酒的质量标准

1. 感官指标

（1）外观　澄清、透明，无悬浮物，有光泽。

（2）色泽　近似黄色、浅红、桃红、玫瑰红、浅宝石红。

（3）香气　具有纯正、幽雅、和谐的酒香和果香。

（4）滋味　干酒、半干酒具有纯净、幽雅、爽怡的口味和新鲜悦人的果香味，酒体完整；半甜酒、甜酒具有纯净、爽怡的口味，酒体醇厚完整、酸甜协调。

2. 理化指标

成品酒的理化指标见表 10-1。

表 10-1　成品酒的理化指标

项目		指标
酒精度/(20℃)/%		7.0~14.0
总糖(以葡萄糖计)/(g/L)	干酒	≤4.0
	半干酒	4.1~12.0
	甜酒	≥50.1
	半甜酒	12.1~50.0
干浸出物/(g/L)		≥10.0
滴定酸(以柠檬酸计)/(g/L)		4.0~9.0
挥发酸(以乙酸计)/(g/L)		≤1.1

续表

项目	指标
游离二氧化硫/（mg/L）	≤50.0
总二氧化硫/（mg/L）	≤250.0
铁（Fe）/（mg/L）	≤10.0
铅（Pb）/（mg/L）	≤0.2

三、注意事项

由于钙果鲜果的果香十分浓郁，为更好地突出酒的典型性，分解果浆时添加 Lallzyme C 果胶酶可起到保留香气的作用；钙果酒在酒精发酵末期容易出现发酵终止现象，此时应添加 $(NH_4)_2SO_4$ 和维生素 B_1 保证发酵进行到底；钙果原料的酸度较高，原酒生产时一般降低酸度的方法主要有化学降酸、物理降酸、生物降酸，该酒主要采用的生物降酸法，即原酒中加入乳酸菌，通过苹果酸-乳酸发酵降酸，使原酒的口感柔和；原酒由于含活性钙较高，增加了酒的不稳定性，因此贮存期一般要比其他果酒时间长，不能低于 1 年。

 第三节
钙果汁酿造果酒

本章第二节介绍钙果连皮一起进行酒精发酵，酿造钙果酒，本节主要介绍利用钙果的清汁发酵酿造果酒。

一、钙果汁发酵工艺和参数设计

1. 钙果汁发酵工艺流程

钙果→选果→破碎→加果胶酶→取汁→调整成分→接种→主

发酵→分离→后酵→下胶澄清→过滤→原酒→陈酿→灌装→
成品。

2. 操作要点

（1）选果　选择新鲜、无虫果、无烂果、风味突出、充分成
熟、酸甜适中、单宁含量低的深红色钙果品种。

（2）取汁　将选好的钙果果实捣烂（不打碎果核）打浆，按
2g/100L 的比例加入果胶酶酶解 8h，然后过滤取汁。

（3）调整成分、主发酵　将取出的钙果汁加入白砂糖调整糖
度至 22%，用碳酸钠和碳酸钙（1∶1 混合）调整 pH 值至 3.8，
用焦亚硫酸钾调整有效 SO_2 浓度至 100mg/L，装入发酵罐中；
按 20g/100L 的比例接入已经活化（用 20 倍 40℃的 1%的蔗糖水
活化 15min）的酿酒酵母，于 22～25℃条件下密闭发酵。待发
酵结束后，分离原酒。密封后进行满罐后酵。

（4）下胶澄清　对澄清度不合格的酒样，用皂土和明胶对其
进行下胶澄清处理。

3. 理化分析

成品酒样的酒精度、总酸、挥发酸、总糖、干浸出物、总
SO_2 和游离 SO_2 等的测定参考《葡萄酒、果酒通用分析方法》
（GB/T 15038—2006）。

二、影响钙果酿酒的主要因素

1. 取汁方法

钙果与其他水果有明显区别的就是其单宁的含量很高，其单
宁在皮层和近皮层的果肉中含量最高；充分成熟的果实单宁含量
比未成熟果实的单宁含量低。如果取汁方法不当，溶入过多的单
宁，就会给钙果酒带来明显的涩味。用果胶酶处理果肉层破碎的
钙果 4h，然后过滤压榨取汁，克服了单宁过多溶入果汁的问题，

同时也提高了果实的出汁率。另外，钙果的果核容易破碎，如果取汁过程中果核破碎过多的话，榨出的钙果汁将有严重的苦味。

2. 主发酵温度

温度除了影响钙果酒的发酵产物以外，还对钙果酒的香味影响很大。不同的钙果品种其香味物质的成分不同，有些钙果品种易挥发性香味物质含量较高，如果主发酵温度过高的话，就必然会造成这类香味物质损失过多，从而影响钙果酒的香味典型性。郄志民等分别将在28℃和22～25℃条件下发酵的钙果酒进行对比，发现28℃条件下发酵的钙果酒在香味上明显比后者弱，失去了钙果特有的果香味，并且有了严重的酵母味。

3. 后酵温度

将取自同一发酵罐的酒样放在5℃、10℃、15℃和20℃的条件下后酵1个月。通过感官评定确定其风味的优劣。结果是在10℃和15℃的条件下后酵的钙果酒风味相差不大，酒香和果香都比较浓郁，酒体尚协调丰满，明显优于其他两者。5℃条件下后酵的酒样风味最差，果香浓郁，酒香不足，酒体不够协调。

三、成品的质量分析

1. 成品的理化指标

残糖（总糖）0.975g/L，干浸出物33.93g/L，总酸（以苹果计）8.60g/L，单宁0.445g/L，总SO_2 164mg/L，游离SO_2 42mg/L。

2. 成品酒样的感官评定结果

由于目前关于钙果果酒的研究和产品很少，所以在钙果原酒感官质量好坏的评定上没有统一划分的标准。参考葡萄酒的感官评定方法进行钙果原酒模糊感官评定。钙果果酒呈砖红色（与果

汁颜色相符，略浅于果皮颜色），澄清透明，有光泽；果酒香芬芳浓郁、优雅、协调悦人；酒体丰满协调，酸甜适口，微涩；具有钙果特有的独特风味，典型性强。

四、主要问题

目前，我国的钙果在食品方面主要用在鲜食和果脯加工上，对钙果的食品加工适应性的研究尚少。在果酒方面，若要酿造出优质钙果果酒，还需要筛选更加适合于酿酒的钙果品种，包括从野生资源中筛选和应用现代科技对现有的资源进行改良；在发酵最优化工艺的研究方面还有待进一步的详细研究选择，包括原料品种选择、成熟度确定、发酵最佳工艺参数、后酵条件、原酒后处理方法和产品成分的调配方法的确定等方面。钙果与其他水果不同的是含有大量的单宁。适当降低其单宁的含量的办法，尚待摸索。高钙、高铁是钙果的一个重要优势。在钙果中的有机酸主要是苹果酸、草酸，这些有机酸的存在是否影响其钙的生物稳定性，在经过发酵以后其稳定性是否变化以及是否易为人体吸收还需进一步研究。

第十一章
刺五加酒

第一节
刺五加简介

刺五加为五加科五加属多年生落叶灌木，又名五加参（皮）、刺拐棒、老虎潦子等，主要分布中国东北、俄罗斯远东地区，日本、朝鲜也有分布。在日本称其为虾夷五加，俄罗斯称之为西伯利亚人参。刺五加是名贵中药材，历来为我国医药珍品，其根、茎、叶、花、果实均可入药，具有类似人参的"扶正固本"作用，为良好的强壮剂，可增强机体的防御机能。临床广泛应用于神经衰弱、糖尿病、动脉硬化、风湿性心脏病等多种疾病，其制剂已达近 10 种，如复方刺五加片、刺五加苷粉、刺五加口服液等。

一、刺五加的生物学特性

刺五加属五加科多年生落叶灌木，主产于东北、河北、山西等地。刺五加生存能力很强，不需太多的管理且病虫害发生也少，但是其有性繁殖能力很差。刺五加本身结实的植丛少，种子产量低、质量差，果实成熟时种子的种胚没有发育成熟。不论是当年秋播，还是第 2 年进行春播，都需要经过一个夏季在温度、湿度适合的条件下完成形态后熟和经过一个冬季的低温完成生理后熟后才能萌发。研究发现这主要源于刺五加果实及其外果皮、中果皮、种子中含有内源抑制物质。

二、刺五加的化学成分

1. 苷类

刺五加根和茎的主要成分为酚苷类化合物。实验证明刺五加总苷是其生物活性成分之一。总苷在根和茎中的含量分别占干药材重量的 0.6%～0.9% 和 0.6%～1.5%。已分离出 8 种刺五加苷（A、B、B_1、C、D、E、F、G），分别为 β-谷甾醇葡萄糖苷（A）、紫丁香酚苷（B）、7-羟基-6,8-二甲基香豆精葡萄糖苷（B_1）、乙基半乳糖苷（C）、紫丁香树脂酚二葡萄糖苷（D 和 E，二者是异构体）和芝麻酯素（F、G，二者是异构体）。

2. 多糖

刺五加多糖组成包括葡萄糖、果糖、阿拉伯糖等，为免疫活性成分之一。刺五加含 2%～6%碱性多糖及 2.3%～5.7%水溶性多糖。我国从刺五加中提取出多种刺五加多糖，其中两种多糖被命名 PES-A 和 PES-B。

3. 其他成分

有研究人员从根皮中分离出硬脂酸、β-谷甾醇、芝麻素、白桦脂酸、苦杏仁苷以及具有促性腺和细胞素作用的活性成分。陈貌连等利用电喷雾质谱发现刺五加叶存在槲皮素苷、金丝桃苷、槲皮素和芦丁。

三、开发利用现状

目前刺五加的应用主要是集中在利用其根、茎、叶部分，忽视了其浆果的综合开发利用。以其浆果为原料开发的产品较早以药酒的形式出现，在我国已有数千年的历史。我国的刺五加资源丰富，而长白山区刺五加产业因得天独厚的区域生态条件以及优秀的产品品质，有着巨大的开发潜力，相对于可开发的产品种类而言，刺五加浆果的开发利用还处于起步阶段。

1. 临床药物

这是刺五加的主要用途，已用于治疗白细胞减少症、缺血性脑血管病、忧郁症、冠心病、心绞痛、高血脂等病症，在临床使用方面在不断扩大。

2. 保健品

由于刺五加的多种保健功能，现已开发出刺五加红酒、五加茶、果汁等保健品。刺五加可以抑制酒精的胃肠吸收，加强酒精在肠胃道的流过效应，降低血液中的酒精浓度，可作为解酒药。

3. 鲜食

刺五加嫩叶中含蛋白质、脂肪、碳水化合物、多种维生素及矿物质。春夏季采初发的嫩芽和幼叶，开水烫过，清水漂洗去苦味后，可炒食、加调料凉拌或做汤，清香可口，营养丰富，是一种珍稀的保健山野菜。

 第二节　刺五加酒的生产

一、工艺流程

鲜刺五加果实→分选→清洗→打浆→酶解→过滤→发酵→澄清处理→陈酿、贮存→冷冻处理→过滤→调配→精滤→无菌

灌装→成品。

二、操作要点

1. 打浆

将刺五加果按照果料和水的比例 1：1 加入酿造用水，用打浆机打浆，置于酶解罐中。

2. 酶解

将打浆后的果浆加热至 35～45℃，加入果胶酶 4～15g/100kg，酶解时间 1～2h。

3. 过滤

将酶解沉淀后的刺五加果汁用硅藻土过滤机过滤，即为刺五加果酶解汁。

4. 发酵

将刺五加果酶解汁计量泵入发酵罐，投入量为有效容积的70%，添加酒精使发酵液的酒精度达到 4% vol；加入砂糖，使其发酵液糖度达到 15°Bx，然后接入 0.05 g/L 的葡萄酒酵母，搅拌均匀后进行发酵。发酵温度控制在 25～28℃，发酵 25～35 天。

5. 陈酿

当酒精度不再升高即终止发酵，应马上进行分离酒脚，分离后将原酒送往贮藏之前，贮藏容器必须经灭菌处理。送入陈酿的原酒酒精度必须达到 15% vol 以上，陈酿温度应控制在 0～15℃。

6. 无菌灌装

陈酿后的酒液经硅藻土过滤机过滤后，立即进行无菌灌装即为成品。

三、质量指标

1. 感官指标

果酒色泽清澈透明，具有浓郁的果香和馥郁的酒香味，酒体协调，口感柔和爽口，酸甜适中，回味悠长。

2. 理化指标

酒精度 15％vol～18％vol，总糖含量（以葡萄糖计）10～15g/L，总酸含量（以柠檬酸计）0.4～0.6g/L。

第十二章
五味子酒

五味子是一种药食同源的经济作物，在医药及食品领域应用广泛。我国先后开发出以五味子为主要原料的麻黄止咳丸、人参鹿茸丸、枣仁安神液等以及以五味子木脂素、五味子多糖和五味子醇为原料的一系列保健品。五味子饮品也有很多种，如五味子露酒、五味子醋及五味子饮料等。近年来将五味子发酵酿酒多有报道，概括起来为五味子果实经过分选、破碎、发酵、澄清及调配而成的酒，其颜色呈鲜红色，果香、酒香浓郁，酸甜适口，风味独特，且对人体有一定的保健功能。

第一节
五味子简介

据《新修本草》记载，"五味皮肉甘酸，核中辛苦，都有咸味，故有五味子之名。"五味子属木兰科，多年生落叶藤本植物，多生于半阴湿的山沟及灌木丛中。五味子因其生长地域不同而在外观及功效上有明显的差异，在中国素有北五味子和南五味子之分。北五味子呈球形或椭球形，个体较大，表面暗红色，有光泽，果实饱满，味酸，主要产于东北三省、内蒙古、山西、河

-274-

北、陕西等地；南五味子粒较小，表面棕红色或暗棕色，干瘪、皱缩，果肉常紧贴种子上，主要产于四川、江西以及西藏等地。五味子果实富含多种有机酸、挥发油、酚类、蛋白质、脂肪、糖类、维生素及微量元素。五味子具有收敛固涩、益气升津、补气宁心及安神之功效，南五味子的药效较北五味子药效稍弱。

一、五味子的营养成分及药用价值

五味子的主要功能成分有挥发油、木脂素、有机酸、多糖、氨基酸等。现就其化学和药理作用的研究情况进行简要概括。

1. 挥发油

五味子果实中挥发油含量约为 $1\% \sim 2\%$，GC-MS 分析表明，主要成分为荜澄茄烯、依兰烯、防风根烯、倍半萜烯、α-花柏烯、花柏醇等。

单独应用五味子挥发油进行药理作用的研究报道较少。齐治等的研究结果表明，五味子挥发油能明显缩短戊巴比妥钠引起的小鼠睡眠时间，且与中枢兴奋药士的宁无协同作用。它对肝细胞色素 P-450 具有明显诱导作用，说明五味子挥发油缩短戊巴比妥钠引起的小鼠睡眠时间的机理与其加速戊巴比妥钠的代谢有关，而非对中枢神经系统的直接兴奋作用。

2. 木脂素

五味子中总木脂素含量为 $2\% \sim 8\%$。国内外学者已经从五味子科植物中分离鉴定出近两百种木脂素成分，从五味子中分离得到的木脂素类单体化合物也有近四十种。五味子中的木脂素成分大多具有联苯环辛二烯母核，是一类低极性小分子化合物，通常采用的分离方法是将药材的氯仿或醋酸乙酯溶解部分采用柱色谱洗脱。近年来的研究发现超临界 CO_2 流体对于五味子中的木脂素成分具有较好的提取效果，收率高且无毒无环境污染，是一种具有发展潜力的提取分离方法。药物化学家也对部分五味子木脂素类化合物进行了成功的全合成，包括五味子甲素、五味子乙素、五味子丙素等，这为五味子木脂素类成分的工业化生产奠定了基础。

3. 多糖

五味子粗多糖一般采用水提醇沉，并以有机溶剂除杂等方法得到，收率可达 9.7%，总糖含量可达 50%以上。五味子多糖在保肝、抗衰老、促进免疫等方面的活性研究报道较多。

二、五味子的综合利用

1. 在制药领域的应用

传统医学对五味子的功效有详细记载。现代医学研究认为，五味子性味酸、甘、温，入肺及肾经，具有敛肺滋肾、生津敛汗、涩精止血和宁心安神的功效。五味子不只供中医临床配方使用，更是补肾固精丸、麻黄止咳丸、海马补肾丸、人参鹿茸丸、枣仁安神液、脑灵素、参芪博力康片、参芪消渴颗粒等多种中成药的原料，常用于治疗哮喘、盗汗、神经衰弱、肠炎、萎缩性胃炎等病症。

2. 在保健品中的应用

五味子素是一种较强的抗氧化剂，可以直接促进机体制造抗氧化物质，提高机体自身抗氧化能力，有效清除自由基。同时，五味子还含有粗多糖，有助于提高机体免疫力，增加机体对有害刺激的抵抗能力，减轻机体损伤。

3. 在食品领域的应用

五味子果实中含有挥发油，其味香，可用作食品调料。用五味子果实酿造的果酒呈宝石红色，饮用后有助于缓解疲劳。民间亦有用其泡白酒饮用，有益健康。从五味子的茎、叶及种子中提取的芳香油，可用于调制椰子香精及其他香精。五味子的根、茎、叶还可以用来泡茶饮用。开发研制五味子天然保健饮品，具有良好的市场前景。

 ## 第二节
半干型五味子酒

采用热渍、低温纯种发酵的新工艺，试制半干型五味子酒，克服成品酒苦涩味和药味重的缺点，有明显的经济效益和社会效益。酿出的五味子酒呈宝石红色，澄清透明，具有独特的五味子果香及纯正的酒香，干爽、柔净，各项指标均符合规定标准。

一、工艺流程

五味子→分选→破碎→热渍→分离→冷却→澄清→调整成分→添加活性干酵母→发酵→贮存 →换桶→下胶澄清→冷处理→调配→过滤→包装→杀菌→成品。

二、操作要点

1. 分选

原料进厂，按成熟度分级。酿酒用的五味子应成熟，果实呈深红或紫红色，颗粒肥大，果浆多，无杂质及霉粒。抽取具有代表性的五味子样品，进行分析。

2. 破碎

五味子的果实、果梗都具有浓郁的果香和独特的滋味，为了提取更多的果香，增强酒的典型性，采取全果整穗破碎工艺。在破碎时，辊距间隙 3～5mm，要求达到果破籽不破的标准。破碎时加入 SO_2，防止果汁氧化。

3. 热渍

为了提高五味子酒的质量，对原料进行热处理，这是本工艺的技术关键。传统的五味子酒工艺是皮渣混合发酵，用来配制甜型和浓甜型酒，是不成问题的。但用皮渣混合发酵法生产半干型或干型酒，则会产生成品涩味和药味过重，口感粗糙、味杂的缺陷。若纯用五味子汁发酵，则又有色淡、果香小的问题。为了克服混合发酵和纯汁发酵的缺点，故采取热浸渍新工艺。具体办法是：原料破碎后，按原料量加入一定比例的热水，并通入蒸汽，待果汁呈红色时即可分离，自流汁和轻压汁做优质酒，皮渣加糖水生产普通酒。分离后的果汁应迅速冷却到 15℃，热浸渍工艺不但可浸出五味子皮上的色素和香味，并可防止酒的某些常见病，破坏多酚氧化酶及去掉一部分果胶，有良好的效果。

4. 澄清

澄清是生产优质半干型五味子酒的必需工序。经破碎分离后的果汁中或多或少带有一些果肉、果籽及尘土等杂质，这些杂质对酿成的酒风味有影响，轻时感到酒体不够细致，重则有土味。为了酿制优质酒，需采用静置澄清的方法。静置澄清应与 SO_2 处理同时进行。五味子汁冷却后，加入 SO_2 进行澄清24h，将清汁泵入预先杀过菌的发酵罐中。

5. 添加活性干酵母

优良的酵母是保证发酵正常，提高五味子酒质量的一个重要因素，也是本工艺的又一技术关键。用热浸渍法生产五味子酒，在前处理工序中，五味子汁中的酵母全部被杀死，必须接种人工酵母进行发酵。本工艺选用活性干酵母，在接种到五味子汁前，应复水活化。当发酵进入旺盛时，还可以作为酒母种接入其他发酵罐中。

使用活性干酵母首先要复水活化。因为活性干酵母在干燥过程中，酵母的细胞膜变成特殊的多孔结构，有的甚至受到损伤。酵母复水时首先吸水，形成一层均匀的半透膜，以保持细胞内物质不致流失。这层膜的形成速度与复水温度有关，复水温度太低，半透膜尚未完全形成，酵母细胞内物质大量流失，从而影响酵母的发酵活力；复水温度适宜，酵母内固形物流失较少，而且酵母有较高的发酵活力。复水的第二个作用是改变活性干酵母的物理扩散性能。如果直接把活性干酵母加到冷五味子汁中，很长时间内仍保持原来完整的颗粒状态。即便搅拌，在一段时间内活性干酵母的颗粒仍悬浮在五味子汁中。这是由于冷五味子汁黏度高，活性干酵母颗粒不易扩散。因此在使用活性干酵母时，切忌把干酵母直接撒入五味子汁中。

6. 发酵

为了保持五味子酒的新鲜感和果香，在整个发酵过程中采取低温发酵。低温发酵可以减少发酵过程中五味子果香的挥发损失，产酸菌不易繁殖，总酯和挥发酯因发酵温度的降低而增高。低温发酵生产的酒有良好的果香、酒香，柔和协调。

澄清后的五味子汁经调整成分后，泵入预先杀过菌的发酵罐中，接入纯种活性干酵母进行发酵。整个发酵阶段，要求发酵温度控制在 15～20℃之间。当发酵进入旺盛阶段，糖降至 5％时，即可补加白砂糖，以便使发酵终了后，酒度达到 10％ vol～12％ vol。发酵时间 15～20 天。当酒液表面比较平静，泡沫不再突起，残糖在 0.5％以下时，表明发酵即告结束，补加适量的 SO_2 后转入贮存。

7. 下胶澄清

由于原酒中存在着大量悬浮状的酵母菌，凝聚的蛋白质、单宁、黏液质、酒石酸盐等有机微粒，使酒混浊。五味子原酒的混浊程度比葡萄酒要严重得多，这些混浊物质，在发酵结束后缓慢沉降，自然沉降的速度很慢，时间很长。为了极早获得澄清的酒液，采用下胶的办法，即在原酒中加入明胶，在酒中形成蛋白质和单宁的不溶性絮状物向下沉降，沉降时带走酒中的悬浮微粒，使酒很快澄清。

8. 调配

五味子酒经过下胶过滤后，取样进行分析，按照半干酒的标准来调整酒度、糖度和酸度。在调配时，补加适量的 SO_2 使成品酒的游离 SO_2 含量为 25mg/L，再经过滤方可装瓶。

三、工艺总结

原料成熟度和新鲜度是保持五味子酒果香的重要前提。选用成熟、新鲜、色泽鲜红、无腐烂、无杂质的五味子原料，及时加工是保持五味子果酒香气的主要条件。这样既能防止五味子的腐烂变质、生霉、生酸，又可减少杂菌污染。热浸渍是生产半干型（或干型）五味子酒的技术关键。合理掌握热浸渍时间和温度，不但可浸渍出五味子皮上的色素和香味物质，使五味子的营养成分溶入酒中，减少五味子酒的苦涩味和药味，并可防止酒的某些常见病，破坏多酚氧化酶，还可以去掉一部分果胶。澄清果汁是生产优质半干型五味子酒不可缺少的工序。澄清处理可将妨碍五味子酒质量的泥土、果胶和过量的单宁等杂质先期排除，对改善五味子酒口味具有明显的效果。纯种发酵是保证发酵正常，提高半干型五味子酒质量的重要措施。用热渍法生产五味子酒，由于前处理时五味子汁中的酵母绝大部分已被杀死，故选用优良的纯种酵母，可以保证发酵正常，生产出的酒香气正、口味纯。低温发酵是生产优质五味子酒的保证。低温发酵可以减少发酵过程中五味子果香的挥发损失，产酸菌不易繁殖，而且总酯和挥发酯可以随发酵温度的降低而增高。调配和灌装是生产优质酒不可忽视的工序。五味子酒经过下胶澄清后，还要经调配、过滤和灌装方能出厂。在调配时，添加适量的 SO_2 使游离 SO_2 含量为 25mg/L，不仅可以防止瓶装酒的氧化，还可提高瓶装酒的非生物稳定性。

第三节
五味子干果酒

五味子果实成熟期集中在 8～9 月份，由于其鲜果挂果期短，在常温下不易贮存，仅能够存放 2～3 天，目前五味子的保鲜方法尚未有重大突破。因此，利用五味子鲜果酿酒也会有季节和地域的限制性，而利用五味子干果酿酒除了可以充分利用当地的资源外，还可以为五味子产业化调整提供一条新的途径。本节探讨利用五味子干果为原料酿造果酒的生产工艺。

一、工艺流程

五味子→分选→烘干→去梗→清洗→煎煮→调整成分→接种酵母→发酵（带渣）→过滤→五味子原酒→陈酿→过滤→调配→杀菌→成品。

二、操作要点

1. 分选

选择无腐烂、无霉变的五味子鲜果，对其进行烘干处理。为了达到最好的烘干效果，采用紫外可见分光光度法检测五味子在 50℃、60℃、70℃、80℃、90℃烘干条件下木脂素的含量。尚小莹等研究表明烘干温度为 80℃时木脂素的含量较高，有效成分

较多，效果最好，故采用 80℃ 烘干后的五味子干果作为原料进行发酵。

2. 煎煮

干燥果实，需要进行煎煮，以便浸出浆汁、色素以及有效成分。加 20 倍水煮沸 30min。

3. 调整成分

因五味子干果浸出汁液中含糖量较低，为达到所需的酒精度需添加一定含量的蔗糖以补充糖度，使其可溶性固形物含量达到 20%（质量分数）左右。之后使用 $K_2S_2O_5$ 调节浸出汁的 SO_2 浓度含量达到 40～80mg/L（SO_2 含量以 $K_2S_2O_5$ 质量的 50% 计），可起到杀菌、抗氧化以及澄清果汁的作用。最后利用柠檬酸和碳酸氢钠来调节果汁至 pH3.0～5.0。

4. 接种酵母

活性干酵母在果汁中的接种量为 0.5g/L，加入约 5mL 果汁，待其溶解后，在 30℃ 下，保温活化 20～30min。然后接入到果汁中。

5. 发酵

调好的果汁添加经活化后的发酵菌种，控制起始发酵温度为 30℃ 左右。1～2 天以后，发酵达到旺盛期，醪液翻腾，液面有大量 CO_2 泡沫产生，并覆盖一层由 CO_2 泡沫、蛋白质、果胶物质、果肉、果渣等组成的泡盖。12～15 天以后，果汁总糖随着发酵的进行而降至 8g/L 左右时，泡盖开始下沉，液面逐渐澄清，此时发酵速度变缓，主发酵结束。

6. 陈酿

对残糖进行缓慢发酵，液面有少量 CO_2 泡沫冒出。约经 18～25 天后，发酵基本停止，胶体物质、蛋白质、酵母细胞、残余淀粉等凝聚沉淀下来，此时发酵的残糖量<4g/L。

7. 杀菌

将调配好的果酒采用瞬时杀菌机杀菌，杀菌温度控制为 $110\sim115℃$，时间 $6\sim8s$，然后冷却至常温。

第四节
调配五味子酒

一、五味子原酒制备

1. 新鲜果实发酵制备原酒

（1）工艺流程 五味子新鲜果实→破碎除梗→加 SO_2→加糖水稀释→加入酵母→浸渍发酵→分离→补糖→后发酵→陈酿→原酒。

（2）技术要求

① 原料处理 9月上旬，选取成熟度好、无腐烂的新鲜五味子果实进行破碎除梗。若果实成熟度特别好，梗较少，也可不除去。破碎后马上加入 $60mg/L$ 的 SO_2，抑制杂菌生长。

② 加糖水稀释 五味子 pH 低，不宜酵母生长，因此通过稀释使 pH 提高，加糖提高最终酒度。糖水浓度 10%，加入量与原果重相等。用水把糖化开，泵入，搅拌均匀。

③ 浸渍发酵 处理完的果浆，加入 5% 培养好的酵母液进行酒精发酵。在发酵期间，每天压"帽"三次，并早晚各测一次相对密度、温度，以便控制发酵，使其正常进行。

④ 分离 浸渍发酵 $5\sim7$ 天后，采用自流法进行分离皮渣加糖水进行二次发酵。自流汁测其酒度和含糖量，补糖后进行后发酵。

⑤ 后发酵 按最终酒度 12%（体积分数）计算补糖量，公式为：补糖量＝［（最终酒度－现在酒度）× 17.5－现在含糖

量]×自流汁的体积数。用酒液把糖化开，加入酒液中，搅拌均匀，进行后发酵。在后发酵期间要注意卫生，发酵罐盖上盖。发酵结束后，倒罐后封严，进行陈酿。

2. 晒干果实发酵

（1）工艺流程　晒干果实→挑选→洗净→浸泡→加糖水→加酵母→浸渍发酵→分离→补糖后发酵→陈酿→原酒。

（2）技术要求

① 原料处理　选取成熟度一致、颜色深红的果实，洗净。因果实较干，无法发酵，需加入40～50℃的热水浸泡24h，加水量是果实重量的3倍。

② 浸渍发酵　果实浸泡后再加入原果重2倍、浓度为15%的糖水，接入10%的酵母培养液，搅拌均匀，进行发酵。酵母培养液可用冷冻的五味子汁制备。干果内容物较难溶出，因此浸渍发酵时间7～9天。

3. 晒干果实酒精提取

（1）工艺流程　晒干果实→挑选→洗净→酒精提取→分离→调节酒度→陈酿→原酒。

（2）技术要求

① 酒精提取　在提取罐中进行，酒精为食用级，且用活性炭进行脱味处理，提取浓度20%～25%（体积分数）。第一次加入量是果实重量的3倍，回流提取2h；分离提取液后，再加入原果重2倍的提取液，回流提取1h，分离提取液。

② 调节酒度　两次提取液混合后，调节酒度，使其为13%（体积分数）左右。

4. 理化指标检测

（1）酒度　蒸馏后用酒精计测定，以体积百分比计算。

（2）残糖含量　菲林试剂法测定，以葡萄糖计。

（3）含酸量　0.05mol/L NaOH 滴定法测定，以酒石酸计。

（4）挥发酸含量　蒸气蒸馏法，以乙酸计。

二、原酒质量评价

1. 原酒理化指标分析

新鲜果实发酵的原酒，残糖含量最低，挥发酸生成也最少；晒干果实酒精浸提的原酒因未经过酒精发酵，残糖最高，在陈酿过程中易感染杂菌，因此挥发酸含量也最高；晒干果实发酵的原酒，酒精发酵不彻底，残糖较高，和新鲜果实相比，挥发酸生成较多。尽管如此，三种工艺制备的原酒挥发酸含量都在国家标准之内（<0.8g/L）。

2. 原酒感官质量评价

新鲜果实发酵的原酒质量最好，晒干果实酒精浸提的原酒质量最差。从酿酒工艺考虑，肯定优选新鲜果实发酵。然而五味子多生长在山区，产量低，不能集中采收，离厂区又较远，若全用新鲜果实，经常会原料供应不上，且采收时间持续较长；五味子又是浆果，易腐烂变质，因此必要时可考虑利用晒干果实制备原酒。

三、成品酒调配

1. 成品酒调配所用辅料

（1）蔗糖、蜂蜜　市售，一级。

（2）食用酒精　活性炭脱味处理。

（3）添加剂　柠檬酸、蛋白糖等，均为食品级。

（4）纯净水　0.2μm 膜过滤。

2. 调配方法

（1）单一原酒调配工艺　采取正交设计，通过对不同原酒含量、不同糖酸比例、不同酒精度进行实验，筛选最佳配方。

（2）三种原酒勾兑调配　在单一原酒配方的基础上，采用正交设计，确定不同原酒的比例。

3. 利用单一原酒配制成品酒配方筛选

表12-1列出了利用单一原酒配制的成品酒配方及质量评价。可以看出，用新鲜果实发酵的原酒配制的成品酒普遍较好，在它们之间以原酒含量50％的最好，这是因为五味子酸涩感较强，所以原酒含量不宜太高，太低了果香、酒香均较差，口感平淡。

表12-1　利用单一原酒配制的成品酒配方及质量评价

项目	新鲜果实 发酵原酒			晒干果实 发酵原酒	晒干果实酒精 浸提原酒
原酒含量/％	60	50	40	50	40
酒度/％	8	7	6	7	6
含糖量/(g/L)	100	100	80	100	100
含酸量/(g/L)	8.5	8.0	7.5	8.0	8.0
总分（满分100）	85	93	88	83	81

4. 用复合原酒调配的成品酒质量分析

表12-2给出了复合原酒调配比例及产品质量评价。在配酒时，应根据原酒的情况来选择。要生产质量较高的五味子酒，应以新鲜果实发酵的原酒为主，其他工艺制备的原酒仅仅是补充。

表12-2　复合原酒调配比例及产品质量评价

配方 序号	A/%	B/%	C/%	酒度/%	含糖量 /(g/L)	含酸量 /(g/L)	总分 (满分100)
1	30	20	10	7	110	7.5	85
2	35	10	5	7	100	8.0	90
3	25	15	10	7	100	8.0	88
4	20	10	10	7	80	7.0	83

注：表中A表示新鲜果实发酵原酒，B表示晒干果实发酵原酒，C表示晒干果实酒精浸提原酒。

第十三章

其他果酒

第一节
枣酒

　　红枣是原产于我国的果品，具有较高的营养价值和药用价值。采用独特工艺制备红枣汁，经发酵、澄清、调配等，可研制出独具风味的红枣果酒。

　　用烘烤过的红枣发酵，成品酒具有浓郁的枣香味和醇厚感。在红枣浸泡和枣汁发酵过程中添加 SO_2，可以大大减少枣果中维生素 C 的损失，同时起到增酸、抑菌和抗氧化的作用。此外，由于红枣中含有较多的果胶及蛋白质等大分子物质，容易形成絮状物，引起成品酒出现浑浊、失光、沉淀等现象。针对这些问题，本节对红枣的烘烤条件、SO_2 的作用以及枣酒澄清处理等影响产品质量的关键技术进行了研究。

一、加工工艺

1. 工艺流程

原料枣→除杂清洗→烘烤→浸泡→蒸煮→冷却→酶解→枣渣

分离→红枣原汁→调整成分→加热灭菌→冷却→接种发酵→
分离→后发酵→陈酿→澄清处理→冷热处理→过滤→红枣原酒→
调配→过滤-装瓶→巴氏杀菌→冷却→红枣酒。

2. 主要操作要点

(1) 烘烤、浸泡、蒸煮 红枣洗净、沥干水分后，进行烘烤，烘烤以枣肉收缩、枣皮微绽、不发生焦煳现象为好。然后加入 30mg/L SO$_2$ 浸泡 24h，加热蒸煮 40min。

(2) 酶解 将红枣汁冷却至 50℃，加入果胶酶进行酶解，期间需要搅拌，以提高酶解效率。果胶酶用量 0.1%，酶解温度 (48±2)℃，保温 18～20h。分离除去枣皮、枣核等枣渣，得红枣原汁，枣渣用体积分数为 60% 的白酒浸泡。

(3) 接种发酵 调整枣汁中的还原糖含量为 20%，调整 pH 为 3.5～4.0，加热至 90℃，维持 5min，然后冷却至 22～25℃，添加 SO$_2$ 120mg/L，按 0.4g/L 接入经活化处理的果酒干酵母进行发酵，控制发酵温度 25～28℃。约 4 天后，再加入 10% 的蔗糖继续发酵。前发酵基本结束后（7～10 天），倒桶，上清液转入后发酵，陈酿 20～30 天。酒脚与枣渣浸泡液混合，蒸馏得红枣白兰地。

(4) 澄清处理 采用几种不同的澄清剂明胶-单宁、皂土、壳聚糖对枣酒进行澄清处理。将各种澄清剂分别配制成不同浓度的溶液（或悬浊液），按不同比例添加到枣酒样品中，搅匀，常温下静置 3 天，过滤。从酒的感官、蛋白质清除率、透光率和稳定性等方面比较澄清效果。

(5) 冷热处理 澄清处理后的红枣酒，在 50～55℃下热处理 4～5 天或 75～80℃下保持 10min，然后进行冷处理。在 5℃ 保持 8～10 天，冷冻过滤。

(6) 调配 根据需要，将红枣原酒、红枣白兰地、糖、酸等成分按一定比例进行调配。

二、产品质量

在以上实验确定的工艺条件下，研制得到的红枣酒的质量如下。

1. 感官指标

（1）外观　红宝石色，清亮透明，无悬浮物及沉淀物。

（2）香气　枣香浓郁，酒香怡人，果香与酒香协调。

（3）滋味与风格　酒性温和，口味醇和绵长，酒体醇厚丰满，具有红枣酒的典型风格。

2. 理化指标

酒精度 11%～12%（体积分数），总糖（以葡萄糖计）≤4.0g/L，干浸出物≥16g/L，滴定酸（以柠檬酸计）6.0g/L，挥发酸（以乙酸计）0.5g/L，维生素 C 860mg/L，游离 SO_2 30mg/L，总 SO_2 100mg/L。

3. 卫生指标

符合《食品安全国家标准　发酵酒及其配制酒》（GB2758—2012）的规定。

三、工艺总结

影响红枣烘烤质量的因素除温度和时间外，烘烤方式对质量也有一定的影响，这方面的影响还有待于进一步研究。红枣中果胶含量较高，加入果胶酶可以促进果胶的水解，提高出汁率，有助于发酵，同时，可以稳定色素，浸提更多优质单宁。SO_2 能有效地保护红枣中的维生素 C，以免被过分氧化，保持枣汁的色泽和香味成分，同时在枣汁发酵过程中具有增酸和抑制杂菌的作用。为了使发酵产生 12% 以上的酒度，必须调整红枣汁含还原糖在 20% 以上。但是，较高的渗透压势必影响酵母的起酵速度而延长发酵周期，并可能导致一些耐渗透压杂菌的生长而影响酒

质。实验采用了分批加糖方式来降低渗透压对酵母的影响。明胶-单宁、皂土和壳聚糖对红枣酒均有不同程度的澄清作用，其中皂土的澄清效果最好。但由于皂土在吸附蛋白质等大分子物质的同时也会吸附色素，皂土用量过大时，易使枣酒颜色过淡。

第二节
草莓酒

草莓营养丰富，味道鲜美，外观红嫩，果肉多汁，酸甜适口，香味浓郁，是水果中难得的色、香、味俱佳者，因此被人们誉为果中皇后。现代医学认为，草莓对胃肠不调和贫血均有一定的调理滋补作用，对高血压、高血脂、动脉硬化和冠心病等均有一定的预防作用。由于草莓不耐储存，常用于鲜食。本节以草莓为原料，酿造具有独特风味的新型草莓果酒。

一、生产工艺

新鲜草莓的收购→分选→破碎→加 SO_2→加果胶酶→成分调整→发酵→分离→澄清→稳定性处理→调配→冷处理→过滤→灌装→成品。

二、工艺要点

1. 新鲜草莓的收购

草莓在每年的 6 月份采收。因当时气温高，极易腐烂变质，采收后必须及时贮存、销售和处理，采收至加工的时间最好在 4h 以内，最多不超过 8h。

2. 分选

草莓采收后要及时在分选台上进行人工分选，去除果蒂，挑出烂果、病果、不成熟果和泥浆果。

3. 破碎

将分选好的草莓破碎，破碎时要及时添加亚硫酸，最好是边破碎边添加，加入量为 0.005%～0.008%，以防止草莓汁被杂菌污染和氧化。

4. 加果胶酶

草莓富含果胶质，将果胶酶加入草莓浆中，目的是分解胶体物质，有利于后续的果汁澄清。果胶酶添加量为 20～40g/t。

5. 成分调整

主要是调整糖度和 pH 值，使草莓浆糖低酸高，pH 值为3.3～3.5。草莓在成熟度最好时的糖度一般为 140～180g/L。调整糖度应分批次进行，一般采用两种方法：一是通过添加白砂糖把草莓浆的糖度调整至 350～380g/L，然后进行发酵，以备生产浓甜草莓酒基；二是添加白砂糖，把草莓浆糖度调整至 200g/L左右，然后进行发酵，以备生产干型草莓酒基。

6. 发酵

先将活性干酵母溶入相当于其质量 10 倍的、温度为 35～40℃水中，活化 20min 后，再加入等量的草莓浆活化 20min，接种入发酵罐的草莓浆中，酵母添加量控制在 0.2g/L 左右。

7. 发酵终点的判定

① 通过检测，在准备生产浓甜草莓酒基的发酵罐内，其酒精含量达到所设计的要求（7%～12%），残糖达到 150g/L 以上时，需抑制发酵。采用的方法是添加亚硫酸，使总 SO_2 含量达到 0.012%～0.015%，及时进行分离，草莓发酵原汁进入到冷冻罐进行降温处理，温度降至 0℃左右，静置。

② 通过测定草莓发酵原汁的温度，准备生产干型草莓酒基

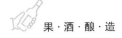

的发酵罐内的发酵液液面静止，检测理化指标来判定发酵是否结束。当温度低于 20℃，残糖小于 4g/L，酒精含量达到 12％左右时即可进行分离。

8. 分离及澄清

发酵结束，及时分离，将自流汁和压榨汁分别存放，经降温静置一段时间后，用硅藻土进行澄清过滤，进入控温罐贮存。

9. 稳定性处理

草莓酒基经过澄清处理后，需添加明胶和皂土（具体量根据试验而定），使酒基清亮透明，稳定性良好。

10. 调配

将草莓浓甜酒基和草莓干酒基按照不同的比例进行调配，分别制成甜型草莓酒、半甜型草莓酒、半干型草莓酒和干型草莓酒。

11. 冷处理

调整好的草莓酒经检测合格后，在冷冻罐中进行冷冻处理，冷冻时间为 7 天以上，冷冻温度控制在冰点之上 0.5℃左右。

12. 过滤

理化检测合格后的草莓酒在冷冻后，经板框式精滤纸板过滤和微孔膜过滤后，再进行微生物检测，合格后进行灌装。

13. 灌装

草莓酒的灌装可采用以下方式：干型、半干型草莓酒可采用冷灌装；半甜型、甜型草莓酒可采用热灌装。

灌装设备必须处于无菌状态，洗瓶用水都需经过无菌膜过滤，灌装前用 SO_2 溶液对空瓶进行密闭式灭菌处理。

三、质量指标

1. 感官指标

成品草莓酒的色泽呈橘红色或淡红色，澄清透明，具有新鲜纯正和谐的草莓果香和酒香，口味柔和协调，酒体丰满，余味幽长，风味独特。

2. 理化指标

见表 13-1。

表 13-1　草莓酒的理化指标见表

酒度（温度20℃）/%	总糖（以葡萄糖计）/%				总酸（以柠檬酸计）/g·L^{-1}	总 SO$_2$/mg·L^{-1}	游离SO$_2$/mg·L^{-1}	挥发酸（以乙酸计）/g·L^{-1}	干浸出物/g·L^{-1}
	干型草莓酒	半干型草莓酒	半甜型草莓酒	甜型草莓酒					
7~13	≤4.0	4.1~12.0	12.1~50.0	≥50.1	5.0~7.5	≤250	≤50	≤1.1	≥15

3. 卫生指标

卫生指标应符合 GB2758—2012 规定要求。

四、工艺总结

采用上述方法生产的草莓酒，经控温发酵等特殊工艺处理，既保留了草莓原有的营养成分、果香和色泽，同时又具备醇香，经调配处理后，稳定性好。国内市场上大部分果酒，是采用直接用食用酒精浸泡水果，然后进行分离、压榨、调配而生产的，这种酒果香浓，但酒质和稳定性差，酒体不丰满，酒精味突出。本工艺生产草莓酒的特点是突出色、香、味，工艺中尽可能采取控温发酵，工艺处理过程中的酒液温度尽可能降低，工艺处理周期尽量缩短，以减少风味物质的损失；草莓属浆果类，极易腐败，因此采收或收购过程中应在草莓表面喷洒一些亚硫酸。在发酵过程中,起酵、停止发酵和分离必须迅速,以避免给酒带来邪杂味。在分选去蒂时,草莓的蒂、叶、梗去除不净,发酵后会在酒中带入青梗味,即使经过后续的净化处理也不能完全清除,会影响酒的感官指标。以草莓为原料,经发酵酿造而成的草莓酒是一种保健营养的新型果酒。

第三节
苹果酒

中国是世界上盛产苹果的国家之一。苹果品种多、产量大、资源丰富。目前其消费主要是鲜食(占85%),且已形成了生产过剩、效益下降,卖果难的局面。发展苹果深加工是解决这一问题的良好途径,而用苹果酿造苹果酒则是此途径的一个重要方面。

一、工艺流程

原料→分选→清洗→破碎→压榨→离心→加果胶酶→发酵→过滤→陈酿→冷处理→过滤→灌装→成品。

二、操作要点

1. 分选
在苹果加工前,先进行分选,除去泥土,剔除腐烂、受伤的果子。

2. 清洗
一般用清水洗涤,如遇农药较多的苹果时,应用0.5%～

1％的盐酸浸洗，然后用清水冲洗，沥干。

3. 破碎

破碎是为了加大苹果表面积，便于压榨，得到更多的果汁。一般以 0.5cm 的块状物较为合适。

4. 压榨

捣碎后的苹果小块应及时送入压榨机压榨。以避免苹果肉与空气接触变成暗褐色。

5. 离心

刚从压榨机出来的果汁是混浊的，有时还会含有果皮、果柄、种子等杂质，这些杂质应及时除去，否则会使酿制的酒产生辛辣和苦涩味。同时对发酵有害的细菌，应使用高速离心机在120～250 目范围内的尼龙细筛进行间接分离。

6. 发酵

苹果汁经澄清分离后，应立即移入已杀菌完毕的发酵罐中。调节品温在 18～22℃，二氧化硫加入量根据实际情况与要求进行。在发酵过程中，相对密度和总糖逐渐降低，酒精含量则逐渐上升。总酸开始时逐渐上升，到发酵中期达最高值，然后下降，单宁、果胶、蛋白质等则有不同程度的下降。当果汁中的残糖降至 0.5g/100mL 时，立即分离酒脚，并用苹果酒精或精馏酒精调整酒度。一般苹果汁糖分在 11％左右，经酵母发酵后，估计酒精含量可达 6％以上。由于酒精度低，为防止果酒变质，故必须及时提高酒度。

7. 陈酿

当发酵结束后，酒液开始静置，可将较清的新酒转入发酵池中发酵，酒脚与发酵后的果渣合并蒸馏得苹果酒基。后酵期间，品温要控制在 18～22℃，不要超过 25℃，时间约 1 个月。当残糖含量达到 0.2g/100mL 以下，挥发酸在 0.06g/100mL 时，后醇结束。同时，将原酒酒度调整到 14%（体积分数）以上，使其含二氧化硫量达 100mg/L，并适当调整酸度，以保证贮存期中果酒的安全。

陈酿就是酒的老熟，目的是使果酒经过长期密闭保存，达到酒质澄清、风味醇厚的目的。为使已澄清的原酒与其酒脚及时分离，防止酒脚给原酒带来异味而影响酒质，因此要进行换桶。一般新酒每年换 3 次桶即可，陈酒则每年 1 次。

为加速原酒澄清，提高其透明度和稳定性，应采用人工或天然的冷冻方法，使原酒在 -10℃ 左右，存放 7 天，然后冷过滤。

三、注意事项

1. 压榨时果汁变色

苹果肉与空气接触变成暗褐色，果汁接触铁金属设备与容器，它会使果汁变黑和产生铁腥味而产生破败味。为了防止这些现象的发生，可加二氧化硫，按 100L 加入焦亚硫酸钾 12～20g。

2. 产品稳定性

苹果酒的调配关键在于稳定剂的选用。料液中加入 0.15% 果胶稳定剂，静置 24～36h 后，产品无分层、无沉淀，质地均匀，口感良好。

四、质量标准

1. 感官标准

色泽：浅黄色或金黄色，澄清透明，有光泽，无悬浮物，无沉淀。

香气：具有新鲜悦人的果香和怡雅之酒香。

滋味：清香爽口，纯正和谐，舒顺怡雅，酒体丰满，余味充足。

风格：具有本类果酒的典型风味。

2. 理化指标

酒度10%～16%（体积分数）；糖分（以葡萄糖计）100～160g/L；总酸（以柠檬酸计）3～6g/L；挥发酸（以醋酸计）≤0.8g/L。

第四节 樱桃酒

随着科学的发展，人们生活水平的提高，樱桃作为一种富含多种维生素、氨基酸、矿物质等营养元素的果品，越来越受到消费者的喜爱和重视。为适应当前消费市场变化要求，我们以中国红樱桃为原料，研制开发出樱桃酒。

一、工艺流程

樱桃采收→分选→清洗→CO_2浸渍→加果胶酶→破碎压榨→SO_2→离心分离→成分调整（柠檬酸、蔗糖）→发酵→分离陈酿→调配→澄清→过滤→装瓶。

二、操作要点

1. 樱桃采收

采收工作应有计划合理进行，保证原料的新鲜完整，避免污染。

2. 清洗

用符合标准的水洗净果实后，沥干水分。

3. CO_2 浸渍

将清洗沥干后的樱桃果实置入预先充满 CO_2 的浸渍罐中，在填装过程中继续充入 CO_2，直至 CO_2 达到饱和状态。浸渍温度要控制在 25℃ 左右，浸渍 3～7 天。

4. 破碎压榨

将浸渍后的果实进行压榨取汁，果渣中加入等量无菌软化水并添加焦亚硫酸钾（有效 SO_2 以 50％计），使果渣中有效 SO_2 达 150mg/L。此时将果胶酶制剂用 5 倍 40℃ 的温水稀释浸泡 1～2h 后倒入果渣中，搅拌均匀，于 30℃ 条件下，经 8h 后压榨过滤。

5. 成分调整

果汁含糖量不足，需补加蔗糖以提高产品酒度，需添加的蔗糖量按公式计算：

$$X = V(1.7 \times 4 - B) \div (100 - 1.7A \times 0.625)$$

式中　X——果汁中所需添加的白糖量，kg；

　　　V——发酵果汁体积，L；

　　　A——产品要求达到的酒度；

　　　B——发酵果汁中原有糖度，g/100mL；

　　1.7——1.7g 糖发酵可产生的酒精量；

　0.625——1kg 蔗糖溶于水后可使液体体积增加 0.625L。

果汁酸度不足，以柠檬酸调整（因果汁酸度过低，pH 值高，影响游离 SO_2 含量，发酵出的酒易受细菌侵害，且易被氧化），需添加的柠檬酸按公式计算：

$$Y = (A - B) \times V \times 10$$

式中　Y——需添加柠檬酸量，kg；

　　　A——需要调整到的酸度；

　　　B——果汁现有滴定酸度；

V——为果汁体积，L。

如果汁酸度过高，多用化学降酸法，常用的降酸剂有碳酸钙、碳酸氢钾、酒石酸钾等，其中以碳酸钙作用最快，而且价格便宜。

用碳酸钙降酸的计算公式：

$$G = (A - A_1) \times V_1$$

需预先用碳酸氢钾降酸的果汁计算公式：

$$V_2 = V_1 (A - A_1) / (A - 1.3)$$

式中　G——所需碳酸钙量，kg；

A——果汁总酸；

A_1——果汁所需的总酸，g/L（H_2SO_4）；

V_1——需降酸果汁的总量，t；

V_2——需预先用碳酸钙处理的果汁量，t。

即先对 V_2 量的果汁进行加碳酸钙处理，待形成沉淀后进行分离过滤去除沉淀，再与剩余的果汁混合。

6. 发酵

在 19～21℃的温度条件下进行发酵，经 16 天后，主酵基本完成，此时发酵液总糖稳定在 1.5g/100mL 左右，虹吸上清液于贮罐，再补加 50mg/L 的 SO_2，经 15 天后转罐一次，共转罐 2 次后于 15℃条件下密封贮存 2～3 月。

7. 调配

果汁经发酵后，根据产品质量标准，对原酒的酒度、糖度、酸度等指标进行均衡调配。

8. 澄清、过滤

采用明胶澄清法。明胶的用量必须经过小样试验精确定量。在不同梯度浓度明胶用量的试验中，根据样品在下胶后絮凝物出现所需的时间、絮凝物沉淀的速度、酒液的澄清度、酒液的风味、酒脚厚度及压实情况，选择澄清效果好、风味良好、絮凝速度快和酒脚少的样品，所添加的明胶量作为酒液明胶添加量的标准，进行准确计算称量。明胶液的添加应在15℃条件下，缓缓倒入并充分搅拌，静置10天后，虹吸上清液。硅藻土过滤机过滤后再装瓶，水浴至80℃，分段冷却。有条件者宜进行膜式除菌过滤及无菌灌装。

三、产品质量指标

1. 感官指标

色泽：浅红色，澄清透明，久置无明显悬浮物和沉淀物。

香气：具有明显的樱桃果香，且果香与酒香协调。

口感：酸甜适宜，口感纯正，鲜爽，无异味。

2. 理化指标

酒精度（20℃）10%vol～15%vol；总糖（以葡萄糖计）≥50g/L；滴定酸（以柠檬酸计）2.5～4.5g/L；挥发酸（以乙酸计）≤1.5g/L；铅（以Pb计）≤0.3mg/kg；砷（以Ag计）≤0.2mg/kg；铜（以Cu计）≤5.0mg/kg。

第五节
梨酒

梨原产于中国，品质优良，风味好，芳香清雅，营养丰富，具有消痰止咳的功效，备受国内外消费者的青睐。梨酒是以新鲜梨为原料酿造的一种饮料酒。但由于梨酒在贮藏和陈酿过程中容易产生褐变且酒体特征风味不突出等问题，所以在梨酒加工的过程中要特别注意。

一、发酵工艺

梨→分选→清洗→破碎→调整成分→加 SO_2→酵母活化→主发酵→分离→后发酵→换罐去酒脚→澄清处理→冷冻分离→调配→过滤→装瓶→杀菌→包装→入库。

二、操作要点

1. 分选

选择成熟度高、无腐烂、无虫蛀、无杂物、出汁率在60%以上的梨。

2. 清洗

使用清水将梨冲洗干净、沥干。对表皮农药含量较高的梨，可先用盐酸浸泡，然后再用清水冲洗。洗涤过程中可用木桨搅拌。

3. 破碎

将挑选清洗后的梨去梗、去核，用破碎机打成直径为1.2cm的均匀小块，入罐发酵，入罐量不应超过罐体积的80%，以利于发酵及搅动，每罐一次装足，不得半罐久放，以免杂菌污染。由于梨的含糖量较低，为了保证正常的发酵，入罐过程中应按需要补加白砂糖。

4. 调整成分

（1）糖的调整　酿造酒精含量为10%～12%的酒，果汁的糖度需16°Bx。如果糖度达不到要求则需加糖，实际加工中常用蔗糖或浓缩汁。

（2）酸的调整　酸可抑制细菌繁殖，使发酵顺利进行；使果酒颜色鲜明；使酒味清爽，并具有柔软感；与醇生成酯，增加酒

的芳香；增加酒的贮藏性和稳定性。一般 pH 大于 3.6 或可滴定酸低于 0.65％时应该对果汁加酸。

5. 加 SO₂

分三次均匀地加入焦亚硫酸钾进行杀菌，焦亚硫酸钾的用量一般小于 14g/kg。

6. 酵母活化

将砂糖溶解制成 5％的糖溶液，然后煮沸，冷却到 30～40℃，加入投料总量 0.19％～0.2％活性干酵母，搅拌均匀，放置 30min 即可得到酵母活化液体。

7. 主发酵

在调配好的物料液中接入酵母活化液，温度 23℃左右，发酵 7～10 天，转入后发酵，在 20℃以下继续发酵 10～15 天。

8. 分离

主发酵结束时，梨渣沉入罐底，将清汁抽出至另一经清洗杀菌的罐中进行后发酵，梨渣和酒脚加糖进行二次发酵，然后蒸馏成梨白兰地，供调配梨酒成分时使用。

9. 后发酵

后发酵温度为 15～22℃，时间 3～5 天，后发酵中，要尽量减少酒液与空气的接触面，避免杂菌污染。

10. 换罐去酒脚

后发酵结束时，立即换罐，分离酒脚，同时用梨白兰地或精制酒精调整酒度，使酒精度为 16％～18％，贮存 1 年以上（期间定期换桶）。

11. 澄清处理

在酒中加入明胶或 0.3％的果胶酶进行澄清处理，一般要静置 7～10 天，之后进行过滤。

12. 冷冻分离

过滤澄清的原酒，降温至 2～4℃进行冷冻，5 昼夜，迅速过滤。

13. 调配

生产的原酒质量风味并不是最佳的，需经过调配才能得到质量一致、口味醇和的酒。成熟的梨酒在装瓶之前要进行酸度、糖度、酒精度、香型的调配，使酸度、糖度和酒精度均达到成品酒的要求。然后进行过滤。

14. 装瓶与杀菌

经过滤后，梨酒应清亮透明，带有梨特有的香气，色泽为浅黄绿色。此时就可以装瓶。如果酒精度在 16％以上，则不需杀菌，如果低于 16％，必须要杀菌，杀菌方法与葡萄酒相同。

三、存在的问题

1. 氧化褐变

梨中含有大量的单宁物质，单宁中的儿茶酚在多酚氧化酶或酪氨酸酶的作用下，与空气中的氧进行作用生成醌类化合物，并经聚合最终生成黑色素。另外，梨中丰富的氨基酸，在与果酒中的羰基化合物（如葡萄糖、2-己烯类的不饱和醛）共存时，就会发生复杂的美拉德反应，最终生成黑色素。其褐变速度与氨基酸的含量及羰基化合物的类型有关。此外，预处理不当，打浆时带入果皮和果核，也极易导致酒体在陈酿中发生褐变。金属离子会促进果汁的氧化褐变，梨汁中的氨基酸可与铜离子形成化合物，使氧化褐变加剧，形成稳定的深色配位化合物。延长加热杀菌的时间，同样会增加黑色素的含量，使梨酒的色泽加深。防止氧化褐变的措施：①采用添加澄清剂或使果胶甲基化的方法，降低单宁和果胶的含量；②采用 0.1% 食盐水浸渍，或加入抗氧化剂（0.3% 的维生素 C）或采用高温瞬间灭菌法，抑制酶的活性，防止果酒的褐变。

2. 风味不足

造成梨酒风味不足的主要原因：一是原料本身风味淡雅，含香气成分虽多，但含量较小，且在加工过程中易挥发而散失；二是原料含糖少；三是没有适于梨酒酿造的产香酵母。解决梨酒风味不足最常用的方法是：在勾兑过程中加入各种香料，经过此法勾兑的梨酒，风味得到了很大的改善。

四、产品质量指标

1. 感官要求

色泽：鲜艳的淡黄色或金黄色。

澄清度：澄清透明，有光泽，无明显悬浮物及沉淀。

香气：具有清雅、特有的梨香与醇正的酒香。

滋味：酒质柔顺，酸甜适中，清新爽口。

风格：具有梨酒的典型风格。

2. 理化要求

酒精含量（20℃）：（11.0±1.0）%。

总糖（以葡萄糖计）：（40±10）g/L。

总酸（以柠檬酸计）：（6.0±1.0）g/L。

挥发酸（以乙酸计）：≤1.1g/L。

总二氧化硫：≤250mg/L。

游离二氧化硫：≤50mg/L。

干浸出物：≥12g/L。

铅（以 Pb 计）：≤0.5mg/L。

铁（以 Fe 计）：≤8.0mg/L。

第六节
山楂酒

山楂具有消食健胃、行气散瘀的功能。但山楂较酸，不适于直接食用。以山楂为主要原料制成的山楂酒除了保留原山楂中大部分营养外，还具有低度、酒质醇厚、香味独特等特征，备受消费者青睐。下面介绍一种山楂酒的生产工艺。

一、工艺流程

山楂→分选→清洗→破碎→成分调整→接种发酵→分离→后发酵→分离→添桶陈酿→调配　→下胶→分离→过滤→冷冻→分
　　　　　　　　　　　浸泡山楂酒—↑
离→初滤→精滤→灌装→成品。

二、操作说明

1. 原料要求与预处理

（1）山楂要求　选用成熟度高、色泽好、新鲜饱满的山楂果实，剔除腐烂果、病虫果和杂质。

（2）酒精处理　将95%的酒精稀释至50%～60%（体积分数），加入0.15%的活性炭充分吸附48h，硅藻土过滤至清，备用。

（3）65%糖浆制备　称取一定质量的白砂糖（主要成分为蔗糖），缓慢加入质量约为白砂糖质量一半的沸水中，不断搅拌，至白砂糖完全溶解，冷却，用水定容，使糖浆的浓度为65%（质量浓度），待用。

（4）酵母活化　按所需发酵溶液质量的 0.1% 称取葡萄酒用高活性干酵母，用 10 倍的 2% 糖液溶解，于 38~40℃ 下活化 30~60min。估计好时间安排活化，活化的酵母液需及时使用，否则其活性有所降低。

2. 破碎

利用电动式双辊破碎机将分选清洗后的山楂压碎成数瓣，其程度以不压破果核为前提，尽量将山楂破碎。

3. 成分调整

山楂含糖一般为 8%~12%，按生成 1%（体积分数）酒精需要 1.7g/L 糖计算，用 65% 的糖浆、处理好的酒精、水、亚硫酸等将初始混合液的体积调整为山楂质量数的 2~2.5 倍，初始酒精度调整为 4%，糖度为 13% 左右，同时添加 0.06% 的果胶酶，再按总二氧化硫 0.1% 加入亚硫酸，搅拌均匀。

4. 接种发酵

将活化好的酵母加入调整好成分的混合液中，混匀。一般接种 18h 以内开始发酵，液面出现泡沫，果渣上浮。每天需用压板将果渣搅散并压于液面以下，或用酒泵打内循环，下出上进，使液面果渣冲散混匀。采取适当的降温措施，使发酵温度控制在 20℃ 左右，最好不超过 30℃，自接种 12h 后，每隔 2h 记录一次温度和发酵液的密度，当密度降至 996~1000g/L 或温度稳定时，测糖。发酵液残糖降至 10g/L 以下时进行一次分离，然后进入后发酵，当残糖降至 5g/L 时需再次分离，将分离原酒抽入贮酒容器内，用处理过的酒精调整酒精度为 15%~18%（体积分数），并注意用酒质相近的原酒添满容器，密封，转入陈酿阶段。

5. 浸泡山楂酒

将破碎的山楂果实输入容器中，然后加入 50％处理过的酒精，酒精用量以淹没山楂果实 20～25cm 为佳。为了充分提取山楂果汁，每天用泵循环 1 次。浸泡 10 天左右，分离得一次汁。再用 25％～30％的酒精浸泡果渣，方法同上，浸泡 10 天后分离压榨得二次汁，两次浸泡压榨汁混合得浸泡山楂酒。将两次浸泡压榨分离后的果渣进行蒸馏，回收的酒精可用于浸泡山楂果实。

6. 调配

按山楂发酵陈酿酒、浸泡山楂酒按 1：1 的比例，再用柠檬酸、65％糖浆、亚硫酸等将山楂酒酒度调整为 18.5％左右，糖度为（45±5）g/L，酸度为（5±0.5）g/L，游离二氧化硫 0.02‰。

7. 下胶

将酒液温度降至 20℃以内，根据实验确定的澄清剂种类与用量进行下胶处理，时间一般为 4～5 天。分离，下酒脚单独存放，上清液用硅藻土过滤机过滤澄清。

8. 冷冻

将下胶过滤好的山楂酒抽入冷冻罐，循环冷冻至 −4℃以下，保持 4～5 天，分离，将上清液趁冷一次过滤，再用硅藻土过滤机过滤至清澈透明，无肉眼可见杂质。

9. 精滤

灌装前将冷冻澄清好的山楂酒用精滤器具过滤。

10. 灌装

精滤好的山楂酒必须尽快灌装，以防污染，最好尽量保证无

菌灌装条件。

三、产品质量指标

1. 感官指标

色泽：宝石红、橘红色。

外观：酒质清澈透明，无明显悬浮物、沉淀物。

香气：具有浓郁的山楂果香和酒香。

滋味：味醇正，酸甜适口，稍有愉快的收敛感，醇厚和谐，余味悠长。

风格：具有山楂酒的典型风格。

2. 理化指标

酒精度（20℃）：$(18.0\pm1.0)\%$；

总糖（以葡萄糖计）：$(45.0+5.0)$ g/L；

滴定酸（以酒石酸计）：(5.0 ± 0.5) g/L；

挥发酸（以乙酸计）：$\leqslant0.7$g/L；

干浸出物：$\geqslant18$g/L；

游离二氧化硫：$\leqslant50$（mg/L）；

总二氧化硫：$\leqslant250$（mg/L）。

3. 卫生指标

符合 GB2758—2012。

 第七节
柿子酒

以柿子为原料酿制果酒，符合"粮食酒向果类酒转变"的酒类产业政策，对节约粮食、维护消费者身体健康具有重要意义。

一、生产工艺

原料选择→清洗→脱涩→除果柄和花盘→破碎榨汁→澄清→调整成分→主发酵→榨酒→后发酵→分离→原酒贮存、倒罐→陈酿→勾兑、贮存→过滤、装瓶、杀菌→包装。

二、操作要点

1. 原料选择

选择含糖量高、充分成熟的柿子鲜果，剔除病虫害、损伤、腐烂果。一般要求总糖含量为16%～26%，总酸含量0.8%～1.2%，蛋白质1.36%，粗纤维含量2.08%，维生素含量29～49mg/100g，出汁率为65%～70%。

2. 清洗

用清水洗净柿子表皮的污染物，水中也可加入0.05%的高锰酸钾消毒，清洗后沥干水分待用。

3. 脱涩

用40～45℃的温水浸泡24h，脱涩，也可采用温水、石灰水、酒精等其他脱涩方法。

4. 破碎榨汁、澄清

除去果柄和花盘，用破碎机将鲜果破碎，然后将柿果送入双螺旋榨汁机中进行榨汁，将离心分离得到的果汁加热到40～50℃，加入0.3%的果胶酶，处理3～4h，利用果胶酶的作用澄清果汁并提高鲜果出汁率。

5. 调整成分

由于直接制备的原汁糖度略低，经发酵所得原酒酒度难以达到规定值，所以发酵前应对原汁的糖酸度等做适当调整。果酒酒精度一般为 12%～13%，低于 10%的果酒保存很困难。一般每升果汁中含糖 17g，可产生酒精 1%，依照此标准补足缺少的糖分。

用白砂糖调节果汁糖度达到 18%～20%，不得超过 25%，因果酒属于低浓度酒，酒精度最高以不超过 16%为限。加糖过多，渗透压增大，对主发酵有不利影响。

6. 主发酵

将果汁泵入发酵罐，容器充满系数控制在 80%，以防发酵时膨胀外溢。加入 0.5%～0.8%TH-AADY 发酵剂，复水活化后使用（即用含糖 5%、30～40℃、20 倍的温水活化 35min 左右，充分搅拌均匀）。发酵开始时要供给充分的空气，使酵母加速繁殖；在发酵中，后期密闭发酵罐。控制发酵温度在 25～28℃，可以加入亚硫酸，以防杂菌感染。发酵过程中每日搅动两次，使发酵罐上、下层发酵温度均匀一致，主发酵时间为 10～14 天。

7. 榨酒

当发酵中果浆的残糖降至 1%时，应立即把果肉渣和酒液分离，先取出流汁，然后将果渣放入压榨机榨出酒液，转入后发酵。

8. 后发酵

主发酵液送入后发酵罐后，酵母重新分布，对残糖继续利用，发酵速度较为缓慢，控制发酵温度在 20～25℃。经 20～25 天后，发酵醪残糖≤4g/L，胶体物质、蛋白质、酵母细胞、残淀粉等凝聚下来，后发酵结束，分离掉酒脚，原酒送入贮罐。

9. 原酒贮存、倒罐

原酒中加入 SO_2，贮存 2 个月。贮存期间倒罐 2～3 次，分离掉酒脚，原酒中添加 SO_2 能抑制野生酵母、细菌、霉菌等杂菌繁殖，防止酚类化合物、色素等物质氧化，加速胶体凝聚，对非生物杂质起到助沉作用。上述工艺环节收集得到的酒脚经蒸馏后可用于成品酒度的调整。

10. 陈酿

用过滤机将果酒中悬浮物除去，若加入石棉或硅藻土作助滤剂，则过滤效果更好。原酒中再次加入 SO_2，并在贮罐中加满，以减少氧气含量，防止氧化褐变而影响果酒风味与色泽。在 8～18℃的较低温度下密闭陈酿 3～6 个月，使果酒中的酸醇缓慢酯化，增加果酒的香味，逐渐使诸味协调自然，进一步澄清，改善其色、香、味。

11. 勾兑、贮存

测定原酒的糖度、酒度、酸度，按照成品的理化指标分别调整到规定值，贮存 20～30 天，并在贮存过程中加入 0.02％的JA 澄清剂，再次对酒液澄清。

12. 过滤、装瓶、杀菌

将贮存一段时间、风味无变化的酒液进行精滤，通入杀菌器，90℃快速杀菌 1～2min，然后将果酒装瓶密封，在 70～72℃的水中杀菌 20min，检验合格即可贴商标，装箱，入库或直接销售。

三、注意事项

1. 柿子原汁的提取与防腐

为了提高出汁率与果汁澄清效果，榨汁时可使用果胶酶，分解果浆中的果胶物质，添加量为 0.2％～0.4％；澄清后的果汁置于低温冷库中保存，以满足长期生产需要，果渣加温水浸泡后提取二次汁，补加一定量的白砂糖，经发酵蒸馏制取柿子白兰地，用于调整成品酒的酒度。果汁中加入 SO_2，可以抑制酶活性，防止果汁发生酶促褐变。尽管少量 SO_2 的存在推迟了发酵开始时间，但后来却能加速酵母繁殖和糖的转化。

2. 确定发酵工艺条件

根据产品酒精度和糖度设计好原汁糖酸比例，选用 TH-AADY 代替传统酵母作为发酵菌种。该发酵剂耐高温、耐酸能力较强，产酒质量可达到优质酒标准，完全可应用于柿子酒的生产过程中。为了提高 TH-AADY 的使用效果，减少其用量，在复水活化后还可以进行扩大培养，使其进一步适应高酸、高单宁和 SO_2 环境。控制主发酵温度为 $25 \sim 28℃$，发酵期为 $10 \sim 14$ 天。糖度随着发酵的进行而降至10g/L时，液面开始澄清，分离掉酒脚，发酵液中的酵母重新分布，对残糖进行缓慢发酵，进入后发酵阶段。

3. 贮酒陈酿

后发酵结束换罐，将新酒置于贮罐至满，加入 SO_2，陈酿6个月以上。满罐陈酿减少了氧的含量，防止酒液发生氧化混浊，特别是能阻碍和破坏多酚氧化酶，减少单宁、色素等的氧化，提高产品的稳定性。通过长时间的陈酿，有利于醇酸酯化，减弱涩、苦、杂味，去除新酒的不良气味，使酒液中的悬浮物质充分凝聚沉淀下来，提高酒液澄清效果。

4. 防止柿子酒褐变

柿子酒易发生酶促褐变和非酶褐变，致使色泽加深，风味变差。因此，在加工时应加入 JA 澄清剂以降低果酒中单宁、果胶物质的含量，通过满缸陈酿来减少酒液与氧的接触，并结合添加 SO_2 来防止其褐变。

四、产品质量指标

1. 感官指标

色：呈淡黄色，清亮透明，富有光泽，无沉淀及悬浮物。

香：具有柿子特有的果香及醇厚的酒香。

味：酸甜适度，醇厚柔和，口味清爽，酒体完整。

2. 理化指标

酒度：12%～14%。

酸度：总酸 0.4～0.6g/100mL（以柠檬酸计），挥发酸＜0.05g/100mL（以醋酸计）。

糖度：8%～10%（以还原糖计）。

单宁：＜0.03g/100mL。

总 SO_2＜250mg/L。

 第八节
黑加仑酒

黑加仑也称黑豆果，学名黑穗醋栗，在欧美各国寒冷地区早已人工栽培，并有很多品种，在我国北方寒冷地带也有种植。黑加仑果汁呈透明的深宝石红色或紫红色，含有丰富的维生素、氨基酸、有机酸、矿物质等营养成分。目前我国黑加仑加工业还很落后，产品品种少，加工能力低。通过对黑加仑酒的研制，可以扩大黑加仑的深加工，促进黑加仑产品进一步商品化。

一、工艺流程

黑加仑浓缩汁→稀释→巴氏杀菌→调整成分→干酵母活化→接种→主发酵→后发酵→陈酿→调整成分→过滤→杀菌→装瓶→

成品。

二、操作要点

1. 稀释

将 65°Bx 黑加仑浓缩汁稀释至 14°Bx 原汁。

2. 调整成分

一次性补足糖分,可溶性固形物调至 23°Bx,蔗糖用稀释后的原汁充分溶解后加入。

3. 干酵母活化

采用安琪活性果酒干酵母。在 36℃下活化 20min,然后在 32℃下活化 1h,充分冷却至果汁温度后方可接种。

4. 接种

酿酒酵母的添加量为 1.2‰,生香酵母的添加量为 0.1‰。

5. 主发酵、后发酵

控制 24℃发酵 7 天,当主发酵结束时在 17℃温度下,后发酵时间为 20 天。

6. 调整成分

根据口感调整糖酸比例,同时回添天然黑加仑香精以增加其黑加仑果酒的独特风格。

7. 过滤

采用皂土作澄清剂,用真空抽滤的方法进行过滤。

8. 杀菌

采用 73℃进行巴氏杀菌,时间保持 30min。

三、产品质量指标

1. 感官指标

色泽：呈宝石红色，光泽绚丽，澄清透明，无悬浮物、沉淀物。

香味：有芬芳的果香和醇厚的酒香。

风格：酸甜可口，酒体丰满，具有黑加仑果酒的典型风格。

2. 理化指标

酒精度（6±0.5）％；含糖量≥50g/L。

四、注意事项

由于天然黑加仑浆果酸度较高，故可利用自身所含高酸作防腐剂，抑制杂菌的生长，避免添加 SO_2 等防腐剂来达到增酸抑菌的效果。该发酵酒由于糖的降低，酸味突出，需添加蔗糖调整口感，含糖量大于 50g/L，故归入甜型果酒。单独使用酿酒酵母，母酒的风味较单一，故添加一定量的生香酵母同时进行发酵，并在发酵结束时再添加黑加仑香精，以维持黑加仑果酒的独特风味。为了提高果汁含量，在蔗糖溶解时需采用黑加仑果汁作溶剂。由于该果酒不添加任何防腐剂，后发酵时间过长，易发生褐变反应影响色泽，故后发酵时间采用 20 天，且在避光阴凉处进行后发酵。

第十四章

果酒理化检验

第一节
酒精度的测定

一、酒精度的概述

酒精度可简称为酒度，又称乙醇含量，是果酒的特征成分之一，在 20℃时，100mL 饮料酒中含有酒精（乙醇）的毫升数，常用％（体积分数）来表示。

二、酒精度的分析方法

GB/T 15038—2006《葡萄酒、果酒通用分析方法》规定三种方法。

（1）密度瓶法　经典的分析方法，确度较高，设备投资少，操作简单，作为仲裁法。

（2）气相色谱法　先进，速度快，准确度高，标准中列为第二法。

（3）酒精计法　误差较大，简单、快速，可作为企业控制生产用，标准中作为第三法。

1. 密度瓶法

（1）原理　以蒸馏法去除样品中的不挥发性物质，用密度瓶法测定馏出液的密度。根据馏出液（酒精水溶液）的密度，求得20℃时乙醇的体积百分数，即酒精度，用％（体积分数）表示。

（2）仪器　分析天平，感量 0.0001g；全玻璃蒸馏器，500mL；高精度恒温水浴，（20.0±0.1）℃；附温度计密度瓶，25mL 或 50mL。

（3）试样的制备　用一洁净、干燥的 100mL 容量瓶量取100mL 样品（样品恒温 20℃）于 500mL 蒸馏瓶中。用 50mL 水分三次冲洗容量瓶，洗入蒸馏瓶中，加入玻璃珠，连接冷凝器，以原容量瓶作接收器（外加冰浴）。开启冷凝水，缓慢加热蒸馏。馏出液接近刻度，取下容量瓶，盖塞。于（20.0±0.1）℃水浴中保温 30min，补水至刻度，混匀，备用。

（4）分析步骤

① 蒸馏水质量的测定　将密度瓶洗净并干燥，带温度计和侧孔罩称重。取下温度计，将沸腾冷却至 15℃左右的蒸馏水注满密度瓶，插上温度计，将密度瓶浸入（20.0±0.1）℃恒温水浴中，待内容物温度达 20℃，保持 10min 不变后，用滤纸吸去侧管溢出的液体，使侧管中的液面与侧管管口齐平，立即盖好侧孔罩，取出密度瓶，用滤纸擦干瓶壁上的水，立即称量。

② 试样质量的测定　将密度瓶中的水倒出，洗净并使之干燥，然后装满已制备的试样，按上述同样操作，称量。

密度瓶法结果计算：

$$\rho_{20}^{20} = \frac{m_2 - m + A}{m_1 - m + A} \times \rho_0$$

$$A = \rho_a \times \frac{m_1 - m}{997.0}$$

式中　ρ_{20}^{20}——试样馏出液在 20℃时的密度，g/L；

$\quad\ m$——密度瓶的质量，g；

m_1——20℃时密度瓶与充满密度瓶蒸馏水的总质量，g；

m_2——20℃时密度瓶与充满密度瓶试样馏出液的总质量，g；

ρ_0——20℃时蒸馏水的密度（998.20g/L）；

A——空气浮力校正值；

ρ_a——干燥空气在 20℃、101325Pa 时的密度值（$\approx$ 1.2g/L）；

997.0——在 20℃时蒸馏水与干燥空气密度值之差，g/L。

根据试样馏出液的密度，查标准中附录 A（规范性附录），求得酒精度。所得结果表示至一位小数。

（5）注意事项　量取样品及蒸馏液定容前先恒温；蒸馏装置的气密性；注意恒温水浴的精度要求；向密度瓶中注入蒸馏水和样品时，瓶中不得有气泡产生。

2. 酒精计法

（1）原理　以蒸馏法去除样品中的不挥发性物质，用酒精计法测得酒精体积百分数示值，按标准中附录 B（规范性附录）加以温度校正，求得 20℃时乙醇的体积百分数，即酒精度。

（2）仪器　酒精计（分度值为 0.1 度）；全玻璃蒸馏器：1000mL。

（3）试样的制备　用一洁净、干燥的 500mL 容量瓶准确量取 500mL 样品（液温20℃）于 1000mL 蒸馏瓶中，以下操作同密度瓶法。

（4）分析步骤　将试样倒入洁净、干燥的 500mL 量筒中，静置数分钟，待其中气泡消失后，放入洗净、干燥的酒精计，再轻轻按一下，不得接触量筒壁，同时插入温度计，平衡 5min，水平观测，读取与弯月面相切处的刻度示值，同时记录温度。根据测得的酒精计示值和温度，查标准中附录 B，换算成 20℃时酒精度。所得结果表示至一位小数。

第二节
总糖和还原糖的测定

GB/T 15038—2006《葡萄酒、果酒通用分析方法》中规定直接滴定法是第一法，也是仲裁法。

一、原理

利用费林溶液与还原糖共沸，生成氧化亚铜沉淀的反应，以次甲基蓝为指示剂，以样品或经水解后的样品滴定煮沸的费林溶液，达到终点时，稍微过量的还原糖将蓝色的次甲基蓝还原为无色，以示终点。根据样品消耗量求得总糖或还原糖的含量。

① 费林试剂Ⅰ、Ⅱ液等量混合，先生成天蓝色的氢氧化铜沉淀。再与酒石酸钾钠反应，生成深蓝色的酒石酸钾钠铜。

② 当碱性酒石酸钾钠铜溶液与还原糖共沸时，酒石酸钾钠铜被还原为红色的氧化亚铜。

③ 当加入的还原糖过量时，过量的还原糖与溶液中加入的次甲基蓝作用，使次甲基蓝由蓝色变为无色，指示出反应的终点。

二、试剂和材料

（1）标准葡萄糖溶液 2.5g/L　精确称取 2.5g（称准至 0.0001g）在 105～110℃烘箱内烘干 3h 并在干燥器中冷却的葡萄糖，用水溶解并定容至 1000mL。

（2）盐酸溶液（1+1）。

（3）氢氧化钠溶液（200g/L）。

（4）次甲基蓝指示液（10g/L）　称取 1.0g 次甲基蓝，用水溶解并定容至 100mL。

（5）费林溶液

① 配制方法

Ⅰ液：称取 34.7g 硫酸铜（$CuSO_4 \cdot 5H_2O$）溶于水，稀释至 500mL。

Ⅱ液：称取 173g 酒石酸钾钠（$NaKC_4H_4O_6 \cdot 4H_2O$）和 50g 氢氧化钠，溶于水，稀释至 500mL。

② 标定预备试验：吸取费林溶液Ⅰ、Ⅱ各 5.00mL 于 250mL 三角瓶中，加 50mL 水，摇匀，在电炉上加热至沸，在沸腾状态下用制备好的葡萄糖标准溶液滴定。当溶液的蓝色将消失呈红色时，加 2 滴次甲基蓝指示液，继续滴至蓝色消失，记录消耗的葡萄糖标准溶液的体积。

③ 正式试验：吸取费林溶液Ⅰ、Ⅱ各 5.00mL 于 250mL 三角瓶中，加 50mL 水和比预备试验少 1mL 的葡萄糖标准溶液，加热至沸，并保持 2min，加 2 滴次甲基蓝指示液，在沸腾状态下于 1min 内用葡萄糖标准溶液滴至终点，记录消耗的葡萄糖标准溶液的总体积。

计算滴定度（mg/10mL），F 值的计算：

$$F = \frac{m}{1000} \times V$$

式中　F——费林溶液Ⅰ、Ⅱ各 5mL 相当于葡萄糖的克数，g；

　　　m——称取葡萄糖的质量，g；

　　　V——消耗葡萄糖标准溶液的总体积，mL。

三、试样的制备

1. 测总糖用试样

准确吸取一定量的样品于 100mL 容量瓶中，使之所含总糖量为 0.2~0.4g，加 5mL 盐酸溶液（1+1），加水至 20mL，摇匀。于（68±1）℃水浴上水解 15min，取出，冷却。用 200g/L 氢氧化钠溶液中和至中性，调温至 20℃，加水定容至刻度。

2. 测还原糖用试样

准确吸取一定量的样品于 100mL 容量瓶中，使之所含还原糖量为 0.2～0.4g，加水定容至刻度。

四、分析步骤

以试样代替葡萄糖标准溶液，按费林溶液标定操作，记录消耗试样的体积。

1. 测定预备试验

吸取费林溶液Ⅰ、Ⅱ各 5.00mL 于 250mL 三角瓶中，加 50mL 水，摇匀，在电炉上加热至沸，在沸腾状态下用制备好的样品溶液滴定，当溶液的蓝色将消失呈红色时，加 2 滴次甲基蓝指示液，继续滴至蓝色消失，记录消耗的样品溶液的体积。

2. 正式试验

吸取费林溶液Ⅰ、Ⅱ各 5.00mL 于 250mL 三角瓶中，加 50mL 水和比预备试验少 1mL 的样品溶液，加热至沸，并保持 2min，加 2 滴次甲基蓝指示液，在沸腾状态下于 1min 内用样品溶液滴至终点，记录消耗的样品溶液的总体积。

测定干果酒或糖量较低的半干果酒，先吸取一定量样品（液温 20℃）于预先装有费林溶液Ⅰ、Ⅱ液各 5.0mL 的 250mL 三角瓶中，再用葡萄糖标准溶液按照 1.、2. 操作，记录消耗的葡萄糖标准溶液的体积。

五、结果计算

1. 直接用样液滴定时用以下公式

$$X_2 = \frac{F}{\dfrac{V_1}{V_2} \times V_3} \times 1000$$

2. 测定干酒时用标准葡萄糖液滴定用公式

$$X_1 = \frac{F - cV}{\left(\dfrac{V_1}{V_2}\right) \times V_3} \times 1000$$

式中　X_1——干果酒、半干果酒酒总糖或还原糖的含量，g/L；

　　　F——费林溶液 I、II 各 5mL 相当于葡萄糖的克数，g；

　　　c——葡萄糖标准溶液的浓度，g/mL；

　　　V——消耗葡萄糖标准溶液的体积，单位为 mL；

　　　V_1——吸取样品的体积，mL；

　　　V_2——样品稀释后或水解定容的体积，mL；

　　　V_3——消耗试样的体积，mL；

　　　X_2——其他葡萄酒总糖或还原糖的含量，g/L。

所得结果应表示至一位小数。

六、注意事项

① 费林溶液 I、II 现用现配，分别贮存。

② 滴定反应在沸腾条件下进行，一是加快还原糖与 Cu^{2+} 的反应速度；二是蒸气可排除空气，避免次甲基蓝变色和氧化亚铜再次被氧化。

③ 所用的氧化剂碱性酒石酸钾钠铜的氧化能力较强，醛糖和酮糖都可被氧化。

④ 次甲基蓝氧化能力比碱性酒石酸钾钠铜弱，故还原糖先与 Cu^{2+} 反应，稍过量的还原糖才与次甲基蓝指示剂反应，使之由蓝色变为无色，指示到达终点。

⑤ 滴定时不能随意摇动锥形瓶，不能把锥形瓶从热源上取下来滴定，以防止空气进入反应溶液中。

⑥ 样品溶液预测的目的：一是使样品溶液的消耗体积与标定葡萄糖标准溶液时消耗的体积相近，通过预测可了解样品溶液浓度是否合适，浓度过大或过小应加以调整，使预测时消耗样液

量与标定时相接近；二是通过预测可知道样液大概消耗量，在正式测定时，预先加入比实际用量少 1mL 左右的样液，只留下 1mL 左右样液在后续滴定时加入，以保证在 1min 内完成后续滴定工作，提高测定的准确度。

⑦ 严格控制蔗糖转化温度和转化时间，保证所含蔗糖完全转化为还原糖。

⑧ 还原糖与费林试液反应不是等量进行的，不同的还原糖对二价铜的还原能力不同，因此不能通过计算费林试液的滴定度，只能通过实验进行标定得出费林试液在滴定条件下相当于葡萄糖的质量，即 F 值。

⑨ 由于 F 值是靠实验所得，所以实验过程中的滴定速度、加热温度、反应时间等对实验的结果都有影响。为减少因条件改变而引起的误差，标定溶液与试样测定的条件尽量保持一致。

 第三节
总酸的测定

一、总酸的概念

总酸是果酒中所有的可与碱性物质发生中和反应的酸性成分的总和，包括未离解的酸和已离解的酸，为挥发酸和固定酸的总和。其大小可借标准碱滴定来测定，故称总酸度或可滴定酸度。总酸表示方法：以 g/L（酒石酸）表示或以 g/L（硫酸）表示。对果酒中总酸不做要求，以实测值表示。测定方法有电位滴定法和指示剂法。

二、酸度对果酒的影响

① 滴定酸是果酒的重要的风味物质之一，对果酒的感官质

量起着重要的作用。

② 果酒中酸的结构不同，所表现出来的酸味特点也不相同。

③ 在相同的浓度情况下，酸味强弱的顺序为：苹果酸＞酒石酸＞柠檬酸＞乳酸。

④ 在 pH 值相同的条件下，酸味强弱的顺序为：苹果酸＞乳酸＞柠檬酸＞酒石酸。

三、电位滴定法测定总酸

1. 原理

利用酸碱中和原理，用氢氧化钠标准溶液直接滴定样品中的有机酸，以 pH 8.2 为电位滴定终点，根据氢氧化钠标准滴定溶液的体积，计算试样的总酸含量。

2. 试剂和仪器

(1) 氢氧化钠标准滴定溶液 c（NaOH）＝0.05mol/L　按 GB/T 601 配制与标定，并准确稀释。

(2) pH 计（酸度计）：精度 0.01，附电磁搅拌器。

3. 分析步骤

(1) 样品测定　吸取 10.00mL 样品于 100mL 烧杯中，加 50mL 水，插入电极，放入一枚转子，置于电磁搅拌器上，开始搅拌，用氢氧化钠标准滴定溶液滴定。开始时滴定速度可稍快，当样液 pH 8.0 后，放慢滴定速度，每次滴加半滴溶液直至 pH 8.2 为其终点，记录消耗氢氧化钠标准溶液的体积。同时做空白试验。起泡葡萄酒和加气起泡葡萄酒需排除二氧化碳后，再行测定。

(2) 空白试验　于 100mL 的烧杯中加入 50mL 水；其他同上。记录消耗的氢氧化钠标准溶液的体积。

(3) 起泡果酒或加气起泡果酒　先排除二氧化碳再进行测

定。排气可用超声波脱气，抽滤脱气，也可在室温下将样品注入烧杯中，不时用玻璃棒搅拌 15～20min。

4. 总酸结果计算

$$X = \frac{c(V_1 - V_0) \times 75}{V_2}$$

式中　X——样品中总酸的含量（以酒石酸计），g/L；

　　　c——氢氧化钠标准滴定溶液的浓度，mol/L；

　　　V_0——空白试验消耗氢氧化钠标准滴定溶液的体积，mL；

　　　V_1——样品滴定时消耗氢氧化钠标准滴定溶液的体积，mL；

　　　V_2——吸取样品的体积，mL；

　　　75——酒石酸的摩尔质量的数值，g/mol。

所得结果应表示至一位小数。

5. 注意事项

① pH 计校正后使用。

② 注意滴定速度。

四、指示剂法测定总酸

1. 原理

利用酸碱滴定原理，以酚酞作指示剂，用碱标准溶液滴定，根据碱的用量计算总酸含量。

2. 试剂

氢氧化钠标准滴定溶液 $c(\text{NaOH}) = 0.05\text{mol/L}$；酚酞指示剂 10g/L；无 CO_2 蒸馏水。

3. 分析步骤

取 20℃的样品 2～5mL（取样量可根据酒的颜色深浅而增

减），置于 250mL 三角瓶中，加入中性蒸馏水 50mL，同时加入 2 滴酚酞指示液，摇匀后，立即用氢氧化钠标准滴定溶液滴定至终点，并保持 30s 内不变色，记下消耗的氢氧化钠标准滴定溶液的体积。同时做空白试验。起泡葡萄酒和加气起泡葡萄酒需排除二氧化碳后，再行测定。

4. 注意事项

滴定终点的判断要仔细。

第四节
挥发酸的测定

一、挥发酸概述

挥发酸指在一定的条件下，从果酒中蒸馏出来的各种酸及其衍生物的总和，但不包括亚硫酸和碳酸。挥发酸可用 g/L（乙酸）或 g/L（H_2SO_4）表示。

二、挥发酸的测定

1. 原理

以蒸馏的方式蒸出样品中的低沸点酸类即挥发酸，用碱标准溶液进行滴定，再测定游离二氧化硫和结合二氧化硫，通过计算与修正，得出样品中挥发酸的含量。

2. 试剂

（1）氢氧化钠标准溶液　c（NaOH）＝0.05mol/L。

（2）酚酞指示液（10g/L）　按 GB/T 603 配制。

（3）酒石酸溶液（200g/L）　称取 20g 酒石酸溶解

至 100mL。

3. 仪器和设备

挥发酸蒸馏装置见图 14-1。

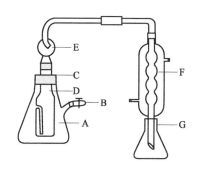

A—蒸汽发生器；B—排气管；C—木塞；D—内芯；
E—氮气球；F—连接冷凝器；G—三角瓶

图 14-1　挥发酸蒸馏装置

4. 分析步骤

（1）实测挥发酸

① 安装水蒸气蒸馏装置　按仪器要求安装好蒸馏装置，在
蒸汽发生器（A）内装入中性蒸馏水，其液面应低于内芯（D）
进汽门 3cm，高于 D 中样品液面；取 20℃样品 10.00mL 于蒸馏
装置样品瓶中，加入 1mL 酒石酸溶液；把 D 插入 A 中，安上氮
气球（E），连接冷凝器（F）；将 100mL 处有标记的 250mL 三
角瓶置于冷凝器下面接收馏出液。

② 蒸馏　待全部安装妥当后，进行蒸馏。先打开蒸汽发生
瓶的排气管（B）；把水加热至沸，2min 后夹紧 B，使蒸汽进入
D 中进行蒸馏；待馏出液达 100mL 时，放松 B，停止蒸馏，取
下三角瓶（G）。

③滴定　将馏出液加热至沸，立即冷却，加入 2 滴酚酞指标

剂，用氢氧化钠标准溶液滴定至粉红色，并保持 30s 内不变色为终点。

④记录　记录消耗的氢氧化钠标准溶液的体积（V_1）。

（2）测定游离二氧化硫　于上述溶液中加入 1 滴盐酸溶液酸化，加 2mL 淀粉指示液和几粒碘化钾晶体，混匀后用 0.005mol/L 碘标准溶液滴定，得出碘溶液消耗的体积。

（3）测定结合二氧化硫　在上述溶液中加入硼酸钠饱和溶液，至溶液显粉红色，继续用 0.005mol/L 碘标准溶液滴定，至溶液呈蓝色，得到碘溶液消耗的体积。

5. 结果计算

① 实测挥发酸含量按下式计算

$$X_1 = \frac{c \times V_1 \times 60.0}{V}$$

式中　X_1——样品中实测挥发酸的含量（以乙酸计），g/L；

　　　　c——氢氧化钠标准滴定溶液的物质的摩尔浓度，mol/L；

　　　　V_1——消耗氢氧化钠标准滴定溶液的体积，mL；

　　　　60.0——乙酸的摩尔质量，g/mol；

　　　　V——取样体积，mL。

② 若挥发酸含量接近或超过理化指标时，用下式进行修正：

$$X = X_1 - \frac{c_2 \times V_2 \times 32 \times 1.875}{V} - \frac{c_2 \times V_3 \times 32 \times 0.9375}{V}$$

式中　X——样品中真实挥发酸（以乙酸计）含量，g/L；

　　　　X_1——实测挥发酸含量，g/L；

　　　　C_2——碘标准溶液的浓度，mol/L；

　　　　V——取样体积，mL；

　　　　V_2——测定游离二氧化硫消耗碘标准溶液的体积，mL；

　　　　V_3——测定结合二氧化硫消耗碘标准溶液的体积，mL；

　　　　32——二氧化硫的摩尔质量的数值，g/mol；

1.875——1g 游离二氧化硫相当于乙酸的质量，g；

0.9375——1g 结合二氧化硫相当于乙酸的质量，g。

所得结果应表示至一位小数。

6. 说明

（1）加入酒石酸的作用　使溶液酸化，使结合态的挥发酸向游离态转化，使测定结果准确。

（2）蒸馏液加热至沸的作用　排除样液蒸馏出的二氧化碳和二氧化硫，使测定结果准确，但加热的时间不可过长。另外加热后应立即冷却滴定，不可放置时间过长。

第五节
苹果酸纸色谱分析

纸色谱法是一种以滤纸为支持物的色谱分析方法，主要利用分配原理。滤纸吸附的吸附水是固定相，展开剂为流动相，滤纸只起到支持固定相的作用，流动相促进组分向前移动，固定相阻碍了它的前进，所以各组分以小于溶剂移动的速度向前移动，使不同的组分分开。各组分具有不同的分配系数 K，K 大的组分移动速度慢，K 小的组分移动速度快。

定性依据：R_f 值表示样品组分在滤纸上的位置，也表示组分在流动相和固定相中运动的情况。

$$R_f = \frac{\text{展层后斑点中心到原点的距离}}{\text{原点与溶剂前缘的距离}}$$

一、原理

将果酒以小原点的形式点样于滤纸上，经展开、显色后，根据比移值与标准比较定性、定量。酒石酸移动速度最慢，离果酒点样点最近；酒石酸 R_f 为 $0.26\sim0.30$。乳酸和琥珀酸速度最快，被推动到滤纸的最顶端，琥珀酸 R_f 为 $0.69\sim0.76$。苹果酸移动的速度处于两者之间。苹果酸 R_f 为 $0.52\sim0.56$。

二、仪器

滤纸，美国沃特曼 1 号或新华 1 号，杭州新华造纸厂；色谱缸；点样器，毛细管或微量注射器；电吹风；50mL 小烧杯。

三、试剂

（1）50％乙酸。

（2）溴酚蓝的正丁醇溶液　在 1L 的正丁醇中加入 1g 溴酚蓝溶解。

（3）展开剂　取 50mL 溴酚蓝丁醇溶液与 25mL50％乙酸混合。

（4）标样　苹果酸标样、乳酸标样、酒石酸标样。

四、操作方法

① 将配制好的展开剂装入色谱缸内，封严。

② 在滤纸下端 4～5cm 处轻轻做一条基线，然后将酒样和标样点于滤纸上，电吹风吹干后再点，应少量多次，且每滴样品在滤纸上直径不超过 5mm。

③ 将滤纸卷成筒状，并用两个小夹夹住。

④ 将滤纸轻轻放入色谱缸内，使滤纸不触及色谱缸的内壁，点样点也不能浸入展层剂中，然后将色谱缸盖严。

⑤ 当展层剂移到具滤纸顶部 1～2cm 时，将滤纸取出，并用夹子固定住进行干燥。

五、注意事项

① 裁纸时，按着纤维排列的方向不留毛边。

② 点样量不能过多，否则会造成拖尾；点样点直径应小于 3mm 为佳。未知发酵液试样依据酸性强弱点样，酸弱时，点 5 滴；酸强时，点 3 滴。

③ 控制标样品与试样用量保持一致，根据标样和试样色谱斑点大小估测样品中酸的多少。

④ 注意爬层时间，避免溶剂前沿过头。

⑤ 点样的毛细管应转样专用，避免混淆。

 第六节
二氧化硫的测定

一、游离二氧化硫的测定（氧化法）

1. 原理

在低温条件下，样品中的游离二氧化硫与过氧化氢过量反应生成硫酸，再用碱标准溶液滴定生成的硫酸。由此可得到样品中游离二氧化硫的含量。

反应方程式如下：

$$SO_2 + H_2O_2 \Longleftrightarrow H_2SO_4$$
$$H_2SO_4 + 2NaOH \Longleftrightarrow Na_2SO_4 + 2H_2O$$

试样酸化后有利于游离二氧化硫的溢出。加酸、加热平衡都会向左移动。

2. 仪器

真空泵或抽气管。

二氧化硫测定装置见图 14-2。

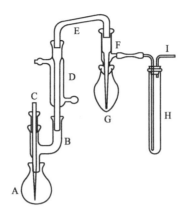

A—短颈球瓶；B—三通连接管；C—通气管；D—直管冷凝器；E—弯管；

F—真空蒸馏接受管；G—梨形瓶；H—气体洗涤器；I—直角弯管（接真空泵或抽气管）

图 14-2　二氧化硫测定装置

3. 试剂

（1）过氧化氢溶液（0.3%）　吸取 1mL30% 过氧化氢，用水稀释至 100mL。

（2）磷酸溶液（25%）　量取 295mL85% 的磷酸，用水稀释至 1000mL。

（3）氢氧化钠标准溶液　$c(NaOH)=0.01mol/L$。

（4）甲基红-次甲基蓝混合指示剂　取 1g/L 次甲基蓝乙醇溶液与 1g/L 甲基红乙醇溶液，按 1+2 体积比混合。

4. 分析步骤

① 将二氧化硫测定装置连接妥当，I 管与真空泵相接，D 通入冷却水。取下梨形瓶（G）和气体洗涤器（H），在 G 中加入 20mL 过氧化氢溶液，H 中加入 5mL 过氧化氢溶液，各加 3 滴混合指示液后，溶液立即变为紫色，滴入氢氧化钠标准溶液，使

其颜色恰好变为橄榄绿色，然后重新安装妥当，将 A 瓶浸入冰浴中。

② 吸取 20.00mL20℃样品，从 C 管上口加入 A 瓶，随后吸取 10mL 磷酸溶液，亦从 C 管上口加入 A 瓶。

③ 开启真空泵，使抽入空气流量 1000～1500mL/min，抽气 10min。取下 G 瓶，用氢氧化钠标准溶液滴定至重现橄榄绿色即为终点，记下消耗的氢氧化钠标准溶液的毫升数。以水代替样品做空白试验，操作同上。一般情况下，H 中溶液不应变色，如果溶液变为紫色，也需用氢氧化钠标准溶液滴定至橄榄绿色，并将所消耗的氢氧化钠标准溶液的体积与 G 瓶消耗的氢氧化钠标准溶液的体积相加，作为样品测定时消耗的氢氧化钠体积（V）。

④ 空白试验。以水代替样品做空白试验，操作同上，记录空白试验消耗氢氧化钠标准溶液的体积（V_0）。

5. 结果计算

$$X = \frac{c \times (V - V_0) \times 32}{20} \times 1000$$

式中　X——样品中游离二氧化硫的含量，mg/L；

c——氢氧化钠标准溶液的物质的量浓度，mol/L；

V——测定样品时消耗的氢氧化钠标准溶液的体积，mL；

V_0——空白试验消耗的氢氧化钠标准溶液的体积，mL；

32——二氧化硫的摩尔质量的数值，g/mol；

20——取样体积，mL。

所得结果表示至整数。

二、总二氧化硫的测定（氧化法）

1. 原理

在加热条件下，样品中的结合二氧化硫被释放，并与过氧化氢发生氧化还原反应，通过用氢氧化钠标准溶液滴定生成的硫酸，可得到样品中结合二氧化硫的含量，将该值与游离二氧化硫测定值相加，即得总二氧化硫的含量。该实验的滴定终点由甲基红和次甲基蓝混合指示剂确定，颜色由红紫色变为绿色。

2. 仪器
同游离二氧化硫的测定。

3. 试剂
同游离二氧化硫的测定。

4. 分析步骤
继测定游离二氧化硫后，将滴定至橄榄绿色的 G 瓶重新与 F 管连接。拆除 A 瓶下的冰浴，用温火小心加热 A 瓶，使瓶内溶液保持微沸。开启真空泵，以后操作同游离二氧化硫的测定。

5. 结果计算
计算出来的二氧化硫为结合二氧化硫。将游离二氧化硫与结合二氧化硫相加，即为总二氧化硫。

6. 误差来源
（1）温度的影响　一般来说，测游离二氧化硫时，样品温度应保持在 10℃以下，这样可以避免结合二氧化硫逸出；测结合二氧化硫时，要求样品中结合的二氧化硫全部转化为游离二氧化硫，将样品加热至沸保证结合二氧化硫的完全游离。

（2）挥发酸的影响　二氧化硫测定结果以酸碱滴定为基础，因此样品中的挥发酸会给检测结果带来正误差。为避免这种干扰，样品测定装置应有足够的冷却能力，使抽出的挥发酸冷凝，返回样品瓶中，而不被抽到梨形瓶中参加酸碱滴定。

（3）抽气量的影响　二氧化硫存在着气态和溶解态的平衡，外界压力的大小对平衡的影响很大，因此抽气量的大小是影响实验准确度的关键因素。由于目前的真空泵不能控制抽气量，所以该试验方法的应用受到了一定的限制，为了克服这一缺陷，可外加一个流量计，把抽气量控制在一个稳定的数值。

三、游离二氧化硫的测定（直接碘量法）

1. 原理

利用碘可以与二氧化硫发生氧化还原反应的性质，用碘标准溶液作滴定剂，淀粉作指示剂，测定样品中的游离二氧化硫含量。

2. 试剂

（1）硫酸溶液（1+3）　取 1 体积浓硫酸缓慢注入 3 体积水中。

（2）淀粉指示液（10g/L）　称取 1g 淀粉，加 5mL 水使成糊状，在搅拌下将糊状物加到 90mL 沸腾的水中，煮沸 1～2min，冷却，稀释至 100mL。

（3）氢氧化钠溶液（100g/L）　取 100g 氢氧化钠溶解至 1L。

（4）碘标准溶液 c（$1/2I_2$）＝0.02mol/L。称取 13g 碘及 35g 碘化钾，用水溶解稀释至 1000mL 摇匀，贮于棕色瓶中，此溶液的浓度约为 0.1mol/L。准确稀释 5 倍。

3. 分析步骤

吸取 50.00mL 20℃样品于 250mL 碘量瓶中，加入少量碎冰块，再加入 1mL 淀粉指示液、10mL 硫酸溶液，用碘标准溶液迅速滴定至淡蓝色，保持 30s 不变即为终点，记下消耗的碘标准溶液的体积。

4. 结果计算

$$X = \frac{c \times (V - V_0) \times 32}{50} \times 1000$$

式中　X——样品中游离二氧化硫的含量，mg/L；

　　　c——碘标准溶液的物质的量浓度，mol/L；

　　　V——消耗的碘标准滴定溶液的体积，mL；

　　　V_0——空白试验消耗的碘标准滴定溶液的体积，mL；

　　　32——二氧化硫的摩尔质量的数值，g/mol；

　　　50——取样体积，mL。

所得结果应表示至整数。

5. 注意事项

① 滴定时先加入碎冰。

② 滴定终点的确定。

四、总二氧化硫的测定（直接碘量法）

1. 原理

在碱性条件下，结合态二氧化硫被解离出来，然后再用碘标准滴定溶液滴定，得到样品中总二氧化硫的含量。

2. 试剂与溶液

氢氧化钠溶液 100g/L；其他试剂同游离二氧化硫的测定（直接碘量法）。

3. 分析步骤

取 25.00mL 氢氧化钠溶液于 250mL 碘量瓶中，再准确吸取 25.00mL 20℃样品，并以吸管尖插入氢氧化钠溶液的方式，加入碘量瓶中，摇匀，盖塞，静置 15min 后，再加入少量碎冰块、1mL 淀粉指示液、10mL 硫酸溶液，摇匀，用碘标准滴定溶液迅速滴定至淡蓝色，30s 内不变即为终点。

4. 结果计算

$$X = \frac{c \times (V - V_0) \times 32}{25} \times 1000$$

式中　X——样品中总二氧化硫的含量，mg/L；

　　　c——碘标准滴定溶液的物质的量浓度，mol/L；

　　　V——测定样品消耗的碘标准滴定溶液的体积，mL；

　　V_0——空白试验消耗的碘标准滴定溶液的体积，mL；

　　32——二氧化硫的摩尔质量的数值，g/mol；

　　25——取样体积，mL。

5. 注意事项

① 果酒中的二氧化硫不稳定，特别是还存在一定量的气态二氧化硫，所以试样不能做预处理。测定之前应尽量避免与空气接触，以防止二氧化硫逸出损失或被氧化，造成检验结果偏低。

② 由于二氧化硫和碘都是易挥发物质，所以滴定过程中应使溶液保持较低的温度，滴定速度尽量要快。

③ 当样品中含有维生素 C 时，干扰测定结果，这时应采用氧化法测定二氧化硫。

④ 当试样颜色较深时，滴定终点不易确定，会给检验结果带来误差。

参 考 文 献

[1] 赵婷，李林波，潘明，等．果酒产业的发展现状与市场前景展望［J］．食品工业，2019，40（05）：302-308.

[2] 丁莹，李亚辉，蒲青，等．我国果酒行业发展现状及前景分析［J］．酿酒科技，2019（04）：104-107.

[3] 赵光垒，向泽攀，胡文艺，等．我国果酒酿造工艺现状及发展趋势［J］．农产品加工，2018（01）：68-69.

[4] 葛军，刘婷，刘建龙．果酒生产技术研究进展［J］．中国果菜，2017，37（01）：4-7.

[5] 陈静，程晓雨，潘明，等．中国果酒生产技术研究现状及其产业未来发展趋势［J］．食品工业科技，2017，38（02）：383-389.

[6] 杜金华，金玉红．果酒生产技术［M］．北京：化学工业出版社，2009.

[7] 曾洁，李颖畅．果酒生产技术［M］．北京：中国轻工业出版社，2011.

[8] 李华，王华，袁春龙，等．葡萄酒工艺学［M］．北京：科学出版社，2007.

[9] 段雪荣，朱虹．优质葡萄酒酿造环节之——苹果酸-乳酸发酵［J］．中外葡萄与葡萄酒，2009（09）：46-50.

[10] 李瑞国，韩烨，周志江．葡萄酒苹果酸乳酸发酵研究进展［J］．食品研究与开发，2010，31（8）：228-233.

[11] 刘芳．苹果酸-乳酸菌的有关物质代谢［J］．酿酒科技，2004，122（2）：28-30.

[12] 李华，梁新红，郭安鹊，等．葡萄酒苹果酸-乳酸菌精氨酸代谢研究概况［J］．生物学报，2006，46（4）：663-667.

[13] 张娟，王莹，王博．果胶酶活力与稀释倍数的测定与研究［J］．陕西农业科学，2009（2）：54-56.

[14] 田英华，刘晓兰，郑喜群，等．果胶酶及其在食品加工中的应用研究进展［J］．中国酿造，2017，36（03）：10-13.

[15] 苏艳玲，巫东堂．果胶研究进展［J］．山西农业科学，2009，37（6）：82-86.

[16] 张洁，董文宾，张大为．果酒行业中减少或替代二氧化硫方法的研究进展［J］．酿酒科技，2010，189（03）：96-102.

[17] 邢守营．贵腐葡萄及贵腐葡萄酒的酿造工艺［J］．中国林副特产，2013，125（4）：45-46.

[18] 王婷，毛亮，时家乐，等．冰葡萄酒酿造工艺标准［J］．酿酒科技，2011，205（7）：79-82.

[19] 白智生，张军，陈兴忠，等．干化葡萄酒生产中果胶酶和酵母的研究［J］．酿酒科技，2012，217（7）：29-32.

[20] 陈妍竹，胡文忠，姜爱丽，等．黑果腺肋花楸功能作用及食品加工研究进展［J］．食品工业科技，2016，37（9）：397-399.

[21] 杨婧娥，王佐民，赵云财．黑果腺肋花楸发酵酒［J］．酿酒，2020，47（1）：121-123.

[22] 杨婧娥，王佐民，赵云财．黑果腺肋花楸果冰酒［J］．酿酒，2019，46（5）：110-111.

[23] 许亮，王荣祥，杨燕云，等．中国酸浆属植物药用资源研究［J］．中国野生植物资源，2009，28（1）：21-23.

[24] 陈元琼，唐美玲，吴宪，等．我国酸浆研究现状的计量分析［J］．现代农业科技，2009（5）：50-51.

[25] 丰利，高倩情．酸浆和甜菇娘的营养成分分析［J］．安徽农业科学，2012，40（33）：16113-16114，16142.

[26] 刘文玉，杨大毅，李娜．菇娘发酵酒的生产［J］．酿酒，2006，33（2）：80-81.

[27] 李世燕，田美荣，李栋，等．毛酸浆酒发酵工艺研究［J］．农业科技与装备，2013（9）：52-54.

[28] 孙猛，王宝江，孙乃波，等．钙果的开发利用前景［J］．中国园艺文摘，2009（10）：138-139.

[29] 隋韶奕，隋洪涛，张素敏，等．钙果干红酒清汁发酵技术研究［J］．北方果树，2009（4）：11-12.

[30] 郄志民，陈安均．钙果汁酿造果酒的可行性研究［J］．山西果树，2007，117（3）：4-5.

[31] 姜瑞平，徐晶，朱俊义．刺五加果实的综合利用现状［J］．人参研究，2009（2）：25-26.

[32] 闫兆威，周娟娟，卢丹，等．刺五加果肉化学成分的研究［J］．天然产物研究与开发，2010（6）：1015-1017，1030.

[33] 闫兆威，刘金平，卢丹，等．刺五加果肉化学成分的研究（Ⅱ）［J］．天然产物研究与开发，2013（3）：338-341.

[34] 闫兆威．刺五加果肉化学成分及其药理活性的研究［D］．长春：吉林大学，2011.

[35] 姚慧敏，张佳，魏凤云，等．GC-MS法测定刺五加果酒的香气成分［J］．通化师范大学学报，2015，36（3）：16-17.

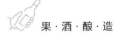
[36] 王森. 五味子研究概况及其发展前景 [J]. 经济林研究, 2003 (4): 85-87.

[37] 尚小莹, 饶钺乐, 陈茂彬. 五味子果酒酿造工艺研究 [J]. 酿酒, 2013, 40 (1): 73-76.

[38] 邵威平. 红枣酒的生产工艺 [J]. 甘肃农业大学学报, 2004 (6): 696-699.

[39] 秦永权, 张铁林, 马金萍. 草莓酒的研制 [J]. 农产品加工, 2008, 139 (6): 54-56.

[40] 李鹏飞. 实用果酒酿造技术 [M]. 北京: 中国社会出版社, 2008.

[41] 许瑞, 朱凤妹. 新型水果发酵酒生产技术 [M]. 北京: 化学工业出版社, 2017.